汪品先 著

瀛海探径

汪品先科学人文随笔

上海教育出版社
SHANGHAI EDUCATIONAL
PUBLISHING HOUSE

前　　言

　　都说是"开卷有益"，但是全国一年出书几十万种，你说打开哪一卷好？

　　现在你打开的这卷，是一名科学工作者20多年来发表在各类报刊上有关科学与人文的随笔。科学家和艺术家的一大区别，在于所面对群体的规模大不相同。现代科学的专业性很强，隔行如隔山，写出来的论文对大多数人来说没有可读性，这就与艺术作品的读者规模不可同日而语了。但是，科学家也不能总躲在"象牙塔"里自娱自乐，还是需要让社会了解。澳洲前些年有一家新研究所盖大楼，四周都用上玻璃墙，所长说这是让"纳税人能够随时看见我们在干什么"。

　　其实，科学家是十分需要跟社会对话的，至少在三种情况下，希望社会上能听到他的声音。一是科学研究的大目标。科学家研究的具体问题行外人不容易懂，但是研究的大目标往往是社会上认识不足的重大问题，需要大声疾呼以唤起广泛的注意。二是科学研究中的意识形态问题。道德和教育之类都是全社会的问题，但在知识界最为敏感，因此科学界无论是治学为人还是思维方式，都足以引起社会热议。

三是科学研究的情趣。只有科学家的眼光才能看见的自然美,只有在科学征途上才会遇上的奇迹或者幽默,都值得科学家走科普途径,与社会分享。

以上这三方面,正好就是这本《瀛海探径》的三个组成部分。在作者将近60年的业务生涯里,海洋科学占了近40年。

因此,本书第一部分"走向深海"的10篇文章,都是在呼吁对海洋(尤其是深海远洋)的重视,在陈述华夏文明由于海洋成分不足而带来的历史教训。这批文章从20世纪90年代起按年份排序,既有面向大众或者干部学习班上的报告,也有向上级的反映,包括"两会"的书面发言,内容都是介绍深海的知识,"鼓吹"向深海进军。同时,从这批文字的主题变化里,也可以看出近20年来我国海洋事业从冷落到火爆的发展过程。

第二部分"创新思维"共15篇,一开头就是当年中国科学院学部的一篇命题作文"中国科学院院士自述"。那篇20多年前的短文"思想活跃与科学创新",至今读来也不觉得过时,所阐述的问题仍然是我国学术界的软肋。接下去的好几篇还是讨论"创新思维",都是试图在我国科学大发展的背景下,追溯妨碍科学创新在思维方法上的根源,分析导致学术道德败坏的原因。作者认为这是有关中国科学发展前景的根本大事,曾经反复试图发动学术界展开讨论的。对于这批文章的发表,作者在这里对报社及其编辑的努力表示诚挚的谢意,因为并不是所有的人都愿意在报刊上看到这类"负面"的文字,也不是所有的读者都赞成作者的观点,譬如关于汉语在科学中地位的问题就有争议。作者衷心期望本书的出版,能够促进社会继续对这类问题的关注和讨论。

与以上两大部分风格不同的是第三部分"科海觅趣"。开篇就是诙谐的短文"戏说跨世纪"。那又是一篇命题作文:同济校报要每一位院士在2001年新年交一篇文章,论述新世纪学校发展的方向。我因为"新千年"在2000年已经迎接过一回,这次只写了篇要贫嘴的文字,胡乱交账。校报很客气,对这篇"捣乱"的文稿并未退稿,只是登在报纸的下角,并且注明版面位置不表示排名先后。不过,总的来说"三句不离本行",第三部分收集的科普文章大多与海洋有关,包括《十万个为什么(海洋卷)》里带有人文性质的几篇。例外的是"老年"一文,那是想为晚报读者的骨干——"退休一族"说几句话。其实,这篇小文放在任何部分都不合适,放在"科海觅趣"里也有点勉强。

　　本书的末尾,转载了几篇记者的报道,无非两类:一类报道我个人,另一类报道我的观点。前者介绍我几十年来从事海洋科学的经历,其实在第二部分里也有两篇,回顾作者所在同济大学海洋地质学科发展的过程;后者是从记者的角度,转达我对当今科学发展的认识和主张,其中包括2005年对于院士头衔过分炒作的批评,和近年对于中国科学应当"转型"的主张。

　　社会报刊属于人文范畴,科学家在报刊上谈论社会问题,只能算是"票友"唱戏,所以这本书至多只相当业余歌手的一张专辑碟片。科学家真的是一类很特殊的人群。他们往往偏执于自己的专业,总埋怨别人不重视自己的领域;他们有较强的国际观念,尤其在中国,曾经是改革开放后首批走出国门的人群;他们热衷于争论,习惯于坦率表达自己的不同观点,因为自然科学争论的社会后果不像人文科学那么严重。正因为如此,科学家的人文随笔就有可能别开生面,成为另有一番风味的"非典"作品。

　　这本书如果浓缩到底,那就只剩下四个字:"深海"和"创新"。20世纪90年代开始的几篇,重点想唤醒社会的海洋意识,建议确定国家的海洋战略;而近年来的随笔,重点在于激活科学中的人文因素,分析阻碍创新思维的文化根源,抨击流行于科学界的陋规恶习。这类批评文字行文时很容易越界，招来"狗拿耗子"之讥。但是，作者"骨鲠在喉，不吐不快"，明知一介书生的纸上议论很难产生什么实际效果，但是如果社会上连这类声音都没有了，那才是真的悲剧。

总之，我衷心希望《瀛海探径》的读者能够"开卷有益"，希望能从中获取海洋（尤其是关于深海）的知识，能听到如何在文化的深层次里排除创新思维的障碍，真的向创新型社会前进的呼声。

汪品先

2018 年 3 月 16 日

contents 目录

走向深海

创新思维

科 海 觅 趣

报 刊 掠 影

走向深海

一旦源自内陆的古老文化真正地进入海洋,一旦黄土地与蓝海洋相互结合,产生的将是旧山河上的新辉煌。

向蓝色世界进军

当20世纪快到尽头的时候,人类有理由为行将逝去的这100年而骄傲。尽管有过两次世界大战的自相残杀和形形式式"冷战"型的自我骚扰,人类在这一世纪里取得的科技进步确实足以惊天地泣鬼神,当今高新技术的产品已经远远超过"封神榜"里的想象。然而随着发展而来的环境恶化、资源枯竭,又驱使人类在"保护地球"的同时,去寻求新的发展余地、生存空间。太空和海洋,就是人类应该关注的对象。然而就像人们容易注意桥梁而忽视隧道一样,海洋的吸引力有时候还不如太空。就美国的科学投资而言,太空竟然是海洋的10多倍;人类对深海海底的了解,甚至还不如月球表面。在进行世纪反思的时候,人类应当重加权衡:何不舍远求近,就在地球上弄明白并开发这浩瀚蓝色上的另一个世界?

地球有幸,由于两类不同比重的地壳并存,使得97%以上的水聚集在低陷的海盆里;如果地球表面也讲"平均主义"一律平等,那就会有2千多米厚的海水覆盖全球。然而占地球表面71%的海洋,真的为人类的未来提供了"另一个世界"。人类能否大规模地开发海洋、利用海洋,取决于科学技术的发展。如果说20世纪的历史沾上了列强掠夺弱国的污点而难以洗刷,那么21世纪就应该通过人类合作发展科技而添上共同征服海洋的光环。

深 海 探 秘

"渔盐之利"和"舟楫之便",是我国传统概念里海洋可以为人类利用的主要方面。如今从海底旅游到潮汐发电,从海水炼矿到海洋药业,科技的进步已经使海洋事业全然改观,最大的海洋经济已经是海底油气,虽然我国还有着很大的差距。放眼新世纪,海洋的开发不应当再局限于近岸浅海,如何穿过平均3 700米的水深认识和利用海底,实现"龙宫探宝"和海底揭密,是人类面临的新任务。深海大洋,应当是人类共同开发的新世界,而不应当只是发达国家的"专利"。

一个世纪前,人类对深海海底几乎一无所知,想象中只是一片漆黑,既无光线又无运动的死寂世界。因此,几十年前需要处理核废料时人们首先想到的就是海底,似乎只要存放至洋底深渊,就可以"永不翻身",而高枕无忧了。随着调查研究的深入,发现深海其实并不平静,它蕴藏着如此众多的信息与财富,吸引人类的关注。数千米的大洋深处,也有着冲刷海底的洋流;暗无天日的洋底,也有着生长不靠太阳的生物……

20世纪60年代以前,人们依靠照片研究深水海底,只见生命活动稀少,以为这里只是一片"沙漠"。80年代技术进步了,采用箱式取样技术从大西洋深水区取得表层样,发现竟有无数的细小生物,简直是一片"雨林"。深海洋底生物种类之多,也完全打破了人们的推想。迄今为止,人类描述了的现存物种不到200万个,其中大多属于昆虫;地球上物种的总数,原先估计也不过450万种。深海的发现开阔了人类的眼界,现在估算全球生物的总数应当有3 000万种到1亿种之多①! 不仅如此,人类又在洋底以下500米的地层中发现有活着的细菌②,这些耐120℃以上高温和高压的生物种群,可能在洋底休眠了数百万年之久,其总量有可能占全球生物量的1/10,无论在生物学理论上和生物技术应用上都有着不可估量的前景。

图1 深海热液口的"黑烟囱"

① Solow A. R., *Estimating biodiversity: Calculating unknown richness* [J]. Oceanus, 1995, 38(2): 9 – 10.

② Parkes R. J., et al. *Deep bacterial biosphere in Pacific Ocean sediments* [J]. Nature, 1994, 371: 410 – 413.

洋底热液作用是 20 世纪 70 年代晚期地球科学的重大发现。当时在东太平洋海隆发现了海水渗入海底与上涌的熔岩接触后，作为热液涌出海底，以"黑烟囱"形式形成硫化物矿，从而第一次找到现代正在形成的多金属矿床，为矿床学研究揭开了新篇章。而与之伴生的深海动物群，在高温下依靠硫细菌的化合作用而不是光合作用提供养料，更成了生物科学研究的突破口。人们推想，地球上的生命在数十亿年前起源时，很可能就是在这种独特环境下发生的。近年来，海底天然气水合物（**gas hydrates**）的研究，很可能是海底开发的又一把金钥匙。在海底低温高压而快速堆积的条件下，甲烷（**CH**$_4$）与水分子结合成为固体，分布在海洋陆坡上部的数百米沉积物中。人们估计，这种"锁"在水分子格架中的天然气，总储量可能达 10 万亿吨之多，其中所含的碳相当于地球上全部其他矿物燃料的两倍，如果学会开采利用而且估算确实，就有望成为新世纪的新能源。由于甲烷是高效率的温室气体，天然气水合物从海底释出，又可能是地质历史上全球快速变暖事件的原因……

洋底蕴藏的奥秘太多，只等着有充分科技武装的人类去破译。无论"温室效应""防灾减灾"，都可以从海底得到启示。工业化以来燃烧矿物燃料释出的二氧化碳（**CO**$_2$），只有一半还留在大气层中，另一半可能被海洋浮游生物吸收，以"生物泵"的形式送到了海底[③]，因此海底是研究碳循环的关键场所；太平洋周边各国深为忧虑的地震灾害，其根源很大程度上在洋底，只有到板块俯冲带附近的洋底深处，才能取得陆地无法测到的轻微地震信息，为预测地震提供依据。深海洋底，已经成为科学的前沿。

大 洋 钻 探

人类"上天"的本领，已经远胜过"入地"，而深海洋底之下的研

---

③ 近年来的新资料表明，人为排放的 CO_2 近一半留在大气中，另一半分别由陆地植被（含土壤）和海洋吸收——编注.

究既要"下海"还得"入地",其难度可想而知。由于深海研究十分昂贵,即使发达国家也感到力不从心,于是组织起来合作开发,便是"大洋钻探(**ODP**,即 **Ocean Drilling Program**)"的国际计划。

大洋钻探(1985—)及其前身"深海钻探(**DSDP**)"(1968—1983)是地球科学规模最大、历时最长的国际合作计划,利用一艘巨型深海钻探船在世界各大洋数千米海底进行科学钻探,探讨国际最前沿的学术问题。1968 年以来,这项以美国为基地的国际大合作,在全球各大洋钻探 2 000 口、取芯 20 万米,证实了板块构造学说,创立了古海洋学,把地质学从陆地扩展到全球,从根本上改变了地球科学家的视野和思路。例如,**ODP** 第 117 航次对印度洋孟加拉深海扇的钻探,为青藏高原的历史提供了"海底档案";**ODP** 第 138 航次在东太平洋的钻探,建立了 1 000 万年以来基于地球运动轨道变化周期的高分辨率地质年代表,为地质计时提供了"天文钟";**ODP** 第 139 航次,钻探了正在形成之中的洋底热液硫化物矿床;**ODP** 第 164 航次,取得了"天然气水合物"的岩芯标本④……

现在,大洋钻探正在为钻穿洋底地壳、揭示气候演变机理、探索洋底深部生物圈等宏伟目标而奋斗,各国学者还将在明年(1999 年)5 月聚会温哥华,讨论新世纪大洋钻探的新纲领。与此同时,日本正在建造一艘更大的大洋钻探船,准备在新世纪里与美国争雄。日本科技界在给首相的报告中写道:20 世纪美国在世界大洋研究中所起的作用,到 21 世纪是否也可以由别的国家来承担?

然而 30 年来,我国的地学界却一直是置身于 **DSDP/ODP** 的国际洪流之外。当 **DSDP** 钻探洋底地壳,证实"海底扩张"的时候,我国正沉醉于"文攻武卫",经历着史无前例的大动乱;直到"文革"尾声,才从老前辈的译文里看到了"板块构造"的新名词。今天的中国已经完全不同,经济的迅速发展和社会的改革开放,带来了自

---

④ 金性春,周祖翼,汪品先.大洋钻探与中国地球科学[M].上海:同济大学出版社,1995:349.

然科学的春天。1998 年 4 月,我国以 1/6 成员的会费正式加入大洋钻探计划,成为第一个"参与成员(**Associate Member**)"。同时,我国科学家提出的"东亚季风史在南海的记录及其全球气候意义"的大洋钻探建议书,在 1997 年度全球评审中以第一名的优势获得通过,定为 **ODP** 第 184 航次,将于 1999 年 2 月 16 日至 4 月 13 日在南海实施。这样,我国海区的第一次深海钻探,将在我国科学家的提议和主持下,在 10 名海内外和海峡两岸的华人海洋地质学家上船参与下,对东沙和南沙附近 1 000 到 3 000 余米水深的海底进行科学钻探,取得近 3 000 余万年来的沉积记录,验证有关青藏高原隆升与东亚季风以及全球变冷相互关系的科学假说⑤,揭示构造运动与气候演变的关系,探索我国气候演变的机理和海洋因素,争取在 20 世纪最后一年,在我国陆地地质与海洋地质的接轨上迈出一大步。

华夏文化面临的新挑战

新世纪的海洋开发,一要求科技,二要求合作。海洋战争的前提是国际对立,海洋开发的基础却是国际合作。以当前科技发展之快、海洋开发投资规模之巨大,再发达的国家也难以单独承担起海洋开发的重任,互助合作是必由之路。但是人助必先自助,本国海洋科技的发展是合作的前提。上述大洋钻探,便是一例。应当承认,在我国地球科学的海、陆(陆地固体地球科学)、空(大气科学)"三军"中,海洋科学是起步晚、力量弱的小弟弟,更不用说与发达国家相比。只有急起直追,才能在新世纪开发海洋的国际合作和竞争中,取得我们应有的地位。

传统的华夏文化源于内陆,海洋的分量相当有限。尽管郑和下西洋比哥伦布、麦哲伦的壮举差不多要早一个世纪,但我们自以为居于世界中央的祖先们,总习惯于把沿海地区看作是东夷南蛮

---

⑤　汪品先,上下五千万年[J].科学,1997,49(3):18－22.

的荒野,对海外世界往往漫不经心。《逍遥游》中的鲲鹏游冥无非是幻想世界;《诗·小雅·菁菁者莪》中的汎汎杨舟,也只是江河湖泊。19世纪西洋的炮舰,轰醒了东方的"睡狮"。面对列强的坚船利炮,我们才意识到海疆有多么重要。自从150年前(1847年)容闳赴美开始,出现了我国最早的出洋留学潮,而在早期的留学生中许多人学造船、矿冶,决非偶然。

时至今日,我国海洋事业有了空前的发展,海洋产业也已初具规模。然而在人们的意识中,海洋的分量仍然有限。谈论国土疆域之大,往往有人把海疆忘掉;即使想到海洋,也常常限制在看得见的岸边浅海。殊不知新世纪的海上之争,实际上是一场全球性的科技竞争,随着联合国海洋法公约的实施,我国必须不失时机地把研究海洋、开发海洋提高到国策的高度加以重视。19世纪和20世纪,北大西洋两岸的国家在世界海洋事务中起到了无可争辩的领先作用。然而当前西太平洋沿海国家与地区的经济腾飞,自然使人想到:我们是否就当在新的世纪里发挥更大的作用? 可以不夸大地说,对开发海洋的重视程度,将在很大程度上决定我国在新世纪中的发展前景。

华夏文化,是当前振兴中国的重要基础。一旦源自内陆的古老文化真正地进入海洋,一旦黄土地与蓝海洋相互结合,产生的将是旧山河上的新辉煌。

(原载《世界科技研究与发展》1998年,20卷4期)

新世纪地球科学发展的方向是地
球系统科学的研究,而深海研究是关
键。实行海陆并举、海陆结合的方针,
加强对海洋的重视,是华夏文明的发
展方向。

深海研究和新世纪的地球科学

地球是一个系统,牵一发而动全身

地球科学在 20 世纪中经历了根本性的变化。世纪初,地球科学的主体只是陆地的地质找矿,罗盘加锤子。至今这还是地质工作的"基本功",国际地球科学联合会会标上写的还是**"Mente et Malleo"**(思维和锤子),但是一个世纪下来,地球科学的面貌已经完全改观。从宏观上看,地球物理的手段使我们不仅能研究地球的表面,而且深入地球的核心,如通过地震波发现地球内核旋转比其他部分更快[①];在微观方面,地球化学的同位素示踪法可以追踪从前的地质过程,如用化石牙齿中的碳同位素,可以判断古动物当时的食物类型。[②] 如今的地球科学,不仅研究地球的固态圈层(岩石圈),而且研究液态(水圈)和气态圈层(气圈);不仅是

---

① Song XD, Richards P.G., *Seismological evidence for differential rotation of the Earth's inner core* [J]. Nature, 1996, 382: 221–224.

② Wang Y, Cerling TE, MacFadden BJ., *Fossil horses and carbon isotopes: new evidence for Cenozoic dietary, habitat, and ecosystem changes in North America* [J]. Palaeogeography, Palaeoclimatology, Palaeoecology, 1994, 107: 269–279.

寻找和开发矿产资源,而且研究环境的变化和保护。③ 最大的进展在于把地球作为整体来研究,认识到地球是一个整体,牵一发而动全身。

　　板块学说是地球科学 20 世纪最大的发现。世界海底的地形中,最令人注目的是 6 万千米长的洋中脊体系,把大洋分成不同的板块。通过深海钻探,发现在洋中脊两侧的地壳年龄越远越老,这就证明海底扩张的事实④。由此得出的概念就是"全球构造":海洋和陆地合在一起划分为若干个板块在相对移动,每个板块的地壳从大洋中脊产生,然后逐渐向外推移,在俯冲带消亡(如图 1 所示)。所以,地球的岩石圈实际上是一个整体,每个板块有它的开始,也有它的终结。

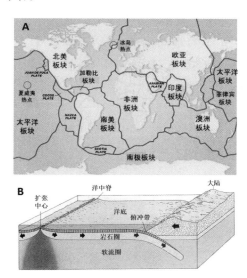

图 1　地球的板块运动

　　A. 板块分布:全球的地壳分为若干相对移动的板块

　　B. 板块从大洋中脊产生,到俯冲带消亡

③　汪品先,探索气圈与水圈变化过程的地质科学[J].地球科学进展,1991,6(6):1−5.

④　金性春,周祖翼,汪品先,大洋钻探与中国地球科学[M].上海:同济大学出版社,1995:349.

不仅岩石圈是这样的,海水也是这样的。4 000 米深的海底照片上还可以看出许多波痕,证明大洋深部水底的海水还在运动,快的一秒钟走 40 厘米,被称为"深海风暴"。⑤ 而这些洋底深处的海流并非杂乱无章,而同样是一个整体。两极附近海水结冰,海冰附近的海水既咸又冷,密度最大,于是沉入洋底并扩散到各大洋的海底。这种深层水的形成今天在北大西洋最为强烈,用海水中溶解的 CO_2 测定其中放射性碳(^{14}C)的比例,就可以得出海水下沉以来的年龄。从全世界大洋 3 000 米深处海水的年龄分布看,从北大西洋的 250 岁到南大洋 500 岁,而到北太平洋已经 1 750 岁,年纪最老。⑥ 这就表明世界大洋的海水流动也在三维空间中构成一个整体,有人把它比喻为"大洋传送带"(如图 2 所示)⑦,底层水从北大西洋经过南大洋流向北太平洋,表层水从北太平洋流向北大西洋。如果进一步把各大洋的垂向水流也表示出来,就像一个复杂的管道系统或者"血液循环系统"⑧。正因为这样,我们说地球上每个圈层都是一个系统,北大西洋的冰盖融解,就会通过这个系统影响太平洋,"牵一发而动全身"。如果这条"大洋传送带"一旦停运或倒转(冰期时很可能出现),那么全世界的热量输送系统就会被打乱,地球上的气候就会发生巨大的变化。⑨

不仅各个圈层是一个系统,地球上各个圈层之间又发生相互作用,地球表面的气圈、水圈、岩石圈和生物圈联结起来构成一个整体。把地球各圈层作为一个完整的系统来研究,才能够理解地

---

⑤ Hollister C.D., *The concept of deep-sea contourites* [J]. Sedimentary Geology, 1993, 82 (3/4):5 - 11.

⑥ Broecker W.S., *The Glacial World According to Wally* [M]. Lamont-Doherty Geological Observatory, Palisades, NY. 1992.

⑦ Broecker W.S., *The Great Ocean Conveyor* [J]. Oceanography, 1991, 4(2): 79 - 89.

⑧ Blum W., *Golfstrom—Europas Fernheizung droht zu erkalten.* Geowissen, 1999, 24: 46 - 53.

⑨ "大洋传送带"的假设提出后为化学海洋学、古海洋学等领域广泛运用,但是其驱动机制在物理海洋学中受到质疑,是当代海洋科学中的重大课题——编注.

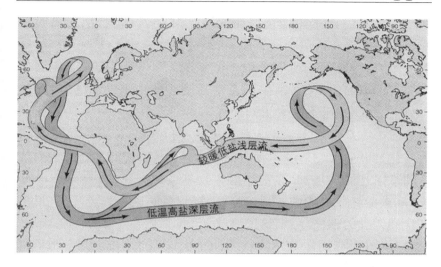

图 2　世界大洋的水圈是一个整体："大洋传送带"假说

球上种种变化的机理,从而取得预测地球环境变化的能力。例如,我们能预报三天的天气,但不能预报几个月后的天气,原因在于海洋对大气的控制。厄尔尼诺就是最好的例子,东太平洋气候反常,根子原来在西太平洋的热带海水,近年来发现西太平洋次表层水温变化是厄尔尼诺的前兆,掌握了海、气相互作用的规律,就可能提前半年预报厄尔尼诺,这是大气科学的重要进步。⑩ 同样可以举地震预报为例,地震灾害发生在日本、我国台湾地区,而震中分布在西太平洋板块俯冲带。最近大洋钻探船在日本以东深海海底钻孔,将传感器深埋在海底以下 2 000 米深的井底,随时监测太平洋板块微细的运动,有望为陆上地震预报提供重要线索。⑪

正式把地球各圈层联结起来作为系统研究的国际计划,就是

---

⑩　North G.R., Duce R.A., *Climate change and the ocean* [C]. In: Field JG et al. (Eds.), Oceans 2020: Science, Trends, and the Challenge of Sustainability. Island Press, Washington, US, 2002, 85 – 108.

⑪　Suyehiro K. *Borehole observations—Global networking and 4-D monitoring* [J]. JOIDES Journal, 1997, 23(2): 18 – 19, 23.

"全球变化"。由于工业化以来大量消耗化石燃烧,把地质时期光合作用固定在地层中的有机碳,经过燃烧变成 CO_2 重新排放到大气圈中,造成大家所熟悉的"温室效应"。然而从工业化到现在大气中增加的 CO_2,远少于人类活动排放出来的 CO_2。那么,"失踪"的 CO_2 到哪里去了? 现在有种种说法,但主要是到海洋里去了。海水中 CO_2 约是大气中 CO_2 的 60 倍,因此海水中微小的变化足以对大气造成重大影响。大气中 CO_2 增多,海水表层溶解的 CO_2 也相应增加,并被浮游生物制造成有机质(碳水化合物等)和碳酸钙质的骨骼,生物死亡后沉到海底进入海洋沉积,退出海洋和大气的碳循环。[12] 这种通过海洋生物把大气中的碳输送到海底岩石圈中的作用称为"生物泵"。然而,碳酸盐骨骼到了深海底部还会溶解,因为海水越深压强越大、温度越低,碳酸盐越容易溶解:

$$CaCO_3 + CO_2 + H_2O \Longrightarrow Ca^{2+} + 2HCO_3^-$$

到一定深度时由上而下沉降下来的碳酸盐骨骼,和深海溶解作用消失的碳酸盐相互抵销,这就是"碳酸盐补偿面(CCD)",此面以下碳酸盐基本上不能堆积(如图 3B 所示)。早在 1912 年,在英国"挑战者"号考察船环球航行基础上绘出的沉积分布图(如图 3C 所示)表明:以水深四五千米为界,较浅的海底沉积物中富含碳酸盐而呈灰白色(钙质软泥),较深的海底沉积物因缺乏碳酸盐而呈红色(深海红黏土),这条界线(即 CCD)称为"海底雪线"。地质资料表明,无论是表层海水的生产力或者深层海水的"海底雪线"都在随着冰期旋回发生变化,这种变化呈万年尺度的周期性。[13] 这比生物光合作用将大气 CO_2 输入生物圈,生物腐解作用又将 CO_2 输回大气圈的时间尺度(季节或百年以下)长得多;而更长的周期则是岩石圈与大气之间的碳循环。

---

　⑫　魏国彦,许晃雄,全球环境变迁导论[J].台湾大学全球环境研究中心,1997:35-36.

　⑬　Broecker W,Peng T.H.,*The role of CaCO₃ compensation in the glacial to interglacial atmospheric CO₂ change* [J]. Global Biogeochemical Cycles, 1987, 1(1): 15-29.

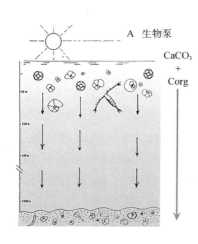
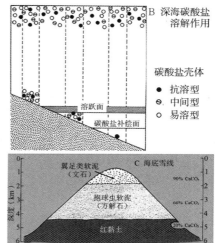

A. 生物泵:浮游生物吸取 CO_2 后,将碳输入海底 **B. 深海碳酸盐溶解作用**:在海水深处碳酸盐溶解度随温度下降、压强增大而升高;**C.海底雪线**:碳酸盐补偿面以下的深海海底因碳酸盐溶失,沉积物呈褐红色,与其上的灰白色含碳酸盐沉积反差明显

图 3　海洋中的碳循环

岩石圈的主要成分是硅酸盐,而硅酸盐风化作用要消耗大气中的 CO_2:

$$CaSiO_3 + CO_2 \longrightarrow CaCO_3 + SiO_2$$

所以当造山作用使岩石圈抬升遭受剥蚀时,就会减少大气中 CO_2 的含量;相反,当岩石圈随板块俯冲到深处,在高温高压下就会发生"脱钙"作用或变质作用:

$$CaCO_3 + SiO_2 \longrightarrow CO_2 + CaSiO_3$$

通过火山活动 CO_2 又回到大气圈中。这种岩石圈和大气圈之间的碳循环时间尺度长达千万年以上。[14]

---

　⑭　Kasting J.F., Toon O.B., Pollack J.B., *How climate evolved on the terrestrial planets* [J]. Scientific American, 1998(2): 46－55.

由此可见,地球上的碳循环至少有三个层次:只看陆地与浅海,生物圈与大气圈间的 CO_2 循环是季节到百年尺度的周期;涉及深海的碳酸盐沉积与溶解,碳循环的时间尺度长达万年等级;而板块运动中岩石圈的碳循环则长达千万年以上(如图 **4A** 所示)。认识到地球系统中多层次碳循环的复杂性,就很容易理解人类活动排放的 CO_2 会"失踪"。应当指出,各圈层碳循环的时间尺度不一样,其碳储库的大小也不一样。上述四大圈层中大气圈含碳最少,但大气环流的运动最快(一般 $<10^0$ 年);大洋的碳储库是大气的 60倍,但全球海水循环的周期属千年等级($<10^3$ 年);岩石圈的碳储库最大,但运动周期也最长($10^7—10^8$ 年)(如图 **4B** 所示)。⑮ 总之,从大气、大洋到岩石圈,密度越来越大,含碳量越来越大,但循环的时间尺度越来越长。如果只从大气圈和生物圈的相互作用来讨论 CO_2 浓度变化,肯定是不够的。但是研究地球系统内多圈层的相互作用,其难度正在不同圈层间进行不同尺度的耦合。

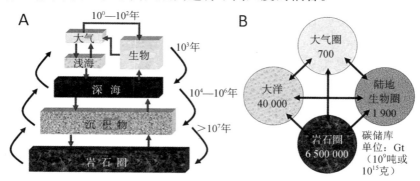

图 4　地球表层系统中碳和碳循环
A. 地球上的碳循环(数字示碳循环的时间尺度)
B. 地球上不同圈层的碳储库

⑮　此处讨论的碳循环只限于地球表层系统,即岩石圈以上的圈层。近年来的研究表明,地球内部的地核与地幔中有着巨大的碳储库,对地球表层碳循环产生影响,为此专门建立了"深部碳"研究——编注。

　　研究地球系统变化最成功的实例是冰期、间冰期的旋回。大约两万年前,地球陆地有 1/3 被冰盖覆盖,不仅南极是冰盖,北美、西欧,包括整个加拿大和美国北部和西欧的北部全被冰盖覆盖,厚达两三千米,甚至四千米,世界海平面下降 120 米,大气中 CO_2 浓度只有 180ppm,相当于现在的 1/2。这是怎么知道的? 古代大气中的化学成分来自极地冰芯,从冰芯气泡中抽出气体进行测定,可以得出 CO_2 含量。而古代海平面和海水温度来自浮游有孔虫壳体的稳定同位素分析。有孔虫是一种单细胞动物,壳体由方解石($CaCO_3$)组成,其中 ^{18}O 与 ^{16}O 的比值与海水保持平衡,能够反映全球冰盖大小和海平面下降的幅度以及海水的温度。有趣的是:深海沉积中有孔虫的氧同位素曲线与冰芯气泡中 CO_2 含量曲线相互平行,而 CO_2 含量又与温度曲线相互平行(如图 5A 所示),反映地球上冰期与间冰期的旋回。[16] 我国黄土高原黄土—古土壤剖面的磁化率曲线,也与深海沉积中两百万年来浮游有孔虫氧同位素曲线一致。[17] 这又一次表明地球是一个整体,由于地球旋转轨道参数的周期性变化,造成地球表面接受太阳辐射量的增减[18],反映在海洋、大气和陆地各个方面。地球表面从大气圈到深海海底,各种界线都会随之发生升降变化,只是反应的时间尺度与变化幅度不同,而且通过地球系统内部的反馈,相互间呈现复杂的关系,至于这种万年尺度的轨道周期是一直存在的,现在大洋钻探已经取得一千多万年来有规律的周期现象。[19]

---

　　[16]　Petit J.R., Jouzel J., Raynaud D., et al. *Climate and atmospheric history of the past 420 000 years from the Vostok ice core, Antarctica* [J]. Nature, 1999, 399, 429 − 436.

　　[17]　Liu T.S., Guo Z.T., *Geological environments in China and global change* [J].北京:科学出版社,1997, 192 − 202.

　　[18]　Williams M., Dunkerley D., De Deckker P., Kershaw P., Chappell J., *Quaternary Environments* [M]. Second Edition, Arnold, 73 − 106.

　　[19]　Shackleton N.J., Crowhurst S., Hagelberg T., Pisias N.G., Schneider D.A., *A new Late Neogene time scale: application to Leg 138 sites* [J]. Proc. ODP, Sci. Results, 1995, 138: College Station, TX(Ocean Drilling Program), 73 − 101.

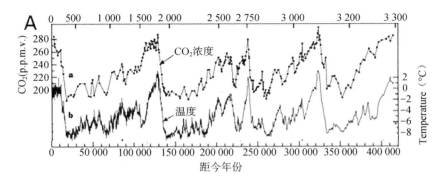

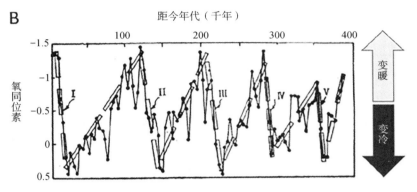

图 5　地球上气候变化的冰期旋回

A. 南极冰芯 40 万年的记录：**a.** 冰芯气泡中的 CO_2 含量，**b.** 冰芯同位素记录的温度曲线

B. 有孔虫氧同位素的锯齿状曲线

　　仔细观察冰期/间冰期的气候曲线(如深海沉积中浮游有孔虫的氧同位素曲线)，十分显著的特点是曲线呈锯齿状。也就是说曲线只在一定范围内摆动而并不"出格"，而且变冷与变暖并不对称，变冷慢而变热快(如图 5B 所示)。[20] 前者的原因在于地球气候系统的内反馈机制：气候变冷到一定程度，地球上过多的水分冻结在冰

　　[20]　Broecker W.S., Van Donk J., *Insolation changes*, *ice volumes*, *and the* [18]*O record in deep-sea cores* [J]. Reviews of Geophysics and Space Physics, 1970, 8: 169－198.

盖中,就会大大减弱水汽循环,不能再继续变冷。后者的原因比较复杂,但答案看来又在深海海底。在海洋上陆坡底下数百米处,有像冰一样的物质保存在地层中,称为天然气水合物(**gas hydrate**)。这里甲烷(CH_4)分子被锁在冰的晶格中,外形像冰(如图 6A 所示),但里面含天然气,在海底地层中(低温、高压)呈固态,一旦取出来就会熔化并释放出 CH_4,因而称为"可燃冰"。大洋钻探曾在美国以东大西洋海底专门钻探天然气水合物,取得了标本。而天然气水合物在各海洋中广泛分布,据估算其总储量是已知化石燃料的两倍,有可能成为新世纪的新能源(如图 6B 所示),正引起各国政府的高度重视。[21][22] 而甲烷又是一种温室气体,其温室效应是

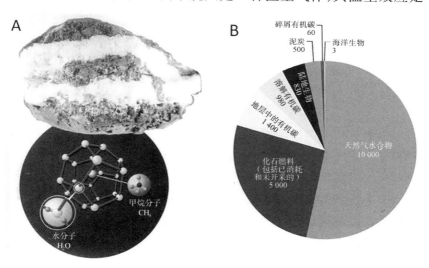

图 6　天然气水合物

A. 外形和分子结构;**B.** 全球有机碳储量的分布(单位:Gt)

㉑　史斗,郑军卫.世界天然气水合物研究开发现状和前景[J].地球科学进展,1999, 14 (4):330 - 339.

㉒　Pietschamnn M. *Bodenschätze—Welche Reichtumer der Meeresgrundbirgt* [J]. Geowissen, 1999, 24: 82 - 89.

相同质量 CO_2 的十倍。只要由于中层水的海温发生变化或者其他原因引起海底温度、压强的变化,就会大量释放出来,突然增加温室效应,造成全球迅速转暖[23],因此在冰期旋回中转冷是渐变的,增暖是突变的。虽然这种新的气候变迁理论还有待实际资料的检验,但至少又一次表明地球系统是一个整体,气候变化的原因有时很可能来自深海海底的某种不稳定成分,只需要海水中某种不显著变化的触发,就可能给气候系统带来重大影响。

一、地球有多种状态,现在的地球处于非常状态

人们习惯于把现在地球上的现象认为是标准,其实错了,地球系统有很多不同的状态,而现在的地球恰恰处于非常特殊、非常罕见的状态。前面说过,大约两万年前地球经历了一场大冰期,直到今天许多地貌的特征还没有恢复过来,还处在"劫后余生"的状态;如果放眼整个地球史,就可以看出今天的特殊性。

在整个地球史中,大部分时间两极都没有冰盖,称为"暖室期";只有少部分时间有冰盖,属"冰室期"[24],通常只在一个极有冰,而像今天这样南极和北极都有冰,这种情况是绝无仅有的,在地质史上所占的比例不到 1%(如图 7A 所示),也就是说我们是生活在一个非常特殊的时期。大约在一亿年前,那时恐龙还没有灭绝,由于地幔物质的大量往上涌,使大气中二氧化碳含量是现在的三倍,高纬度的温度比现在高 15℃ 左右,属于典型的暖室期,两极都没有冰盖。距今五六千万年起地球逐渐变冷,这是根据深海海底底栖有孔虫壳体中的氧同位素比值测出来的(如图 7B 所示),表明深海

㉓　Kvenvolden K. A., *Methane hydrates and global climate* [J]. Global Biogeochemical Cycles, 1988, 2: 221 – 229.

㉔　Miller K.G., Wight J.D., Fairbanks R.D., *Unlocking the ice house*: Oligocene-Miocene *oxygen isotopes*, *eustasy*, *and margin erosion*. [J]. Jour Geophys. Res., 1991, 96: 6829 – 6848.

海底和高纬度区海面的水温下降了大约 15℃。[25] 为什么地球表面
会变冷？有两种假说，一种认为是洋流变化引起的，另一种认为是
高原隆升造成的，我们不妨看看这两种说法。

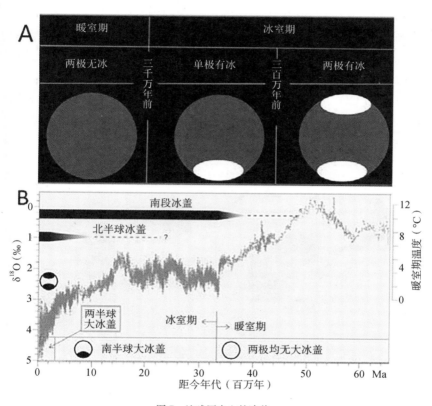

图 7 地球历史上的冰盖

A. 暖室期与冰室期；**B.** 冰盖的形成：新生代 6 000 多万年来全球变冷，深海底栖有孔虫氧
同位素比值变大，冰盖增大，温度下降

1975 年英、美科学家提出："6 500 年前南美洲和澳大利亚的板
块都与南极洲相联，该区的洋流是径向循环，能将低纬区的热量输

㉕ Miller K.G., Fairbanks R.D., Moutain G.S., *Tertiary oxygen isotope synthesis, sea level history, and continental margin erosion* [J]. Paleoceanography, 1987, 2（1）：1 - 19.

送到南极洲,南极洲气候并不冷(如图8A所示);后来板块漂移,南美洲、澳洲移走,使南极洲周围形成"环南极洋流",造成南极洲的热隔离,越来越冷,终于出现冰盖(如图8B所示),使地球进入"冰室期"。[26] 20世纪80年代提出的另一种假说,认为当今地球上的主要高原都是6 000万年以来隆升形成的,包括南、北美洲西部,非洲东部和我国青藏高原,其中尤以青藏高原最为重要。高原隆升可以改变大气环流[27],而更重要的是前面所说的增强风化作用,消耗大气中的CO_2,减少温室气体,造成全球变冷。大气中CO_2含量降低的说法已经有独立的证据支持,现在的问题是尚待查明高原隆升与洋流变化各起多大作用。

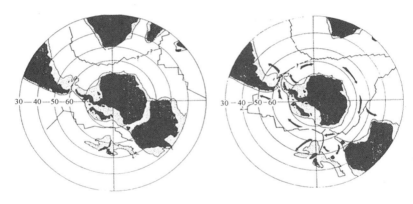

A. 5 300万年前   B. 2 100万年前

图8 南大洋演变的气候效应假说

A. 距今5 300万年前:南美洲、澳大利亚与南极洲相联,南极周围海水可以与低纬区交换;
B. 距今2 100万年前:南美洲、澳大利亚与南极洲分开,环南极洋流形成,南极洲处于"热隔离"状态

[26] Shackleton N.J., Kennett J.P., *Paleotemperature history of the Cenozoic and the initiation of Antarctic glaciation: oxygen and carbon isotopic analyses in DSDP sites 227, 279, 281.* [J]. Init Reports of the DSDP, 1975, 29: 743－755.

[27] Ruddiman W.F., Kutzbach J.E., *Forcing of late Cenozoic Northern Hemisphere climate by plateau uplift in Southern Asia and the American West* [J]. Jour. Geophys. Res., 1989, 94 (D15): 18409－19427.

地球上这种"暖室期"与"冰室期"的交替旋回,曾经出现多次,但每次进入"冰室期"后还会回到"暖室期";进入"暖室期"后还会回到"冰室期",不会失控。[28] 而这种周期性交替现象在太阳系中只在地球上存在,邻近的金星、火星都没有这种情况。现在地球表层温度是 15℃,有液态水,是迄今所知唯一的蓝色星球。而火星表面温度为 -60℃,已经处在极端的"冰室"条件;金星表面温度为 +460℃,属于极端的"暖室"状态。现在金星的大气压是地球的 90 倍,其中 98% 是 CO_2,金星 CO_2 是地球的 26 万倍,而且还有 25 千米厚由硫酸形成的云层,是一种"温室效应"失控的环境。[29] 只有地球能自我控制、自我调节,简直像一个超级生物,所以 20 世纪 70 年代英国就有人提出"盖娅"(**Gaia**,希腊神话中的地球神)假说,主张研究"地球生理学"。[30] 其实从地球系统科学的角度分析,这只不过是圈层间的协同演化,并非只有把地球神化才能解释。

地球演化的早期温室气体也非常多,38 亿年前生命起源时地球的大气圈还属于还原性,以 CO_2 为主;而今天这种 O_2 远多于 CO_2 的氧化性大气圈,是三亿多年前陆生植物发育、改造大气成分后才形成的。[31] 关于这种地球演化早期时生物圈的面貌,又是靠深海研究提供了线索。深海调查发现在 2 500 米深的洋中脊海底,有冒出"黑烟"的高达 10 米的"黑烟囱",这就是所谓的"深海热液活动"(如图 9 所示)。海水沿着洋中脊海底的裂隙下渗,到四五千米深处与熔岩接触,升温到三四百摄氏度后,密度由 1.0 降到 0.7,因质轻而上升;由于充满了细颗粒的金属硫化物而呈黑色,使上升的热液犹似"黑烟"。硫化物在海水中结晶出来形成烟囱状,这

[28] Kennett J.P., *Marine Geology* [M]. Prentice-Hall, N.Y., 1982: 752.

[29] Bullock M. A., Grinspoon D. H., *Global climate change on Venus* [J]. Scientific American, 1999(3): 50-57.

[30] Lovelock J.E., *Geophysiology—the Science of Gaia* [M]. In: SH Schneider & PJ Boston (Eds.), Scientists on Gaia. MIT Press, 1991: 3-10.

[31] Robinson J. M., *Phanerozoic atmospheric reconstructions: a terrestrial perspective* [J]. Palaeo. Palaeo. Palaeo. (Global and Planetary Change), 1991, 97(1/2): 51-62.

些黑烟囱迅速生长,很快倒下,形成一片金属硫化物矿床。这是今天正在形成着的活的金属矿床,对成矿理论研究具有重要的科学价值,同时也是深海海底的又一资源,美国、德国等都在取样研究。[32] 现在已知的深海热液活动区分布广泛,东海冲绳海槽就有多处发现。[33][34]

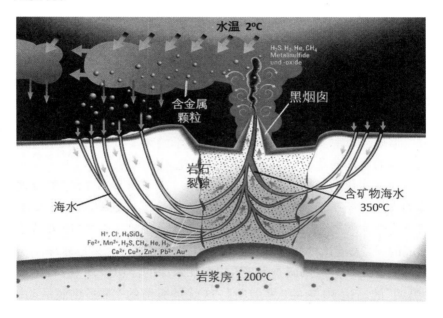

图9 深海热液作用

深海热液区更加有趣的是热液生物群。1977年美国"阿尔文"号深潜器在东太平洋加拉帕戈斯海沟,发现在黑烟囱区分布着独

　　[32] Sawyer K., *Expedition—In U-Boot zu den SchwarzenRauchern* [J]. Geowissen, 1999, 24: 54 – 65.

　　[33] 翟世奎,干晓群,冲绳海槽海底热液活动区的矿物学和岩石化学特征及其地质意义 [J].海洋与湖沼,1995,26(2):115 – 122.

　　[34] 侯增谦,李延河,艾永德,唐绍华,张倚玲,冲绳海槽活动热水成矿系统的氦同位素组成:幔源氦证据[J].中国科学,1999,9(2):155 – 162.

特的深海动物群,引起了轰动。㉟ 热液区生物的密度比周围高 1 万倍到 10 万倍,可以比作深海沙漠中的绿洲,其中最有趣的是可达 2—3 米长的管状蠕虫(如图 10**B** 所示),这些蠕虫既没有口也没有消化器官,全靠硫细菌提供营养(如图 10**A** 所示)。在 2 000 多米的深海海底根本没有阳光,不可能进行光合作用,而且温度高、压强大,硫细菌从热液中取得地热的能量,支持着这种特殊的热液动物群,除蠕虫外还有瓣鳃类、螃蟹等。㊱ 而且热液动物的新陈代谢特别快,远远高于靠阳光生长的生物群。

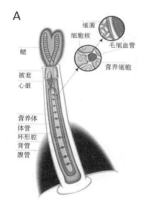

图 10 热液生物群

A. 热液蠕虫并无口、消化器官与肛门;**B.** 长达 2.5 米的深海热液蠕虫;**C.** 活的热液蠕虫群

深海研究的结果发现今天地球上有两类生物群、两种食物链(如图 11 所示):一类是我们习惯的靠外源能量即太阳能支持的,在常温和有光的环境下靠光合作用产生有机质:

$$6CO_2 + 6H_2O \longrightarrow C_6H_{12}O_6 + 6O_2$$

另一类则是靠地球内源能量即地热支持,在高温和黑暗的环

㉟ Corliss J.B., Dymond J., Gordon L.I., et al. *Submarine thermal springs on the Galapagos Rift* [J]. Science, 1979, 203: 1073 – 1083.

㊱ Hessler R.R., Kaharl V.A., *The deep-sea hydrothermal vent community*: *An overview* [J]. Geophysical Monograph, 1995, 91: 72 – 84.

境下靠化合作用维持：

$$6CO_2+6H_2O+6H_2S+6O_2 \longrightarrow C_6H_{12}O_6+6H_2SO_4$$

这两类生物群的能量来源和合成有机质的机理完全不同,在地质历史上的地位也大不相同。在地球演化的早期大气属于还原性,不可能有靠光合作用的生物群,相当于现在热源生物群、依靠地球内热的生物,是当时地球上唯一的生命。[37]

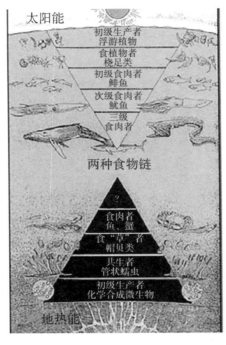

图11 "有光食物链"(上)和"黑暗食物链"(下)

这类生物中,最重要的是细菌。黑烟囱表面用电子显微镜观察,可以看到密密麻麻的细菌(如图12所示)。这些细菌不仅分布在热液区,也发现于深海海底下面的地层深处,被称为"深部生物

---

[37] Jannasch H. W., *Microbial interactions with hydrothermal fluids* [J]. Geophysical Monograph, 1995, 91: 273−296.

圈"（deep biosphere）。1993 年在北海海底以下 3 000 米、在阿拉斯加海底的石油钻井中,都发现有热液细菌,从岩芯中不受污染的中央部分,有热液细菌在温度 100℃下生活。[38] 大洋钻探在太平洋 5 个航次中发现深部地层中有细菌分布,如日本海在水深 900 米的海底以下 518 米处每平方厘米沉积中含有 1.1×10^3 枚细菌。按此推算,如洋底以下 500 米以内的地层中平均含有微生物量为 1.5 吨/公顷,则全球洋底以下的深部生物圈生物量相当于地球表层生物圈的 1/10[39],占全球微生物总量的 2/3。深部生物圈生活在极端特

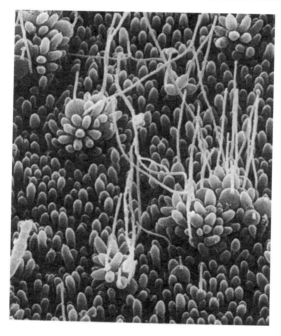

图 12   用扫描电子显微镜看黑烟囱表面布满的细菌[40]

[38] Stetter K.O., Huber R., Blöchl E., et al. *Hyperthermophilic archaea are thriving in deep North Sea and Alaskan oil reservoirs* [J]. Nature, 1993, 365: 743 - 745.

[39] Parkes R.J., Cragg B.A., Bale S.J., et al. *Deep bacterial biosphere in Pacific Ocean sediments* [J]. Nature, 1994, 371:410 - 413.

[40] Braod W.J., *The Universe Below* [M]. Simon & Schuster, 1997: 337.

殊的条件下,高温高压而且生存空间极小,新陈代谢极端缓慢,实际上处于休眠状态,但已经活了几十万、几百万年。[41] 它们在生物技术上的价值不可估量,将向人类提供现在完全不了解的基因库;而且在生物学理论上有极大意义,最近在火山喷发区也发现有此类细菌,很可能与我们寻找的外星上生物有共同点。

在地球40多亿年的历史上,形成含氧量接近现代水平的氧化性大气圈,只有近3亿多年;在此后的冰室期/暖室期旋回交替中,冰室期只占小部分时间;冰室期中冰期的时间长度远大于间冰期。可见今天的地球系统是处在一种异常的时期,"将今论古"常常会导致错误,而简单地以现在推测未来也未必正确。只有了解地球系统变化的机理,才有可能对气候和环境的未来进行推测。

二、认识地球系统,深海研究是关键环节

20世纪人类对地球系统的了解,关键的突破口在于深海研究。只有取得深海海底扩张的证据,才能使陆地地质构造的难题迎刃而解,建立起板块学说,形成全球构造的概念。只有知道深海碳酸盐沉积与溶解的作用,才能建立起碳循环的全面观念。只有发现深海热液生物群和深部生物圈,才能取得地球上生物圈和生物量的完整认识。没有深海研究,就没有地球系统科学。

深海研究对20世纪的地球科学起了革命性的作用,在新世纪中必将起关键性的先锋作用。其原因是人类对深海的了解还太少。地球表面71%是海洋,而海洋的平均水深为3 800米,超过2 000米的深海区占海洋面积的84%,因此地球表面大部分是深海(如图13所示),缺乏深海工作的地球科学只能是"盲人摸象"。而人类对深海海底的了解,还赶不上月球,甚至还不如金星和火星。

---

　　[41]　Fredrickson J.K., Onstott T.C., *Microbes deep inside the Earth.* [J]. Scientific American 1996(10): 42-47.

通过遥感测量,金星表面90%以上面积地形分辨率已达到120米,远远超过地球上对深海地形的了解。新世纪深海研究随着技术的发展,将进一步改变地球科学的面貌。

图13　地球表面一半以上是水深超过2 000米的深海(黑色)

　　人类直接调查深海的历史并不长,最著名的如1960年 **Triests** 号深潜器下到马里亚纳海沟 10 916米海底的创纪录之举,而近年来不少发达国家制造深潜器,进行深海试验,1999年法、德合作对格陵兰海底的探测就是一例。然而深海研究中规模最大、历史最长、成绩最突出的当然是深海钻探(**DSDP**)和大洋钻探(**ODP**)。创始于1968年的这项国际合作计划,目前有二十余个国家和地区参与,每年预算为4 500万美金,用一条世界上最先进的深海钻探船"**JOIDES** 决心"号进行钻探。30余年来,**DSDP** 和 **ODP** 计划已经在各海洋钻井 2 000余口,取深海沉积物20万余件,取得了地球科学中划时代的重大成果。当前的 **ODP** 计划定于2003年结束,2005年开始发展为更大的国际计划,其中日本方面将更大的三万吨级的深海钻探船投入运行,在更大范围内开展新一轮的深海科学钻探。

　　我国在20世纪结束前参加了国际大洋钻探计划,1998年正式加入,1999年春便实现了南海的 **ODP** 184航次。两个月的航次,在

六个深水站位钻井 17 口,其中东沙附近 5 个站,南沙附近 1 个站
(如图 14 所示)。这次中国海的首次大洋钻探,取得了 3 200 万年
来南海演化和气候变迁的深海记录,特别是东沙以南水深 3 360 米
的 1 148 井进尺 850 米,纪录了南海形成以来的全部历史[42][43],使我
国的海洋地质学进入新阶段。特别值得指出的是南海大洋钻探是
由我国科学家建议、设计,由我国科学家主持,在中国人占船上科
学家 1/3 的情况下成功实施的。中国在世纪结束前进入大洋钻探
的国际前列,也为新世纪中通过深海研究推进地球科学发展准备
了条件。

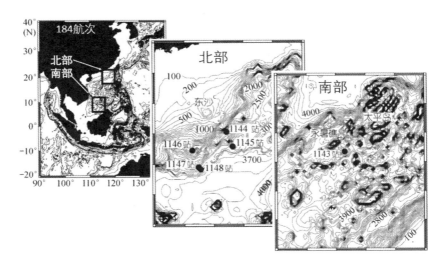

图 14　南海大洋钻探 ODP184 航次的钻井位置

　　㊷　Wang P., Prell W., Blum P. and the ODP Leg 184 Scientific Party. *Exploring the Asian Monsoon Through Drilling in the South China Sea* [J]. JOIDES Journal, 1999, 25(2): 55 − 56.

　　㊸　Wang P., Prell W.L, Blum P., et al. *Proceedings of the Ocean Drilling Program*, *Initial Reports*, *Vol.*184 [J]. College Station, TX (Ocean Drilling Program) 2000: 45 − 46.

三、中国地球科学界的历史责任

如果说地球科学在 19 世纪的最大进展在于进化论,20 世纪在于板块理论,那么 21 世纪的突破点可能在地球系统演变的理论。因为通过 20 世纪的努力,人类已经处在"地球系统科学"进行"组装"的前夕。由于历史的原因,中国已经错过了上两个世纪的地学革命,不应该再次错过 21 世纪的地学革命。独特的自然条件,赋予中国地学界以特殊的历史使命。我国西有青藏高原,东有边缘海,广泛发育季风气候,而季风气候又促成了黄土高原和东流的大河,堆积起宽广的大陆架和沿海三角洲平原。这是当今世界上十分独特的环境,因为东亚地区是当今唯一夹在两个板块汇聚带之间的大陆,西有印度板块碰撞,东有太平洋板块俯冲,决定了新生代晚期最大构造形变和环境效应。如果从西藏到台湾做一个地形剖面,今天是西边的高原超过 5 000 米,向东边平原倾斜;而 5 000 万年前很可能与此相反,是东部高而西部低(如图 15 所示)。今天中国的地形分为三级,从高原到平原逐级下降,但这种地形形成很晚。长江、黄河按规模名列世界前茅,但年龄远小于国外的大河:亚马逊河、尼日尔河等都有一二千万年的历史,密西西比河可以上溯到 2 亿年前,而黄河、长江可能只有几百万年历史。尽管还有许多不清楚、不确切的问题,但中国地形由西倾转为东倾是没有疑问的,这种巨变发生在 2 000 多万年前。[44][45]

地形变化伴随着气候改变。今天中国的干旱带在西北部,而东南部受季风的控制,夏季风带来海上的水汽,冬季风带来风尘。5 000 万年前地形尚未倒转时,世界气候分带呈纬向分布,我国干旱带横贯西东,属于行星风系;大约 2 000 万年前才退缩到西北角,与

㊹ 汪品先,上下五千万年——现代自然环境宏观格局的由来[J].科学,1997,49(3):18-22.

㊺ 汪品先,亚洲形变与全球变冷——探索气候与构造的关系[J].第四纪研究,1998,(3):213-221.

今天的格局相似,属于季风风系。可见,我国季风气候的确立很可能与地形倒转相关。前面说过,近6 000万年来全球变冷有可能是世界高原隆升的结果,那么地形倒转、全球变冷和季风气候确立三者可能相互关联。这种地质构造运动与气候演变关系的研究,是当前国际学术界的前沿问题,也是南海大洋钻探建议的主题所在。

中国要研究的问题很多,我们西边有高原,东边是西太平洋边缘海,就在这个边缘海区发生了世界上最大的大陆(亚洲)和最大的大洋(太平洋)的能量和物质交换。而能量和物质的交换,实际上决定了世界上气候的格局。从青藏高原的最高峰到菲律宾海沟直线距离仅4 000千米,但是落差将近两万米,是世界上地形反差最大的地区之一(如图15所示),今天世界上由陆地输送到海洋的悬浮物质有70%来自亚洲的东南区[46],这里同时也是世界上大气环流极其活跃的地区。

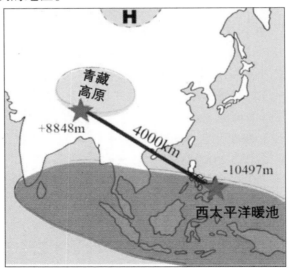

图15　亚洲东南巨大的地形落差

　　[46] Milliman J.D., Meade R.H., *World-wide delivery of river sediment to the ocean* [J]. Journal of Geology, 1983, 91(1): 1－21.

西太平洋边缘海中最为有趣的,是夹在亚洲与太平洋之间的四个海:鄂霍茨克海、日本海、东海以及南海,它们可以看作一个系统(如图 16 所示)。它们一方面从大陆接受河水注入(图中箭头),另一方面又以一系列海水通道与太平洋和相邻的边缘海相联(图中黑圈)。这是一个高度灵敏的水文系统,只要一个通道关闭,就有可能影响全局。[47] 尤其是西太平洋区将低纬度热量向高纬度输送的黑潮,在台湾以东进入东海后又以分枝的方式流入日本海和鄂霍次克海,对东亚气候有举足轻重的影响,然而在冰期时海平面下降,黑潮主流不能进入东海和其他边缘海,使亚洲和太平洋能量

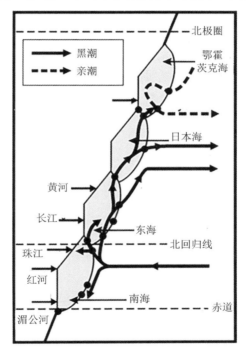

图 16　西北太平洋边缘海的水流系统

　　[47]　Wang P., *Response of Western Pacific marginal seas to glacial cycles:paleoceanographic and sedimentological features* [J]. Marine Geology, 1999, 156: 5 – 39.

与物质的交换不在边缘海内,而在边缘海外进行。这种变化不仅影响陆地的气候,还会影响西太平洋的海水,如年平均水温超过28℃的"西太平洋暖池"。[48] "暖池"区是地球上表层海水温度最高,因而也是热量和水汽交流最为强烈的海域,由此辐散的大气环流控制着季风和厄尔尼诺等全球性和区域性的气候现象。[49] 所有这些,使中国岸外边缘海的古环境研究具有特殊的意义。

以上所述,只是中国地球科学界应该回答的很多问题中的一部分。但是,中国的地球科学面临着这样的选择:在新世纪中还是继续主要做输出原料的工作,还是也进行深加工;我们是只出零件,还是也参加组装。如果参加组装,就得研究地球系统,而没有深海研究就谈不上地球系统。20世纪90年代初中国科学院地球科学部提出的方向称为"上天,入地,下海",这为中国地球科学指明了方向;最近中国科学院地学部又提出"从地学大国走向地学强国"的口号,如果我们能够海陆并举,并且发挥海陆结合的优势,中国有可能在新世纪地球科学中作出应有的贡献。

应当承认,在四大古文明中,华夏文明的海洋成分比较少,直到今天我们的海洋意识还相当薄弱。传说早在公元前4世纪,亚历山大大帝就完成了第一个潜水的壮举;日本裕仁天皇1975年曾访问美国伍兹霍海洋所了解深海研究和深潜技术,当时的皇太子于1987年亲自参观了美国"阿尔文"号深潜器(**Broad**,1997)。国外重视海洋的例子应当对我们有所启发。

总之,新世纪的地球科学发展方向将是地球系统科学的研究,而深海研究是其中的关键。我国在新世纪中实行海陆并举、海陆结合的方针,加强对海洋的重视,将不仅是地球科学,而且也是华

---

[48] Yan X., Ho C., Zheng Q., et al. *Temperature and size variabilities of the Western Pacific Warm Pool* [J]. Science, 1992, 258: 1643 - 1645.

[49] Webster P.J., Magana V.O., Palmer T.N., et al. *Monsoon: Processes, predictibility, and the prospects for prediction* [J]. Jour. Geophys. Res., 1998, 103 (C7): 14451 - 14510.

夏文明的发展方向。

（本文原载《百年科技回顾与展望——中外著名学者学术报告》，上海教育出版社，此文系作者在 1999 年"中国科学院建院 50 周年大会"上的报告）

进行东西方文化差异比较时,惊人地发现海洋文化是其中最大的差异之一。

试谈中西海洋文化的比较
——从郑和下西洋说起

美洲是郑和发现的吗?

21 世纪初爆出的一则新闻,引起了国际规模的轰动:2002 年 3 月,英国海军退休潜艇舰长孟席斯(**Gavin Menzies**)在英国皇家地理学会的报告中提出美洲是郑和下西洋时发现的。孟席斯的报告向全球转播后,他的专著《1421 年中国人发现美洲》①也一版再版,热销各大洲。正在筹备郑和下西洋 600 周年纪念的国人,对此当然备加关注。但是,首先产生的问题是:这是真的吗?

孟席斯舰长本人不懂中文,也不从事历史专业研究,并没有掌握任何直接证据。然而,他认为郑和舰队不仅抵达非洲东岸,而且还绕过好望角,横渡大西洋,发现过美洲新大陆。如他自己所说,他的思路来自几十年航海家的感觉:明尼苏达大学图书馆的一张 15 世纪老地图给了他启发。落款 1424 年由威尼斯人编制的海图,准确地表示出欧洲的岸线,海中几个岛屿名称古怪,孟席斯判断这正是美洲加勒比海的波多黎谷和瓜德罗普岛;而在 1424 年之前,无

---

① Manzies, G.1421—*The Year China Discovered America* [M]. Perennial, 2004: 650.

论欧洲还是阿拉伯国家都没有能力远航美洲,世界上能做这件事的只有中国明朝的郑和船队。顺着这条思路,他又去收集各种证据。然而,建立在这种"逆推"或"反证"基础上的惊世骇俗之说,当然引起极大争议。

本文无意也没有资格讨论孟席斯假设中的种种论据,只想以此作为由头,探讨一番东西方海洋文化的差异。郑和下西洋是中国海洋历史上最光辉的一页,作为 600 年后的历史回顾,既值得国人引以为傲,也有必要从中吸取经验和教训,力求通过分析,能够得出一些对当前振兴华夏有用的认识。

古代中国的航海优势

其实,"中国人发现美洲"之说,并非孟席斯首创。据报道,两个半世纪以前,法国一位汉学家就曾在南锡的法国科学院提出,元朝文献中的"扶桑国"就是墨西哥;据说距今 15 个世纪以前,中国和尚慧深就到过加拿大,这比郑和早了近千年。[2][3] 这还不算早。从美洲海底发现的石锚和陆上发现的土墩文化,到秘鲁的虎神石雕和墨西哥出土文物上的象形文字,都曾经引发过"殷人东渡"的推论,说明 3 000 年前殷商的中国人就曾跨越太平洋到达美洲。[4] 当然,所有这些说法还都只是推论,缺乏确凿的证据。至于"哥伦布发现新大陆",长期以来一直存在非议,说在哥伦布之前到过美洲的不光是中国人,如北欧的维京人据说在 11 世纪初就到过加拿大。[5] 美洲自有土著居民,无须谁去"发现";西方语汇中的"发现",是指西方人开始"开发"美洲,即使证明中国人早就到达美洲,也不能改变这片"新大陆"是欧洲人,具体说是哥伦布到达后才开

② 贺志雄,保惠红,无言的慧深——谁先发现美洲[J].昆明:云南大学出版社,2000:178.

③ 马南邨,谁最早发现美洲[M].(转载于《燕山夜话》,1979)北京:北京出版社,1961.

④ 王介南,中外文化交流史[M].北京:书海出版社,2004:478.

⑤ 秀娥,张翅,海盗地图[M].北京:花山文艺出版社,2005:353.

始开发的事实。如果说,这种"开发"至少在早期纯属掠夺,那么这种"开发"究竟是褒义还是贬义词,也是个值得推敲的问题。

有趣的是:为什么总有这种声音,而且是来自海外的声音,说中国人早就到过美洲? 其原因还在于历史上中国文明发展的高度。中华民族有过悠久的航海史,和长期世界领先的海上技术优势。孟席斯的推想,不能说全无根据:15 世纪以前能够在世界大洋中进行大规模航行的,确实只有中国。诚如李约瑟所说,"约西元1420 年,明代的水师在历史上可能比任何其他亚洲国家的任何时代都出色,甚至较同时代的任何欧洲国家,乃至于所有欧洲国家联合起来,都可说不是其对手"。想象一下 600 年前,由郑和带领20 000多人、300 多艘船组成的巨型船队,领队的宝船又是长逾百米、至今还是最大的木质船(图 1),一旦出现在大洋岛国,怎不令人目瞪口呆,惊以为奇迹天降?⑥

图 1　郑和下西洋的宝船(现代仿造)

明朝的航海优势,是中国长期航海技术的继承和发展。早在 3世纪,孙权的海上商船就长达 60 米,孙权曾派遣康泰、朱应率强大

---

⑥　Levathes L.,当中国称霸海上[M].邱仲麟译.南宁:广西师范大学出版社,2004:248.

船队穿越南海出使扶南(柬埔寨),也曾派卫温、诸葛直率万余人的舰队到达夷州(台湾)。④12世纪与13世纪之交,南宋水师控制了福建到日本与高丽之间的东海,船只多达6 000艘,曾在山东半岛外海击败了金国的大舰队。而13世纪元朝的海船比宋朝更加壮观,马可波罗到达泉州港时就看傻了眼。⑥种种历史记载,均展示中国古代的海上优势;海外的出土文物中,也不时发现中国古代航海远征的踪迹,使我们为祖先创造的奇迹兴奋和骄傲。

　　但是,郑和之后就没有郑和了,鸦片战争从海上打过来,这也是不争的事实。我们在为郑和下西洋600周年喜庆欢呼的同时,不可能也不应该回避一个关键问题:中国为什么会从海上强国,衰落成海上败兵?中国为什么会放着海上的优势不用,结果从海洋上发展起来的是西方,很快旗开得胜,从海上吃败仗的倒是中国?回答这些问题,最容易的切入点就是郑和下西洋本身:与将近一个世纪后西方"地理大发现"的航海相比,两者的区别在哪里?

两类不同的航海

　　郑和下西洋,本来是盛极一时炳彪千古的历史壮举,不料1424年明成祖朱棣一死,新皇帝就下令"下西洋诸番国宝船,悉皆停止"。尽管在又一个新皇帝宣宗手里,郑和还组织了第七次——最后一次下西洋的远航,但紧随而来的就是彻底海禁,走上绝然相反的道路,甚至连图籍档案一概烧尽。盛极而衰,嘎然而止,一场叫人看不懂的突然变化。关于下西洋突然终结的原因,至今见仁见智,多有争论。如果下西洋的原始动机在于朱棣要寻找政治对手——侄子朱允炆的下落,那确实早就到了应该结束的时候;如果当时朝中对下西洋的争议,反映明朝宦官集团与儒家朝臣之间的矛盾,那历次下西洋确实都是在宦官领导下进行的。但是,一个比较明显的客观原因是在于国家的财政。

　　600年后回顾,下西洋是中华民族历史上扬眉吐气的丰功伟业。郑和传播了华夏文化,促进了海上交流,提高了航海技术,推行了和平外交。然而,本质上这是从皇帝的政治需求着眼,缺乏经济考虑,因而不具有可持续性质的政府行为。朱棣不惜一掷千金,换取大明皇朝的国威,正如梁启超所说的,以"雄主之野心,欲博怀柔远人,万国来同等虚誉,聊以自娱耳"。这种"赍赐"航海,最后导致"库藏空匮",难以为继。固然,下西洋的确具有经济贸易的一面,它促进了海上丝绸之路进入鼎盛时期,引进的药物也丰富了中国的药典……但是,这种"朝贡贸易"的特点在于"厚往薄来",无论采用"贡品"与"赏赐"形式的商品交换,或者用高价购入"番货",这类"随贡互市"并不要求等价交换,因为目的在于显示中国的富强,算的是政治账,不是经济账。值得注意的是在下西洋的同时,明朝政府却对本国商人出海厉行封禁政策,只准皇家船队下西洋进行官方贸易,也允许西洋海船来中国,就是严禁中国人出海经商。[⑥]所以,下西洋作为明成祖巩固政权、弘扬国威的措施,是一种政治驱动的航海行为,并不等于海上贸易的开放。

与此形成对照的是从伊比里亚半岛出发的海洋探险。就在郑和之后,葡萄牙王子"航海家亨利"(1394—1460)派出了多次航海探险队,为后来葡萄牙的达·伽马绕过好望角和麦哲伦实现环球航次准备了条件。他们探险的目的十分明确,就是为直接与印度通商寻找航线,结果发现了"新大陆"。哥伦布与国王订有合同:新发现的领土归国王和王后,所得金银财宝10%归哥伦布并且免税。[⑦]结果,"地理大发现"引来的是财富与奴隶的掠夺,为欧洲赢得了发展的新纪元。这就是中国和西方当时远航的区别:西方有强烈的经济目标,而中国只从政治需求出发。中国古代的海洋文明过于突出政治,而忽视经济,这样的海洋文明缺乏可持续性。百年前梁启超提出的问题:为什么"哥伦布之后,有无数量之哥伦布,维哥达嘉马以后,有无数量之维哥达嘉马。而我则郑和以后,竟无第二之郑和?"看来答案就在这里。

---

⑦　倪键中.海洋中国(中册)[M].北京:中国国际广播出版社,1997:509-1121.

纵观欧洲历史,一方面,国王、海盗和海外商人本来就是三位一体,探险的航海本来就预期着暴利。海盗式的航海探险或者"发现",包含着太多的罪恶与残忍,笼统地赞扬是不公正的。另一方面,没有经济基础的突出政治也是不可持续的,不加分析地歌颂恐怕也是不适当的。后者正是中国历史上的一种多发症,一直延续到 20 世纪晚期,中国为此付出的代价实在太大,决不能再掉以轻心。今天,我们无疑应当谴责"地理大发现"家们的贪婪残忍,也完全有理由颂扬郑和远航的和平性质。但是,在大尺度的视野里,必须承认是欧洲人的"大发现"导致美洲的开发,改变了世界历史的轨迹;郑和的壮举虽然对东南亚、印度洋一带留下了深刻的踪迹,但是很难说对全球有多么重大的影响,甚至在中国历史上也说不上新时期的开创,以致需要今天来大声疾呼,加以弘扬。

事过 600 年,最突出的问题是为什么西方在海上征服世界的开始,恰恰发生在郑和下西洋后不久。明代的中国,建立了世界史上空前的大舰队。然而,"不到一百年,全世界最强大的水师……下令自我毁灭,为什么?"美国人提出,是一个任何人都会问的问题。⑥如果透过历史的细节,从社会发展的大趋势着眼,那么答案就应当从华夏文明的起点上去寻找。

两种文明的起点

两种不同的航海,反映的是两种不同的文明。世界古文明的发祥地几乎都在河流谷地,唯独发源于爱琴海的古希腊文明是个例外(图 2)。作为整个西方文化根基的古希腊文化,是在爱琴海的沿岸及其星罗棋布的岛屿上发展起来的,欧洲第一座城市不是建在大陆,而是建在克里特岛上。沿岸狭窄的平原和良好的港口,岸外众多的小岛,是早期发展航海和形成海洋文化的理想背景。而尼罗河流域的埃及文化、两河流域的苏美尔与巴比伦文化、印度河流域的印度文化和黄河流域的华夏文化,都是定居在流域里的农耕文化。⑧ 当然,这些亚非的古文明,也都有其海洋成分的一面:几千年前,尼罗河三角洲上的汊河比较多,不像现在只有两条,而且还有河道与红海相通,因而地中海与红海提供了向海洋发展的条件。⑨ 波斯湾西北端当时也比现的范围大,两河流域的文化濒临波斯湾发展,问题在于其发展的方向。源自黄河流域的华夏文明,也能达到黄海与渤海之海岸,但是历史发展的结局,统一六国的是黄河中游的秦国而不是下游的齐国,结果重心在中游而不在下游。⑩ 这些古文化有的已成陈迹,但如果把现存的中国与西方文明相比,可以看到正是这两者起点的不同,在很大程度上决定了两三千年历史走向的差异。

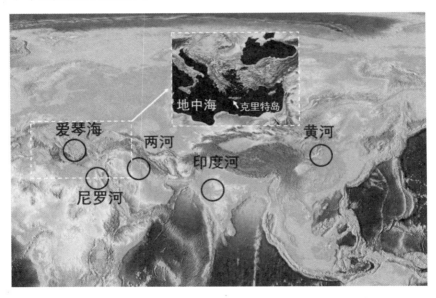

图 2   世界古文明的起源都在大河流域,唯独爱琴海文明是个例外

⑧   Toynbee A., 人类与大地母亲———一部叙事体世界历史[M].徐波等译,上海人民出版社,2001:584.

⑨   Silverman D.P., *Ancient Egypt* [M]. Duncan Baird Publ., London, 1997:255.

⑩   周振鹤,假如齐国统一天下[M].(转载于周振鹤,1999,《学腊一十九》).青岛:山东教育出版社,1995:225-239.

以河流流域为基础的华夏文明,是一种农业文明,当时中国的自然条件,为农业社会提供了优越的条件,只求没有异族的入侵,决无向外另谋福地的意向。反映农业社会利益的儒教文化,主张人们固着在自己的土地上,"父母在,不远行",并没有到远方开拓的传统。用明太祖朱元璋的话来说"四方诸夷,皆阻山隔水,僻在一隅""得其地不足以供给,得其民不足以使令",何苦要去海外殖民?至于对外贸易,也是应国外的要求而开,因为"天朝物产丰盈,无所不有,原不藉外夷货物以通有无"(乾隆58年致英王敕谕)。⑦帝皇的观点,反映了自足自给农业社会的心态,一种内向型社会的心态。

古代中国社会"内向型"性质的重要原因,在于其在当时世界上的先进性。向欧洲介绍元朝中国盛况的《马哥勃罗游记》,能激发西方世界对东方世界兴趣的原因在于当时东西方差异之大。只有海外有求于我,我无求于海外。就是海内也一样,相对于黄河流域为核心的农业社会来说,沿海地区只是"蛮夷"之地;对趋向于到海上甚至海外发展的沿海居民,自然而然地被视作"另类"。例如,粤东地方,"以船为家,以捕鱼为业"的"蛋户"就被列入"四民"之外的"瑶蛮之类",属于化外之民。对这样的政权说来,只要有政治需要,就可以实行"海禁",甚至像17世纪清朝早期那样,实行强制性"迁海",使沿海数十里成为荒地。这与当时西欧一些国家的国王、海盗与商人联合起来向海外殖民的做法,形成了鲜明的对照。

综上所述,决不是说华夏文明属于与世隔绝、不尚交往的封闭类型。华夏文明本身就是多种文明的融合体,有着惊人的包容度和亲和力。中国历史上没有宗教战争,儒、释、道可以三教合一,这从西方文明的角度来看是难以理解的。汉唐盛世,中国的首都就是世界上规模最大的国际都会,也是吸引四海前来学习先进文化的国际中心。"留学生"一词的由来,就是对日本"遣隋使""遣唐使"带来的留在中国继续学习人员的称呼。政治上,从汉朝开始对外派遣政治使节,通西域的西汉张骞、东汉班超,或出使罗马帝国

（大秦）的甘英,对中亚地区的交通发展和文化交流,都有不可磨灭的历史贡献;宗教上,东晋法显和唐朝玄奘或东渡的鉴真,在佛教文化的传播和亚洲文化的交流史上,也都起了奠基的作用。

我们也应当注意:当时东西方交流中从事经商贸易的,主要并不是中国人。在相当长一段历史时期中,北方和西北方的游牧民族,扮演着东西方文化交往的主角。丝绸之路上古代欧洲和中国的贸易,主要是通过中间商人(如西域人)来进行的,其中包括来自现属乌兹别克斯坦地区的"粟特商团",即安禄山、石敬瑭祖先的"昭武九姓"[⑪],他们中许多人后来融入中华民族,但并不能代表重农轻商的华夏文明之主体。也就是说,尽管中国历史上曾有过负重远行的开拓者,毕竟凤毛麟角,并没有构成历史的主流;中国历史上也有过大规模的海内外交往,但直到最后一个皇朝,始终认为自己处在世界的中心,这种居高临下的交往并非出于自身生存与发展之必需。谈到这里,600 年前郑和下西洋之所以如此容易遭到否定,一场历史的壮举居然成为古代中国向海洋发展的终点,也就不难理解了。

大陆文明与海洋文明

当我们说华夏文明与希腊文明之间是大陆文明与海洋文明的区别时,立刻就会有人举出中国历史上海洋文明的众多记录,否定这种区别。其实如上所述,中国古代文明中灿烂的航海历史,是不容否认的。但是,这绝不能证明海洋成分曾经成为华夏文明的主流。之所以产生这种看法上的分歧,原因之一是我们对世界文明发展途径的多样性了解不足。

前面说过希腊文明源自爱琴海,其实西欧后来的历史,在很大程度上还是以海洋为中心展开的。无论是亚历山大大帝的古希腊马其顿王国,或者后来的罗马帝国,都是围绕地中海周边分布的,海就在中间。中国历史上苦于北方游牧民族的入侵,而欧洲可以

---

⑪ 荣新江,中古中国与外来文明[M].生活·读书·新知三联书店,2001:490.

相比的是北欧海上的维京人,从 8 到 11 世纪维京人的海盗征战,改写了欧洲许多国家的历史。14 至 17 世纪,在欧洲垄断贸易并起过重要政治作用的汉萨同盟(**Hanseatic League**),也是以德国北岸的卢贝克港为中心,由围绕波罗的海的城市联合而成的。我们对欧洲文明首先是从洋炮和洋货开始认识的,对这种文明如何围绕海洋发展起来的历史,大家都比较陌生,也不大清楚这与古代中国围绕大河流域、在大平原上发展起来的文明,究竟有哪些深层次的区别。

例如,战争,作为历史之曲的最强音,很能反映这种区别。在以古希腊为起点的西方文明中,海战比例之高远远超出我们的想象。《荷马史诗》记载的特洛伊木马的故事,是传说中有关古希腊战争中最脍炙人口的一段,现已证明属于史实。希腊军队围攻特洛伊城 10 年不下,最后用木马计破了城。然而,这场大战是跨海之战,希腊方面动用了上千条战船攻打特洛伊;而攻陷特洛伊的英雄奥德赛,在归途中又在海上漂泊了 10 年。这与中国历史不同:著名的涿鹿之战,黄帝与炎帝部族与蚩尤部族争夺中原地带,是发生在河北涿县一带的典型陆战;而我国著名的水战,如三国时期的赤壁之战,是发生在长江中游的江上之战。其实,一部欧洲发迹史,整个溅满了海战的鲜血。英国就是在 16 世纪打败了西班牙"无敌舰队",17 世纪英荷海战夺取荷兰海上贸易的垄断,才建立起海上霸权的。

每个古老民族都有洪水的传说,这些传说也都带有不同文明的烙印。《圣经》中"诺亚方舟"的故事,是基督教文明中有关洪水的故事。近年来,美、俄两国学者合作研究,在黑海陆架取得 250 个以上的沉积柱状样,发现是冰期以后地中海海面上升,远远高于当时还是淡水湖的黑海湖面,距今 7 600 年前海水终于突破博斯普罗斯海峡灌入黑海海盆⑫,而这正是"诺亚方舟"传说的原型。⑬ 我国

---

⑫ Ryan W.B.F., *Pitman*, *W.C.III.* Major, C.O., et al., 1997. *An abrupt drowning of the Black Sea Shelf* [J]. Marine Geology, 138: 119 – 126.

⑬ Ryan W.B.F. and Pitman, W., *Noah's Flood. The New Scientific Discoveries about the Event that Changed History* [M]. Simon & Schuster, London, 1998: 337.

历史上的夏禹治水,说的是河流流域的大洪水,反映了我国文明的特色。而《旧约》中涉海的故事并不以诺亚方舟为限,"出埃及记"中的渡过红海,"约拿书"中的海上风暴,都属此例。两者相比,也正是中、西方文明差异的一种表现。

　　大陆型与海洋型文明的差异,同样反映在古代地理学的不同。北魏地理学家郦道元(466 或 472—527)在《水经注》中记述了1 252条河流,是水文地理的经典著作,这些都代表大陆文化在地理学上的辉煌成就。明代地理学家徐霞客(1586—1641),北起燕、晋,南至云、贵、两广,遍游名山大川,考察地质地貌,水文、植物,虽然也曾到达海边,而其目标还是在山川。相比之下,西方的经典学者如德国的亚历山大·洪堡德(**Alexander von Humboldt**,1769—1859)在秘鲁考察时,就发现和测量了南太平洋的东部边界流——秘鲁寒流,也称为"洪堡德海流";美国革命家本杰明·富兰克林

图3　美国革命家本杰明·富兰克林(资料图片)

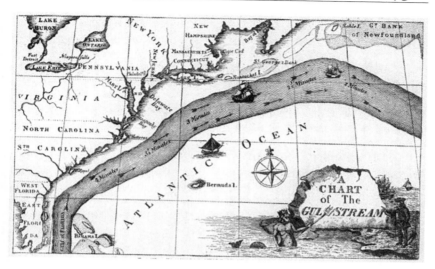

图4　富兰克林所绘的墨西哥湾湾流图（1970）

（**Benjamin Franklin**,1706—1790），在 1770 年第一次绘出了墨西哥湾湾流图。[14] 近年来,我国也越来越多地介绍古代航海的纪录见闻,从元朝汪大渊的《岛夷志略》,到清朝谢清高的《海录》[15],但重点都在海外岛屿的人文介绍,并不涉及海洋探测。海洋文明的概念,是西方与我国传统地理学相区别的一大特色。

两类文明中海洋成分的差异

　　大陆文明与海洋文明,只是指其主导作用的部分,决不是说以大陆为特色的华夏文明就没有海洋成分。中国历史上史无前例的大规模远航,首推 2 200 多年前的徐福下东洋。但这种为皇帝寻找长生不老药的航行,很难说是海洋文明的标志。纵观历史,华夏文明中的海洋成分始终只是作为插曲和补充出现,难以形成主流,而且这种传统贯穿至今。从时间上看,郑和下西洋是一次典型的跨

⑭　Gross,M.G. Oceanography, A View of the Earth［M］. Prentice-Hall, 1987, 406.

⑮　谢清高著,安京校释［M］.商务印书馆,2002:347.

出大陆、走向海洋的壮举,却只能昙花一现,以悲剧告终,这恰好说明中国传统对海洋文明的容忍度。从空间上看,沿海地区几千年属于"蛮夷"之地,从沿海多山地区到海上甚至海外发展的居民,长期被视作"另类",属于化外之民,不受政府保护。与西欧一些国家的国王、海盗与商人联合起来向海外殖民的做法,形成鲜明的对照。

我们还可以举出数不清的实例,证明中国古文化中有丰富的海洋成分。⑯ 但是,难以证明这是华夏文明的主流。例如,战国时期邹衍的"大九州说",认为儒家所称的中国,只占天下的九九八十一分之一,反映沿海的齐国文化中,对空间广阔性的认识。管仲、邹衍的观点的确具有海洋文明的特色,但统一六国的是代表内陆文明的秦国,不是齐国。几千年来统治中国思想的是儒家,不是阴阳家。

与此相应,两种不同类型文明中的海洋成分也各不相同。在内向型的中国大陆古文明中,海洋常常作为一种抽象或者负面的因素出现,通常与蛮荒甚至灾难联系在一起,连神话都不例外。庄周《逍遥游》中的大海"北冥""南冥",及其中可以互相转换的"鲲"和"鹏",无非是极言其大,并无具体所指,属于哲学的议论而不是自然的描述。《山海经》中的"海经""荒经"也是指遥远的极边地区,重点在于怪诞事物,而涉及海洋的最佳内容莫过于"精卫填海"的故事:炎帝女儿在东海溺死后,变为"精卫"鸟,"常衔西山之木石"想把东海填平。几百年以来,出海者朝拜最勤的是"妈祖",便是传说中宋朝福建莆田的女子林默,成仙后变为海难的救星。因此,这里有抽象且哲理的海洋,也有具体的海洋,而具体的海洋往往含有悲剧成分。

我国古代神话中也有生动活泼的海底故事:《封神榜》中的哪吒闹海,《西游记》中孙悟空大闹水晶宫,既不抽象,也不是悲剧。

---

⑯ 宋正海.中国传统海洋文化[J].自然杂志,27(2):99-102.

然而,这些想象中的海底世界,与陆地并无区别,孙悟空打进东海的水晶宫,照样献茶喝酒,看不出有海水的模样;而哪吒大闹龙宫,手持火尖枪,脚踏风火轮,更与陆上没有两样。明朝《东游记》讲八仙过海,也有火烧龙宫,"铁拐、洞宾放出葫芦之火,须臾之间,东洋火炽,竟成一片白地"。这些神话里的海洋,只是把陆地搬到了海底,是一种抽象的空想产物。古希腊神话中也有众多有关海洋之神,从海神 **Poseidon** 到 **Oceanus** 与 **Tethys** 夫妇,而这类神话往往具有实际航海生活作为基础,不只是凭空的想象。例如,希腊神话中的舍伦(**Siren**)女妖,这种人首鸟身的女妖在海边岩石上唱歌,用甜美的歌声蛊惑航海者溺死,反映了爱琴海区日中太阳的可畏,在"无风的沉静"中的午睡具有生命危险。[⑰] 同样,19 世纪法国的凡尔纳(**Jules Verne**)如果没有海洋知识,根本不可能写出像《海底两万里》那样的科幻小说,这类小说也不可能在当时的中国文化中产生。

从具体的人物身上,也许可以更好地看出两种文明的区别。建立了横跨欧、亚、非三洲马其顿帝国的亚历山大大帝(公元前356—前 323),比秦始皇(前 259—前 210)差不多早一世纪。两位都是创有统一大业的旷古伟人,但是对海洋的态度各异。秦始皇尽管也曾"东临碣石",还派遣徐福东渡求仙,但他的兴趣在山不在海。亚历山大大帝却总是向着远方未知世界,去发现新土地,探寻新海域,不仅曾经派遣舰队考察阿曼海、波斯湾和红海,临终前还安排人去考察里海是否同黑海相通,而且身体力行,传说曾经亲自潜入海底进行观察。我们也可以举艺术家进行比较:明朝的苏州才子、画家唐寅(1470—1523)和意大利的达·芬奇(**Leonardo da Vinci**,1452—1519)属于同时代人。唐寅的山水画和仕女画属于中国古代艺术的极品;而文艺复兴时代的巨匠达·芬奇,却不仅是艺术家,同时又是发明家、科学家。他笔下的大洪水具有流体力学的

⑰ 劳斯.希腊的神与英雄[M].周作人译.海南出版社,1998:317.

内涵,它的人像和马像都具有解剖学的基础,更有趣的是他留下了潜水服的设计图,直接为探索海洋做出贡献(图3)。[18]

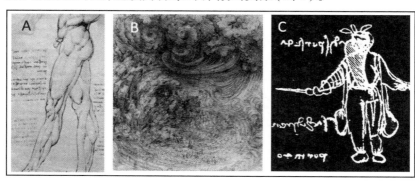

图3　达·芬奇画的(A)人腿、(B)洪水和(C)他发明的潜水服

　　文艺复兴以后的西方学术界,重视实践,亲自动手,与长期沉湎在科举制度下只注重"务虚",不重视"务实"的中国学术界,形成鲜明的对照。值得指出的是对海洋的观察,16世纪瑞典 **Olaus Magnus** 所作的北海海图 **Carta Marina**(1539年),不但表示了海岸与海洋动物,而且所画的海冰的分布与涡流也被现代的遥感观测所证实,具有高度的科学性。[19] 对海洋的兴趣,也反映在现代和近代政治家身上,美国老罗斯福总统(**Theodore Roosevelt**,1858—1919)参加过海洋深潜器的设计,虽然他的方案未被采用。近代史上,东方的日本也是以海洋为特色,1975年裕仁天皇参观美国 **Woods Hole** 海洋研究所,了解深潜技术;1987年,当时的平成皇太子不仅参观还钻进了 **Alvin** 号深潜器。[20]

　　[18]　Bellone, E. and Laurenza, D., *Leonardo : Künstler, Forscher, Ingenieur* [M]. Spektrum der Wissenshcaft, Biographie 1. 2000 : 1 – 105.

　　[19]　Rossby, H.T. and Miller, P., *Ocean eddies in the* 1539 *Carta Marina by Olaus Magnus* [J]. Oceanography, 2003, 16, (4) : 77 – 88.

　　[20]　Broad, W.J., *The Universe Below — Discovering the Secrets of the Deep Sea* [M]. Simon & Schuster, London, 1997 : 337.

历 史 的 反 思

大陆文明和海洋文明,本来各具特色,并无优劣之分。问题是人类文明的历史趋势,却对海洋的作用越来越大:海洋从提供"鱼盐之利,舟楫之便",发展到今天的"海洋世纪",已经成为未来能源与资源的宝库,各国权益之争的焦点;世界各国也从"自给自足"发展到"全球经济",海洋是进入全球经济的必由之路。说到底,人类虽然在陆地上生活,而现代地球上的几片大陆相互间远隔重洋,人类社会越是全球化,海洋的作用也越大。这与两三亿年前,全球只有一个"联合大陆(**Pangaea**)"的时期大不相同:如果那时候产生人类文明,显然大陆文明会比海洋文明更具优势。

应当承认,中国长期以来对海洋的忽视,有其深刻的历史根源:古代史的根源,因为起源在河域而不是海岸和海岛;近代史的根源,在于几百年的主动"海禁";现代史的根源,则是20世纪中期以来遭受封锁,几十年的被动"海禁"。我国历史上长期忽视海洋,直到洋炮从军舰上把我们轰醒,仍然没有改变"以农立国"的大陆性内向性质。由于长期重陆轻海的习惯,导致我们缺乏对海上权益的敏感,总以为"让他三尺又何妨";我们至今缺乏海洋国策,缺乏国家层面的海上定位,总以为说到海洋也无非是近岸,"家门口还弄不好,跑老远去干吗",习惯性地把大洋留给别人。海洋观念的薄弱,同样影响着文教战线,在地球科学的"海(海洋科学)陆(固体地球科学)空(大气科学)"三军中,我国以"海军"为最弱。连中学地理教材,近年来也出现海洋部分越来越弱的偏向。

东西方文化差异,是中国知识界的百年话题。当我们将两者进行比较时,惊人地发现海洋文化是其中最大的差异之一。本文从海洋文化的比较着眼讨论东西方文化的异同,重点在于探索我国长期忽视海洋的深层次原因,因此谈到负面的内容比正面的多,但决没有"长他人志气,灭自己威风"的意思。更不想把我们今天的缺陷推到祖先头上,如鲁迅先生嘲笑的,烂掉了鼻子还说是祖传老病。而是相信,只有找到病因才能对症下药,相信高尔基的话:意识到自己是傻瓜的人,就不再是傻瓜了。落后并不可怕,可怕的是甘心落后,或者不承认落后,能够发展的时候也不去发展。由于对海洋的漠视,600年前我们曾自毁水师,将海上优势拱手让人,直到今天还在尝其苦果;600年后的今天,如果我们讳疾忌医、依然故我,会不会重蹈覆辙,再一次丧失历史的良机?

（本文原载《郑和下西洋的回顾与思考》（苏纪兰主编）,2005年,科学出版社;《科学新闻》,2005年15期）

在新世纪大洋的国际竞争中,我们的定位在哪里?是甘心以陆地国家自居,还是也要进入世界大洋?

从战略高度确定我国的海洋国策迫在眉睫

随着 21 世纪来临,一些国家正在调整自己的海洋政策。韩国提出"21 世纪海洋韩国"战略,要从陆地型的发展转为海洋型发展。美国 2001 年成立海洋政策委员会,对海洋政策进行全面评估,经过三四年的调研,2004 年 9 月提出《21 世纪海洋蓝图》的报告,认为美国在海洋方面急需改变政策,以适应形势和制止多年的滑坡。作为第一项措施,2004 年 12 月美国总统宣布成立部长级的海洋政策委员会,直属总统办公室。全面反思海洋政策,在美国 30 多年来是第一次,直属总统的海洋委员会,也是美国历史上的首创。究竟是什么事使美国当权者如此着急?

一方面,固然是由于沿岸人口剧增、海洋环境恶化,亟待更新战略措施;另一方面,是美国发现在海洋上的霸主地位受到了挑战。美国发现欧洲在海洋气候研究上已经超过自己。日本明确提出要与美国争夺海上领导权,而韩国的水下无人运载器也已经不在美国之下……面对国际挑战和国内需求,美国提出要在 5 年内将海洋科技投入增加一倍。

如果 100 年前海上的国际之争靠的是炮舰,那么眼下很大程度上已经是科技之争了。1994 年国际海洋法公约生效,全球海洋的三分之一已成为各国的专属经济区,使深海大洋的竞争更趋剧烈。突出的一例是日本,政府斥资6亿美元建造57 000吨、210米长的大洋钻探船,比美国的大三四倍,准备将来打穿地壳,明文提出要在海洋科学里"起领导作用",欲与美国争雄。韩国在东海济洲岛西南,已经建成了目前全球最大的海上观测平台。海洋上的科学举措,实际意义往往超出学术范围。美国利用当年监测苏联核潜艇的高新技术,正在建设海底观测网,向下监测海底和地壳深部,向上观测大洋水层,通过光纤联网,进行多年连续的自动化观测。2007年东太平洋的"海王星"观测网建成后,从海底地震预兆到海水中鲸鱼游弋,都在其"视野"之内。进一步的目标是海底观测网络全球化。其实,日本在西太平洋的海底地震观测网,早已铺到了我们"家门口"。面对上述种种动向,我们务须考虑对策。

美国的调查报告说,今天政策中最大的空缺来自对海洋的了解不足,即不了解究竟海洋对美国有多大影响,美国又对海洋有多大影响。

我们都知道,国家的领土完整与海上权益,必须有海洋的保证;我们进口的石油,80%通过马六甲海峡输运;我国的能源,迫切需要深海油气的突破……目前在我国,海洋仍属于部门性质的事,没有像美国那样,对国家在海洋上的现状和政策进行全方位、长视野的评估,没有在国家的最高层面,为中国的海洋国策做过定位。然而国际形势已经不允许我们再掉以轻心,我们必须立即回答:在21世纪大洋的国际竞争中,我们的定位在哪里? 是甘心以陆地国家自居,还是也要进入世界大洋?

近十几年来,我国在海洋上的地位和对海洋的投入都有显著的提高。我国海上石油产量,已经超过全国总产量的15%;我国造船的吨位已经多年位居世界第三。在深海大洋方面,从太平洋的资源调查,南北极的科学考察,到南海的大洋钻探,我国都已经进行了大量工作,有的已经取得国际瞩目的成果。但是各个项目、各个行业的进展,并没有形成合力。分头的努力只能得到零星的结果。我国还没有国家一级的海洋计划。

就像过江隧道不如桥梁显眼一样,深海的事总不如上天那样引人注目,虽然海洋对人类的关系,要比外星球密切得多。当然,重视海洋的呼声大家并不陌生,但还没有引起广泛的注意。原因在哪里? 恐怕还是深层次的不同认识。

"中国是大陆国家,不好跟人家比"。但是,美国不也是大陆国家吗? 关键在于我们自己的定位。中国 18 000 千米的海岸线,300万平方千米的海疆,难道不应该同时也是海洋大国? 明朝"海禁"以后数百年的主动"锁国",20 世纪中期以来数十年的被动"锁国",使我们常常忘记或者疏忽国家的海洋权益。而这种疏忽是要付出代价的,清朝晚年的代价且不说,现在"台独"的一种论调,不就是"中国是大陆国家,台湾是海洋国家"吗?

"海洋也就是近岸。家门口还没弄清,跑老远去干吗?"殊不知21 世纪的经济、军事和科技,都已经全球化。经济上早已进入全球大循环;军事上也早已不是像林则徐的时代,可以靠虎门炮台来保卫陆地;科学上尤其如此,正因为我们不了解大洋,"家门口"的海洋永远无法弄清。对海洋无动于衷的陆地大国,19 世纪就吃了大亏;到 21 世纪,要想保住陆地大国而不进入世界大洋,已经不再可能。

"海洋是重要,就是太花钱,只能是长远的目标。"这句话,在 10年前还真有道理,今天还这样讲就缺乏根据了。海洋既是投入,又是产出,目前我国的海洋产业产值还只占总产值的 1/30,而韩国就已经超过 1/15,有了投入才能增加产出。"十五"期间我国仅以专项形式对海洋进行投入,估计就有 50 多亿人民币,可惜专项之间互不相关,形不成"拳头";目前,一批新的海洋调查勘探船只正在建造,但又是各个部门分头建造、各自为政,形不成国外那种高效率的公用船队。因此,中国的海洋不仅有待加强投入,也迫切需要有国家层面的统筹规划以提高效率。

总之,我国亟待确定海洋国策,亟待在国家一级统筹海洋政策和海洋发展,而这种统筹不可能由一个局或部来承担。

——应建立由国务院领导亲自挂帅的海洋委员会,从海洋权益、海上安全到海洋经济和海洋科技,全面负责我国海洋目标与政策的规定和我国海洋事业的统筹协调。下设专家委员会,具体协调我国各部门的海洋的科技发展和重大计划,使全国的海洋工作的棋子下在同一个棋盘上。

——应在国家的最高层面,确定中国在海洋上的定位,制定海洋国策。中国既不能像美国和苏联那样搞全球海上战略,又必须摆脱长期"锁国"的阴影,按照国内经济发展和国际权益之争的新形势,确定符合国家当前和长远利益的海洋国策,明确在国际海洋竞争中的定位。

——应对我国海洋战略、海洋政策进行全面评估和反思。与多年来我国有关部门的调研不同,要从历史和全球的视角,为确定海洋国策进行专项调研。要广泛动员军、政、财经、科技等各界的力量,回顾历史,分析现状,展望将来,提出我国在海洋上的目标和对策建议。

回顾我国的历史,几个世纪来就是海上的受害者,从来没有对海洋的全面考虑。与爱琴海产生的西方文明不同,源自黄河中游的华夏文明,没有利用历史上出现过的海上优势,最后从海上遭受列强的蹂躏。现在,华夏的振兴出现了数百年不遇的大好时机,如能抓住机遇,确定海洋国策,走向深海大洋,受益的不仅是当前,而且可望成为中华民族历史上的一次转折。

（本文原系 2005 年全国政协第十届第三次会议的书面发言,曾载《中国青年科技》2005 年第 3 期;《中国远洋航务公告》2005 年第 9 期）

海底观测平台把深海大洋置于人类监测视域,这就从根本上改变认识海洋的途径,开创了海洋科学新阶段。

从海底观察地球
——地球系统的第三个观测平台

观测地球的视野和视角

回顾人类认识世界的过程,也是一部不断扩展视野的历史。古人没有想到海洋有这么大,15 世纪重新发现的"托勒密地图"上并没有太平洋,以为欧洲航海西行到亚洲并不遥远,否则哥伦布也许不敢冒这个险。当然更不会知道海底的地形起伏,会比陆地的高山深谷还大,这要等到 20 世纪中期,有了声波测深技术才能发现。现在我们知道,海水比河水多百万倍,海洋的平均水深 3 700 多米,隔了厚层的水,人类对深海海底的了解,还不如月亮和火星表面。而地球深处"地幔"中的水,又比地球表面的海水多出许多倍。[①]

人类视域的突变发生在 17 世纪:用新发明的显微镜,看到了细胞,看到了微生物;用新发明的望远镜观察行星,提出了"日心说",导致"哥白尼革命"。又一次的突变发生在 20 世纪:航天技术使人类克服地球引力进入太空,第一次看到地球的全貌,开始将地球看

---

① Van der Meijde, M., Marone, F., Giardini, D., et al. *Seicmic evidence for water deep in Earth's upper mantle* [J]. Science, 2003, 300: 1556 – 1558.

作一个整体,将地球上种种现象联结为"牵一发动全身"的系统,导致地球系统科学的产生。与17世纪发明"显微镜"相反,这次用的遥测遥感技术是一种"显宏镜"(**macroscope**),通过观测对象的缩小方才看到了地球整体。17世纪从地球向外看太阳系,带来哥白尼革命;20世纪从太空向内看地球,带来的科学进步被喻为"第二次哥白尼革命"。②

这次"革命"对地球科学的影响极大,尤其是对浩瀚的大洋。人类对海洋的认识,大都是19世纪晚期以来通过航海从船上取得的,这种星星点点、断断续续的观测,带来了许多错觉和误会。例如,直到20世纪早期,测量海底地形的办法还是用绳子系上重锤抛到海底,用绳子的长度测算水深,如此得来的测点寥若晨星,绘在图上当然只能说明海底平坦,地形单调。再如,船上用温度计测量海水表层,只能测了上一点再测下一点,永远也画不出一张同时的海洋温度图。20世纪出现的遥测遥感技术从卫星获取地球信息,开辟了全新的对地观测系统,能够获取全球性的和动态性的图景,同时得到的不仅有海水表面的温度、风场、海流和波浪,而且有生产力、污染以至浅海地形等各方面的信息。

遥感技术的主要观测对象在于地面与海面,缺乏深入穿透的能力。隔了千百米厚的水层,遥感技术难以达到大洋海底。现在要问:能不能换一个视角:不要老是从海面看海底,可不可以从海底看海面,把观测平台放到海底?21世纪伊始,一个新的热点正在出现:这就是海底观测系统。假如把地面与海面看作地球科学的第一个观测平台,把空中的遥测遥感看作第二个观测平台,那么21世纪在海底建立的,将是第三个观测平台。海底的观测平台的功能是把深海大洋置于人类的监测视域之内,结果将从根本上改变人类认识海洋的途径,开创海洋科学的新阶段。

---

② Schellnhuber, H. J., "*Earth system*" *analysis and the second Copernican revolution* [J]. Nature, 1999, 402: 19 – 22.

深海的持续观测

作为陆生动物,人类自古以来把海底让给神怪世界。虽然相传纪元前 4 世纪的亚历山大大帝曾经亲自潜入海底进行观察,文艺复兴时代的巨匠达·芬奇也确实设计过潜水服,而人类真的潜入深海还是 20 世纪的事。最深的记录是在 1960 年 1 月 23 日,瑞士工程师 **J. Piccard** 和一名美国军官乘坐 **Trieste** 号深潜器,下到了世界大洋最深处——马里亚纳海沟,在 10 916 米深的海底呆了 20 分钟。但是,千米水深就有上百个大气压,到深海作"探险"可以,要蹲在海底进行长期"观测"又谈何容易?

然而,长期现场观测是当代地球科学的要求。当地球科学处在描述阶段、以寻找矿产资源为主要目标时,探险、考察大体上可以解决问题;而现代的地球科学要作环境预测,就只有通过过程观测才能揭示机理,不能满足于短暂的"考察"。对静态的对象,无论是"新大陆"还是古墓葬,探险就可以发现;对动态的过程,不管是风向、海流还是火山爆发,都要求连续观测,只摄取个别镜头的"考察"无济于事。好比领导"视察",看到的不见得有代表性,除非长期"蹲点",否则很难发现真相。海洋上有很好的例子。

秘鲁和厄瓜多尔的渔民,很久以来就看到几年一度的"厄尔尼诺",但谁也不明白它的来历。1985 年开始,在太平洋赤道两侧投放了将近 70 个锚系,对水文、风速、风向等连续观测十几年,终于找到原因:在于赤道的东风减弱,西太平洋暖池的次表层水东侵,压住了东太平洋上升流,从此厄尔尼诺的预测就有了依据。[③] 另一个例子是海洋沉积。深海海底的泥来自表层,长期以来总以为这是一种缓慢、均匀的过程,就像空气中的雨点那样降到海底。1978 年,发明了"沉积捕获器",把下面装有杯子的"漏斗"投放到海水深

③ Field, J.G., Hempel, G., Summerhayes, C.P., *Oceans 2020. Science, Trends, and the Challenge of Sustainability* [M]. Island Press, Washington, D.C., 2002: 365.

层,每隔几天换一"杯",看沉积颗粒究竟是怎样降到海底的。结果大出意外:有的杯子几乎是空的。原来海洋里的沉积作用平时微乎其微,来时如疾风暴雨,是突发性的。④

　　说了半天还都是海水中的观测,没有到海底。但是,在海里进行连续观测都有能源供应和信息回收的限制,因为必须定期派船替换电池、取回观测记录。这种一年半载后才能取回的记录,连续但并不及时,而海上预警要求有实时观测的信息,不是要"事后诸葛亮"的"马后炮"。海面作业更大的限制在于安全,而偏偏最不安全时的观测最有价值,比如台风和海啸。

　　近来的动向,就是把观测点放到海底:在海底布设观测网,用电缆或光纤供应能量,收集信息,多年连续作自动化观测,随时提供实时观测信息。其优点在于摆脱电池寿命、船时与舱位、天气和数据迟到等种种局限性,科学家可以从陆上通过网络实时监测自己的深海实验,命令自己的实验设备冒着风险去监测风暴、藻类勃发、地震、海底喷发、滑坡等各种突发事件。

　　在海底建立观测地球系统的第三个平台,将从根本上改变人类认识海洋的途径,是地球科学又一次来自海洋的革命。如果说,从船上或岸上进行观测,是从外面对海洋作"蜻蜓点水"式的访问;从海底设站进行长期实时观测,是深入海洋内部作"蹲点调查",是把深海大洋置于人类的监测视域之内。500 年前达·芬奇设计潜水服,130 年前凡尔纳撰写《海底两万里》,在当时只是科学幻想。今天,不仅人类可以下潜到洋底深渊,机器人可以游弋海底火山,而且正在海底铺设观察网,把大洋深处呈现在我们面前(图1)。⑤ 可以设想,未来的人们可以打开家里的电视机,在屏幕上像看足球赛那样观赏海底火山喷发的现场直播。

　　④　Honjo S., Manganini S.J., Cole J.J., *Sedimentation of biogenic matter in the deep ocean* [J]. Deep-Sea Research, 1982, 29: 609 – 625.
　　⑤　Fornari D., *Realizing the dream of de Vinci and Verne* [J]. Oceanus, 2004: 42, (2): 1 – 5.

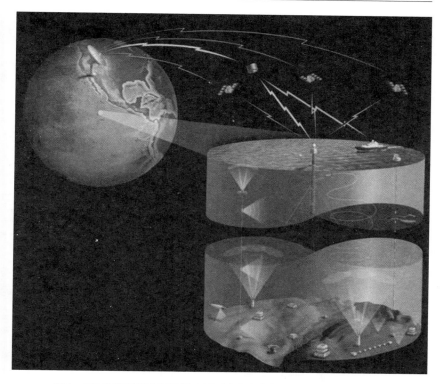

图1　深海海底观测系统示意图,图示为海底信息通过卫星实时送上陆地

贴近地球深部的窗口

地球的半径有 6 000 多千米,而我们人类的活动空间基本上是从海面到山顶,通常局限在上下几百米、至多几千米的范围之内,只占地球半径的几千分之一乃至几万分之一。我们生活中接触的大气、海洋以致地壳,属于地球的表层系统;而真的要了解地球系统还必须"由表及里",不能忽视地球的主体——深部的地幔和地核。提醒我们不能忽视深部的是火山和地震:一旦深部的物质和能量快速释放到表层,就会给人类带来毁灭性的灾害。

世界上 80% 的火山爆发和地震发生在海底,而且主要沿着地壳的边界:新生地壳形成的大洋中脊和地壳消亡的大洋俯冲带。

因此,海底观测最早的主题就是地震,将地震仪放到海底(最好是海底钻井的基岩里),就可以大为提高监测地震的灵敏度和信噪比。1991年开始建设的"大洋地震网",就是在大洋钻探(**ODP**)的钻孔中设置地震仪,第一个设在夏威夷西南水深4 400米、井深近300米的海底玄武岩里,仅4个月就记录了55次远距离的地震。⑥

海底监测地震的目的是要测得地壳微细的移动,而对此最为敏感的是地壳里的液体。因而在海底钻井里监测地震的过程中,发展了一项关键技术称为"海底井塞(**CORK**)"。这种20世纪90年代发明的装置安在井口,防止地层水从井口逸出或海水从井口侵入。安装"井塞"是监测海底地下水的"绝招",既能测定岩石中流体的温度、压强,还可以取样分析(图2)。此后的13年里,大洋钻探在18个井口安装了"海底井塞",大大推进了"大洋地震网"计划⑦。海底地震观测网的另一项技术是用光纤电缆与岸上连接以输送能源和信息,如果有退役的海底电信缆线可供利用,就能大幅度降低成本。1998年美国在夏威夷和加利福尼亚之间建成水深5 000米的H_2O海底地震观测站,利用的就是退役的**AT&T**越洋电缆。20世纪90年代末期,日本也利用本州到关岛、冲绳到关岛的退役越洋电缆,建设深水地震监测站。

其实,海底观测最初的应用是军事,最早进行海底观测的是美国海军。利用低频声波能在海水中远距离传播的原理,海底设置的水听设备能够监测鲸鱼群的迁移,也能发现并分辨潜艇有几个螺旋桨,还是核潜艇。1962年"古巴事件"时,美国就是用1952年安置在北大西洋深海底的"声波监听系统"(**SOSUS**)水听设备,发现了苏联的潜艇。"冷战"结束后,"声波监听系统"向民用开放,美

⑥ Stephan, R.A., Kasahara, J., Acton, G.D., et al. *Proc. ODP, Init. Repts*, 200 (CD-ROM) [M]. TA&M, College Station, TX. 2003.

⑦ Becker K., Davies E.E., *A review of CORK designs and operations during the Ocean Drilling Program* [J]. In: Fisher, A.T., Urabe, T., Klaus, A., and the Expedition 301 Scientistis. Proc. IODP, 301, doi: 10.2204/iodp. proc. 301. 104. 2005, Texas A & M,. College Station, 2005.

国科学家用它来监听海底地震,发现比陆上监测的灵敏度高出上千倍。仅在 1999—2002 年间,就接收到大西洋中脊 7 785 次地震,比陆地台站接收到的多 5 倍⑧,从此水听设备成为海底观测系统的重要部分。地球表面的三分之二是海洋,没有海底观测网,人类对地震的理解和预警无法实现。

大洋中脊和俯冲带,是地球深部通向表层系统的窗口,也是多少亿年来地球内部能量向外释放的通道。将对地观测系统直接放到海底这些通道口上,就是为揭示深部与表层的相互作用铺路架桥;而海底的"热液"活动,正是这种相互作用的重要表现。

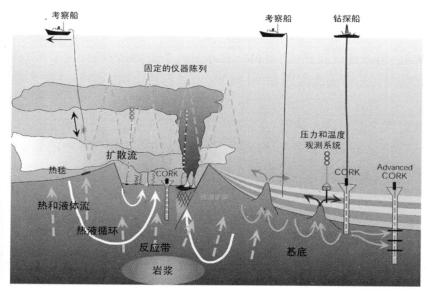

图 2　深海观测系统的组成:海底、井下、船上观测设备的结合(**CORK** 为"海底井塞")

海底热液与冷泉

海底的水密度最大,因此深海的水温总是向下变冷。但是,

---

⑧　Smith D., *Ears in the Ocean* [J]. Oceanus, 2004, 42, (2): 1-3.

1977 年,美国 **Alvin** 号深潜器在东太平洋下潜时,却吃惊地发现水温越来越高:原来这里的洋中脊有海底热液口,有大于 300 摄氏度富含硫化物的高温热液如"黑烟"状喷出,冷却后形成"黑烟囱"耸立海底。这次发现打开了人们的眼界:原来海底是"漏"的,沿着全世界 6 万千米长的大洋中脊,分布着一些地球深部的窗口,海水下渗到海底以下两三千米和岩浆相互作用,将金属元素带上形成富含硫化物的黑色热液,从海底喷出。更为有趣的是热液区居然有以硫细菌为基础、以管状蠕虫为代表的动物群,它们依靠地球内源能量——地热的支持,在深海黑暗和高温的环境下,通过化学合成生产有机质,构成"黑暗食物链"。以后的调查,又在各大洋的洋中脊分别发现了不同类型的"烟囱"和"热液动物群"。原来在深海的海底,沿着地球深部的"窗口",存在另一个奇特的世界:这里的"黑烟囱"一天中居然可以长 30 厘米,虽长得快,倒得也快;热液生物也生长神速,那里的蛤类有 30 多厘米大,管状蠕虫可以有 3 米长。对这些全新的成矿过程、全新的生物群,我们完全缺乏了解。

　　科学家很快又发现:海底的"黑暗食物链"和特殊矿物的形成,并不以热液为限。在大陆坡上段的海底下面,分布着一种奇怪的矿物称为"天然气水合物",又称为"可燃冰"。这是甲烷分子锁在冰的晶格中,在温度低于 7℃、压强大于 50 个大气压下保持稳定,而一旦升温或者减压,就会熔化而释出 164 倍体积的甲烷。有人估计,全球"可燃冰"中的碳可能相当于所有矿物燃料,包括石油、天然气和煤的总和,是新世纪潜在的能源,也是包括我国在内许多国家海上优先勘探的对象。"可燃冰"中的甲烷缓慢释出时,这出口就成为海底的"冷泉",形成碳酸盐结壳,产生不靠光合作用的"冷泉生物群",其中包括依靠硫细菌的管状蠕虫[⑨],是和热液口一样的"黑暗食物链"。其实,深海海底还会有其他种类的液体析出,有其

---

　　⑨　Van Dover C.L., German C.R., Speer K.G., et al. *Evolution and biogeography of deep-sea vent and seep invertebrate* [J]. Science, 2002, 295: 1253 - 1257.

他类型的"黑暗生物链"形成。例如,在大洋中脊的侧翼,会有40℃—90℃的热液流出,形成碳酸盐的"白烟囱"和特殊的低温热液生物,依靠的是橄榄岩变为蛇绿岩时放出的能量。[⑩]

总之,大洋底下还有"大洋"(图3)。洋底有不同成因、不同温度的液体流出,在那里形成许多矿物,有的就是我们寻找的矿床;也有的形成了人类完全陌生的另一个生物世界,有待我们去认识。而这种认识只能从海底去进行,在海底的平台上去观测(图4)。北美太平洋岸外的胡安德富卡(**Juan de Fuca**)区,是热液口观测最为

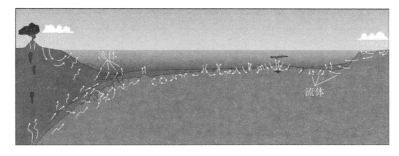

图3 洋底下的海洋:海底下的流体

图4 海底热液口的原位长期观测、采样和试验设备示意图

⑩ Kelley D.S., Karson J.A., Früh-Green G.L., et al. *A serpentinite-hosted ecosystem:The Lost City hydrothermal field* [J]. Science, 2005, 307: 1428 – 1434.

密集的海底；日本本州的相模湾（**Sagami Bay**），是冷泉长期观测的地点。因此，世界的海洋生物已经从两个观测面上进行：从海面观测我们熟悉的以太阳能为基础的"有光食物链"，从海底观测则是以地球内部能量为基础的"黑暗食物链"。

海底下的海洋与深部生物圈

无论热液还是冷泉，无论海底的矿物还是生物群的形成，基础都是微生物的活动。处在"黑暗食物链"底层的，是利用地热进行化学合成的硫细菌。上面提到的热液口有 3 米长的管状蠕虫，就是一无口腔二无肛门，全靠一肚子硫细菌共生，提供营养。实际上，更多的微生物生活在海底之下的岩层中，构成所谓的"深部生物圈"。这些原核生物个体极为细小，却有极大的数量，有人估计其生物量相当于全球地表生物总量的十分之一，占全球微生物总量的三分之二。它们早已埋在地下，有的已经享有数百万年以上的高寿，是地球上真正的"寿星"。不过，面对"水深火热"的环境，在暗无天日的岩石狭窄孔隙中长期"休眠"，其生活质量恐怕不值得羡慕。只有一旦岩浆活动带来热量与挥发物，才会突然活跃起来重返"青春"，甚至从热液口喷出，造成海底微生物的"雪花"奇观。因此，也只有在海底火山口附近设站长期观测，才能捕获这类事件。东太平洋胡安·德富卡中脊就是经常发生岩浆沿岩脉上升，发生喷涌，并引起微生物勃发的地方。十多年来大洋钻探多次在这里钻井观测地下水，1996 年 2 月至 3 月，其南端再次勃发，对喷涌水样的分析发现了海水中的特殊微生物，证明是海底下的微生物。[11]

胡安·德富卡海底钻井的观测，还发现海底地下水的水压和水温，明显随着海面的潮汐有周期性升降，而且各井之间的水位也

⑪　Summit M., Barros J. A., 1998. *Thermophilic subseafloor microorganisms from the* 1996 *North Gorda Ridge eruption* [J]. Deep-Sea Res. II, 45：2751－2766.

相互连通。可见,深海下面的地下水,宛如地下"海洋",其中的水也照样流动,流速至少每年 30 米。[12] 从洋中脊到俯冲带,大洋地下都有水流在岩层中流动,都存在"洋底下的海洋"。这里是"深部生物圈"生活的天地,也是海底以上"黑暗食物链"的根基,相当于地球深部和表层之间的"锋面"。直到今天,人类"入地"的能力仍然远逊于"上天",深海海底已经是最贴近地球深部的去处。从海底的"第三个平台"观测,揭示的是地球深部及其与表层间"锋面"的奥秘。

海洋可以从海面往下看,也可以从海底往上看,但只有海底的观测平台才能既看到地球内部自下而上的过程,也看到地球表面自上而下的过程。如上所述,海底下面的岩浆上涌,会带来营养和能量的脉冲,造成热液活动和热液生物的爆发;海底会感受海面上的潮汐周期,也会接受藻类勃发、鲸死亡给海底带来的"天降"食物。这里的观测从学科发展讲,是地球系统科学深入的途径;从实用角度讲,首先是能源开发的新天地。深海石油的勘探开发,是海底观测的应用大户,因为未来 40% 的石油储量估计来自深海。由于深海油藏大量出现在深海浊流作用形成的地层里,有效的勘探要求在海底作实地观测,了解深海沉积物的分布和运移。自 20 世纪 60 年代中期起,用光学和声学的浊度仪测量海水中沉积颗粒物的浓度和粒度分布,用三脚架装上传感器在海底之上进行观测与摄像,发现海流和波浪一直在改造着海底,"海底风暴"的最大流速可以高达每秒 40 厘米,揭示了沉积作用的真相。英国的 **Bathyscaph** 与美国的 **GEOPROBE** 等观测设备,都为取得海底沉积的真实认识,立下了功勋。[13]

---

⑫　Davis E. E. and Becker, K., 2002. *Observations of natural-state fluid pressures and temperatures in young oceanic crust and inferences regarding hydrothermal circulation* [J]. Earth. Planet. Sci. Lett., 204: 231 – 248.

⑬　Cacchione D.A., Strenberg, R.W., Ogston, A.S., *Bottom instrumented tripods: history, applications, and impacts* [J]. Continental Shelf Research, 2006, 26:2319 – 2334.

原位分析与实时观测

地球系统的观测不仅贵在实时,而且有许多内容还必须在原位进行分析。到野外进行现场采样,回室内开展实验分析,这是多少年来地球科学的传统。但是,有许多现象是不能"采样"分析的:热液的温度、pH 值,采回来就变了;深海的许多生物,取上来也就死了;甚至沉积物颗粒,本来的团粒,一经采样也就散了,"分析"的结果都不是水层里的真实情况。新的方向是倒过来:不是把样品从海里采回实验室作分析,而是把实验室的仪器投入海里去分析样品。

例如,浮游生物,通常使用浮游网采集,取上后在显微镜下观测鉴定。但是,对细菌之类小于 2 微米的"微微型"浮游生物,要依靠激光原理用流式细胞计才能统计。近年来发明的下潜流式细胞计(**Flow Cytobot**)更进一步,可以不必取上水样,而是直接投入海中作自动连续测量。[14] 美国 **Rutgers** 大学的 **LEO** - 15 海底观测站,利用下潜流式细胞计取得了两个月的时间序列,发现微微型浮游生物蓝细菌聚球藻(*Synechococcus*)的丰度有急剧的变化。[15] 再进一步发展,一是"水下显微镜",使下潜的细胞计具有呈像功能,依靠光纤将水中的生物图像发回地面,全面鉴定统计从硅藻到细菌各种不同大小的浮游生物;二是"**DNA** 探针",放到海里原位测量生物的基因,在分子水平上测定各种浮游生物的丰度,从而发展"微生物海洋学(**microbial oceanography**)"新学科。

另一个例子是海水中的悬移沉积物,如果将悬移颗粒收集起来分析,脆弱的聚合体就会分解,正确的办法是用光学或声学的手

---

⑭　Olsen R.J., Shalapyonok A., Sosik H.M., *An automated submersible flow cytometer for analyzing pico-and nanophytoplankton*:*FlowCytobot* [J]. Deep-Sea Research I, 2003, 50:301 - 315.

⑮　Sosik H.M., Olson R.J., Neubert M.G., et al. *Growth rates of coastal phytoplankton from time-series measurements with a submersible flow cytometer. Limnol* [J]. Oceanogr., 2003, 48:1756 - 1765.

段,进行原位测定。光透式浊度计、光学后散射传感器和多功能的声学多普勒流速剖面仪,都有测量悬浮物浓度的功能。而目前的发展,是用光学方法原位分析悬移物的粒度分布,如美国"激光原位散射与投射测量"(LISST-100)。[⑯] 原位分析的实例不胜枚举,值得一说的是此项技术的发展,也是对行星科学的贡献。例如,木星的卫星"木卫二"(Europe),可能在表面冰层下有 5—10 千米深的海洋,一旦行星探测器穿透冰层,只有靠原位分析才能获得卫星海洋的信息。

海水中的原位观测,只要将传感器与海底的节点连接,就成了海底观测系统的一部分。这样从海底"向上看",可以摆脱从海面"向下看"所受到的海况、供电和信息传送的限制,可以进行长期实时的观测。其实,海底观测系统的应用前景,并不限于地球科学。海底不但是探测生命起源和极端环境生物学的理想场所,甚至还是高能物理探测基本粒子的去处。来自宇宙的中微子(neutrino)穿越水层时,会因其产生的 μ 介子(muon)留下光学效应,从而可以在深海追踪中微子在宇宙中的来源。科学家可以把海洋当作"天文台",在海底架起"望远镜"进行追踪。当然海水必须深于千米,而且透明度要高、颗粒物要少。自 1996 年起,欧洲国家在地中海开展"中微子望远镜天文学与深海环境研究"(ANTARES)计划[⑰],取的就是地中海水深、寡养、离欧洲的实验室近的优势。

正在来临的国际竞争

与 20 世纪以前"炮舰外交"的时期不同,现代海上的国际之争,很大程度上就是科技之争;一些属于海洋权益和军事的举措,

---

⑯ Gartner J.W., Cheng R.T., Wang P.-F., Richter K., *Laboratory and field evaluations of the LISST-100 instrument for suspended particle size determinations* [J]. Marine Geology, 2001, 175: 199 - 219.

⑰ Favali P., Beranzoli L., *Seafloor observatory science: a review* [J]. Annals of Geophysics, 2006, 49, (2/3): 515 - 567.

往往也是在科学研究的旗帜下进行。进入 21 世纪以来,最令人瞩目的就是海底观测系统的竞争。建设海底的地球观测平台,通过光缆联网供电和传递信息,对海底以下的岩石、流体和微生物,对大洋水层的物理、化学与生物,以及对大气进行实时和连续的长期观测,是海洋科技的重大举措,预示着科学上的革命性变化,而同时也有军事上的重要性,必将成为海上权益之争的新手段。在这场酝酿中的海上竞争中,走在最前面的是美国。经过 10 多年的讨论,美国 2006 年 6 月底通过了由近海、区域、全球三大海底观测系统组成的"海洋观测计划"(OOI),2007 年起建,计划使用 30 年。其中最为重要的是区域性海底观测网,即东北太平洋的"海王星"(NEPTUNE)计划,在整个胡安·德富卡板块上,用 2 000 多千米光纤带电缆,将上千海底观测设备联网,由美、加两国联合投资,对水层、海底和地壳进行长期连续实时观测。[18] 美国的计划已经在欧洲和日本得到响应。2004 年,欧盟英、德、法等国的研究所制定了"欧洲海底观测网计划"(ESONET),针对从北冰洋到黑海不同海域的科学问题,在大西洋与地中海精选 10 个海区设站建网,进行长期海底观测。日本长期以来特别关注板块俯冲带的震源区,20 世纪 80 年代末期以来,日本在其附近海域已经建立了 8 个深海海底地球物理监测台网,有的已经和陆地台站相连后进行地震监测;2003 年又提出"ARENA 计划",将沿着俯冲带海沟建造跨越板块边界的观测站网络,用光缆连接,进行海底实时监测。可以预料,海底观测网建设的国际竞争,在若干年内必将引发国际权益与安全之争。我国决不能袖手旁观,应该尽早着手,力争主动。

应该承认,我国历来在海洋观测方面严重落后。近 10 多年来,虽然海洋考察船的调查相当活跃,但在长期观测上缺少举措,已经

---

⑱　由于美国经费不能及时到位,美国—加拿大联合的"海王星"计划后来一分为二:加拿大的部分先在 2009 年建成,成为当时世界上最大的海底观测网,称"加拿大海王星"网;美国的部分构成"OOI 网"中的"区域网",最终于 2016 年 6 月正式建成启用——编注.

落在一些亚洲邻国之后。印度早在10年前通过国际合作,在其专属经济区水深20米至4 100米之间投放12个浮标;韩国2003年在东海,建成了世界上最大的无人海洋观测站。近年来,在海洋"863"计划和地方建设的推动下,我国已经在沿海周边地区初步建立起航天、航空、海监船体等监测体系,提高了海洋环境观测监测和预报能力,但其目标还是海面的环境监测和台风、风暴潮等的预警,并未涉及海底。好在海底观测系统的全面建设,即使发达国家目前也才处于起步阶段,如果我国能够从长远着眼,从当前着手,立即部署,尽快行动,完全有可能在这场新的海上竞争中,争得主动。

回顾历史,科学的发展历来具有突发性。地球科学在19世纪的突破在于生命和地球环境演变的进化论,20世纪的突破在于地球构造运动的板块学说,而突破的基础都在于新的观测,这在当时的中国无从谈起。达尔文经过"贝格尔"号船上五年的观测,才形成进化论,但当时中国正在鸦片战争前夕;《物种原始》发表的1859年正值英法联军大战大沽口,国祚垂危,遑论学问。板块学说的证明,关键在于深海钻探,测得大洋地壳的年龄离中脊越远越大,然而深海钻探开始的1968年,中国正值"文革"高峰,只闻"打倒""砸烂",哪有科研的余地?对于前两个世纪世界地球科学的进展,中国愧无贡献,首先是历史的原因。人们预计,21世纪的突破将在地球系统科学的领域,人类从地面、空间、海底三管齐下观测地球,将能揭示地球系统"运作"之谜。当前建设中的海底观测系统,正是通向新突破的捷径,而且作为新开的领域,各国也都处在起步阶段。中国目前经历着数百年不遇的良机,科研投入增长之迅速令各国羡慕。因此,我国科学界应当深思:我们能不能抓住时机,在这场新的突破中对人类作出应有的贡献?国人的回答和行动,将决定历史给我们的评分。

(本文原载《自然杂志》2007年,29卷3期;《文汇报·科技文摘》2007年8月26日,标题为"在海底装上'眼睛'")

科技在国际海洋权益争夺中的作用，从来没有像今天这样突出；科技界对维护国家海疆所承担的社会责任，也从来没有像今天这样重要。

海底之争和科技界的历史责任

近年来，围绕海岛归属的国际争端不断升温，历来无人过问的小岛甚至潮水淹没的礁石，都成为各国争夺的对象。海上之争古来就有，这回海岛之争的根子却在海底。

《联合国海洋法公约》

1994 年生效的《联合国海洋法公约》，肯定了 200 海里专属经济区和沿海国对大陆架自然资源的权利，这些权利主要指的还不是海面和渔业，而是海底——海底的矿产和固定的生物资源。按照这个公约，有的国家占领一个小岛就可以将周围 200 海里范围划为专属经济区，其申报的海域就比它本土的面积还要大。

人类开发海洋，历来讲"渔盐之利，舟楫之便"指的都是海水、海面，并没有涉及海底尤其是深海。直到

20世纪初期,人们还以为深海是一片死亡之地,没有生命,没有运动。人类对深海的了解主要源自20世纪后半叶,60年代证明洋底在扩张,70年代末发现海底热液和"黑烟囱",接着又发现不依赖光合作用的"黑暗食物链",后又发现直至深海底下上千米的地壳里还有微生物生活,且总量可能占地球上生物量的三分之一。自此,蕴藏着未来世界宝藏的深海海底开始真正引起人们的注意。海底资源最重要的当然是石油,目前估计未来油气总储量的40%将来自深海海底。因此,一个小岛就有可能隐藏了一个巨大的海底油田,这怎么能不引起国际间的争夺?

1994年7月29日,中国常驻联合国代表李肇星(中)在《关于执行〈联合国海洋法公约〉第十一部分的协定》上签字(资料图片)

与陆地的勘探与开发不同,海底的勘探与开发完全依靠高科技。没有下海、深潜的能力,即便坐拥大片海域,也只能望洋兴叹。因此,21世纪的海洋之争,实际上就是科技之争。当年靠炮舰争夺海面,现在要靠高科技争夺海底。当前,许多国家开展的所谓"海洋考察",已经远远超出了学术的范畴,都承担有科学以外的目的。科技在国际海洋权益争夺中的作用,从来没有像今天这样突出;科技界对维护国家海疆所承担的社会责任,也从来没有像今天这样重要。

随着经济的发展和全球化,海洋对中国建设和发展的重要性越来越大,中国海疆权益面临的挑战也越来越多。无论是南海还是东海,围绕海域和岛礁归属发生的争端日频,而争夺的关键都在油气等资源。中国南海南部的海区,是西太平洋区权益之争最为复杂的地方,这里也是南海油气远景最为看好的海域。维护中国自己海域的权益,科技界是可以大有作为的。近年来,中国政府对海洋科技给予空前的重视,我国的海洋事业正在经历着郑和下西洋之后600年来从未有过的发展良机。中国海域尤其是深水海域科学调查研究程度都还很低,科技界义不容辞的责任就是要抓住机遇发展海洋科技,把研究和开发我国海域的责任担当起来,并且向全世界展示:科学认识中国海域的任务,是由中国科技界完成的。

回顾国际海洋科技发展史,海洋尤其是深海研究的突破,都是通过科学和技术的结合,通过组织大型合作计划才得以实现的,而这正是我国当前的弱点所在。目前,我们最缺乏的就是国际层面的学术目标和技术手段,以及能够产生国际影响的基础研究大计划、大项目。我们的海洋技术和海洋科学目前是分离的,相应的海洋科研也是各自为政。这种分道扬镳的体制使我国难以在海洋科技上取得重大突破,只能小打小闹,在国内热闹热闹。除了管理体制的缺陷外,认识问题尤其是决策层的认识问题也很突出。

"海洋科研队伍太小,上大项目条件还不成熟。"表面看来,这种说法有一定道理,倘若按此逻辑,当年怎么会有"两弹一星"的成功? 大项目正是形成大队伍的有效途径。可见,关键并不是先有鸡还是先有蛋的问题,而是将海洋科技摆在什么位置的问题。

"海洋固然重要,陆地上的问题更加迫切。"人类生活在陆地上,陆地比海洋与人类的关系自然更加直接。问题是社会在发展,你不抓海洋人家却在加紧抓,长此以往我们将陷入极为被动的地位。欧美、日本正在发展的海底联网观测系统,目标就是要将大洋海底置于其网络实时监测之下,面对如此剧烈的海上竞争,难道我们还要袖手旁观等下去吗?

"海洋科研是一项长期任务,不用急,慢慢来。"这种论调正是今天中国海洋事业"雷声大、雨点小"的根由。历史上,海洋文化从来都不是我们的主流文化,中国近代史上的每次战争都曾因轻视海洋而付出了惨重的血肉与领土代价。在当前国际间剧烈的海底竞争中,我们难道还要为这种落后的意识继续付出代价吗?

当代的海洋权益之争,最终将表现为科技之争。每每看到祖国的海疆权益受到挑战,科技界"匹夫有责"的情绪就油然而生。但是,与陆地不同,陆上可以"投笔从戎",海上却不能"纵身下海",海洋科技比陆上科技更需要组织,更需要科技决策层面的部署。经过多年的准备,中国在国家层面科学和技术结合的有关海洋大型计划已经呼之欲出,科技界正翘首以待履行自己的历史使命。近期以来,国家领导对发展海洋事业的批示,大大鼓舞了学术界的士气;科技决策层的高瞻远瞩,也必定会化为在海洋科学上实施重大举措的决心。可以指望,当 2020 年进入创新型国家行列时,中国将拥有一支通过大型计划锻炼成长的海洋科技队伍,并活跃在世界舞台上为国争光。

(本文原载《科技导报》2009 年,27 卷 19 期,卷首语)

> 作为世界超级大都市,上海从哪里来,又往哪里去? 上海从海上来,还要回到海上去,在国际的海上竞争中再铸辉煌!

深 海 使 命
——海洋经济与未来上海
一、变化中的海洋经济

什么是海洋经济?

作为陆地经济的对立面,海洋经济的概念其实并不清楚。我国 2011 年的统计,海洋产业之首的"滨海旅游"占总值三分之一,其实那是把逛城隍庙、登电视塔都算在内的,与海洋不见得有直接关系,用作海洋开发利用的标志并不合适。尽管如此,与 10 多年前渔业占海洋产业二分之一以上的局面相比,我国的海洋经济结构已经有了很大的进步。不过,在国际海洋产业总值中,海底油气占二分之一以上,而在我国还不到 10%,可见仍然存在很大差距。

海洋的开发利用,历来是指"渔盐之利,舟楫之便",都是在海面。现在海面的渔业、航运等产业还都极为重要,而且借助于高科技都有了改朝换代的大变化;同时在海洋空间、海水利用上,也都开辟了许多新途径。然而海洋产业最大的变化,在于从海面拓展到海底。随着技术进步和油价飙升,石油业逐步从陆地向浅海、再向深海推进。2004年海洋的油、气产量分别占全球总产量的34%和28%，2015年达到39%和34%。21世纪初的10年中发现的大油气田，40%是在水深超过400米的深海，20%在浅海，陆地已经退居第二位。

石油开采向海底转移，带动了一系列相关产业。从油气输运的海上船只和海底管道，到海底施工以致监控设施，都是高科技的产品。我国海上油气从"白手起家"，到2010年底建成"海上大庆"，已经占国产油气的四分之一；2006年又在南海发现了深水大气田，即将建成开采，成绩卓著。但是无论规模还是能力，我国的海洋油气还都只能说处于起步阶段。

二、深海发现展示前景

地球表面其实是以深海为主。水深超过2 000米的深海占据六成，而所有的大陆加起来还达不到三成。隔了平均3 700多米深的海水，人类对海底地形的了解还不如月球，甚至不如火星的表面。人类关于深海的知识，绝大部分来自二次大战以后的半个多世纪。先是发现地球上最大的山脉在海底，这才弄明白地球表面分成板块，生成板块的海底山脉上会喷出热液，板块消失在海沟底下会引发地震。后来在深海发现了地球上居然还有第二个生物圈：与我们依靠氧气和光合作用的生物圈不同，深海的"黑暗食物链"见不到阳光和氧气；甚至在几千米深海底下的地壳里，还生活着依靠地球内部能量的"深部生物圈"，这个黑暗的微生物世界居然占地球总生物量的30%。可见开发深海资源的潜力，远远不只是石油和天然气。

但是资源不等于产业，深海产业究竟是什么，几十年来并不明确。最先注意的是金属矿，20世纪六七十年代太平洋的锰结核（多金属结核）走红，接下来是海山上的钴结壳，最近的热点移到大洋中脊热液口的金属硫化物，然而迄今为止还没有转入正式的商业开采。现在最为引入注目的，反倒是新发现的天然气水合物，即所谓的"可燃冰"。据估计"可燃冰"中碳的储量将超过全部矿物燃料的总和,有希望成为未来能源的主体。最近,日本又发现太平洋深海底的稀土资源,据说可采储量超过陆地 1 000 倍。可见,海洋产业向深海拓展既有极大的潜力,又有巨大的不确定性。海洋产业概念的不成熟,反映的正是人类认识海洋的局限性。

意义更为深远的突破,发生在 30 多年前的东太平洋,在那里发现了上面所说的深海热液和地球上第二个生物圈。与我们以氧气和叶绿素为基础的有光食物链不同,深海"黑暗食物链"的基础是还原环境下的硫细菌。这种"另类"的生物对人类究竟有什么用处或害处,目前还不清楚;清楚的是我们原来的海洋概念要纠正,深海海底决不是地球上各种过程的"终点"。海底原来是"漏"的,从海底向大洋深处不断冒出来自地球内部的物质和能量;海洋是双向的,海里既有自上而下还有自下而上的物质流和能量流。随着陆地资源的枯竭,深海资源的潜力必然会变得越来越重要。可以预料,今天深海发现的国际竞争,也就是几十年后海底开发之争的前兆。

三、新世纪的海上之争

深海的发现固然伟大,但是参与其中的只是少数发达国家。金砖四国除了俄罗斯本来是海洋大国外,巴西就是靠深海石油才得以"兴邦",中国和印度正徘徊在深海俱乐部的大门内外。但是,国际海上之争的现实正驱使各国赶紧拿定主意,如何去应对新世纪海洋开发的前景。根据 1994 年生效的《联合国海洋法公约》,占有岛屿就可以将周围 200 海里范围划为专属经济区(图 1),近年来国际海岛之争不断升温,其根子就在于海底资源。但是与陆地不同,海底的开发完全依靠高科技。没有下海、深潜的能力,即便坐拥大片海域,也只能望洋兴叹。因此,新世纪的海洋之争其实是科技之争。当年依靠炮舰争夺海面,现在则依靠高科技来争夺海底。2007 年俄罗斯在北冰洋 4 000 米海底的插旗之举,原因是北冰洋可能蕴藏着全球未开发油气的 1/4；日本在冲之鸟礁石上人工筑岛，为的是在西太平洋占据比它本土面积还大的深水区。

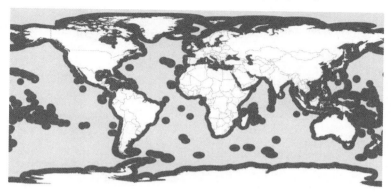

图 1   1994 年联合国海洋法公约世界各国提出的专属经济区申诉海域

中国无论从历史还是从现实看，海洋都是我们的软肋。19 世纪中国沦为半殖民地，就是从海上失败开始的；20 世纪的淞沪战役，我军防线也是从金山湾海上被突破，最后导致南京大屠杀。长期以来，我们习惯性地以陆地大国自居，对海疆并不经意。但是，中国经济已经进入全球，再也经受不起由于缺乏海洋意识而造成新的失误。能否从高科技入手形成进入和开发深海大洋的能力，将在很大程度上决定我国新世纪经济发展的前景。

四、振兴华夏走向海洋

近年来，我国对海洋科技有了空前的重视。我国的海洋事业正在经历着郑和下西洋以来，600 年不遇的发展良机。在科技领域，我国已经开始从近岸走向大洋。20 世纪 90 年代起步的大洋专项，已经取得了太平洋多金属结核和印度洋金属硫化物的专属勘探区，我们的极地考察船也已经游弋在南大洋与北冰洋；五六年前，我们在南海北部发现了深水大气田，开采到深海"可燃冰"，在深海资源的勘探上前进了一大步。

当前深海探测的主要技术，在于深潜、深钻和海底观测。深潜

图 2　"蛟龙"号

技术是深海探测的尖兵,从 30 多年前深海热液的发现,到最近卡梅隆导演单身下潜万米深渊,都燃起了深海探索的国际热情。我国已经建成了载人和不载人的深潜器,"蛟龙"号(图 2)继 2011 年5 000米后又将下探 7 000 米的深海底。大洋钻探是对深海底下进行直接探测的唯一手段,40 多年的国际合作,始终引领着深海和地球科学的学术前沿。我国于 1999 年成功主持了南海第一次大洋钻探,目前正在争取第二个航次的实现,然而执行任务的都是美国钻探船,我国的目标应当是建造自己的大洋钻探船,争取在 10 年左右的时间里进入国际深海探索的最前沿。海底观测系统是新世纪海洋科技的热点,它将各种观测仪器放置海底、通过光电缆连接上岸,对海洋进行长时期的实时原位观测,相当于把"气象站"和"实验室"设在海底。"海底观测网"的建设提出了控制深海的全新思路,正在从根本上改变着人类与海洋的关系。

　　在发展深海技术、开展海底调查勘探的同时,我国也于 2011 年启动了预算 1.5 亿的基金重大计划"南海深部过程演变",成为迄今为止规模最大的深海基础研究计划,赢得了国际社会的高度关注。如今深海科学考察的意义,已经远远超出了学术范畴。一项成功的科研计划和国际合作,可以在海洋开发中既发挥主导作用又促进互惠关系,在海洋和谐开发的进程中发挥不可替代的作用。

南海的现实告诉我们:科技在国际海洋权益争夺中的作用,从来没有像现在这样突出;科学界对海疆所承担的社会责任,也从来没有像今天这样重要。

五、面向海洋再铸辉煌

近年来,沿海各省纷纷提出进军海洋的各种规划,正在为我国海洋经济的发展注入新的活力。上海作为我国国际航运中心,本身已经是我国海洋经济的发展基地之一,当前的问题是满足于现状,还是面对新形势提出更高的发展目标? 能不能进一步发挥上海的优势,为国家海洋事业的发展作出更大的贡献? 对此,我们建议上海以深海大洋为目标,从海洋高科技入手,为未来海洋经济的发展奠定基础。

上海的海岸线较短,海域面积有限,如果简单地效法兄弟省市,以发展"海上上海"为目标,其实际价值比较有限。上面说过,深海大洋是振兴华夏、发展海洋经济的大方向。"进军"深海属于国家行为,但是国家总要落实到某个地方去贯彻执行,这方面上海和长三角地区负有不可推诿的责任,因为这里集中分布着我国深海科技上最具优势的单位。从科技基础与经济支撑的实力看,上海应当义不容辞地挑起建设我国深海科技基地的重任。

海洋经济的特点在于投入大、周期长;而通过深海科技发展海洋经济,则要求有更长远的眼光和更大的决心。一方面,要求决策层的远见,能够提出跨任期的目标;另一方面,要求采用新颖的运行模式,克服现有体制上的瓶颈。我国海洋事业的宿疾在于经营体制分散、合作机制匮缺。科学与技术分头模仿国外,科研和企业各自寻求出路,导致追求目标的小型化和投入回报的低效化,而这正是世界各国海洋事业发展中的大忌。然而正是这些方面,上海在我国沿海省市中享有优势。近年来,上海市政协多次举办推动海洋事业的各种活动；本市科技界在市科协的主持下，也连续5年通过"从长江口走向深海"的系列活动，促进海洋科技的发展。上海市政府已经在2010年设立跨单位的"上海海洋科技中心（筹）"，力争通过实际项目的执行，形成强-强联合的跨系统海洋科研基地。目前，"中心"已经在海底观测系统的建设上取得初步成绩，期待市政府的进一步支持，争取国家大科学工程落户，最终在长三角地区建设我国深海科技的南方基地，成为国际海洋科技竞争的劲旅。

六、长江龙头　东海窗口

上海作为世界超级大都市，从哪里来？又往哪里去？上海从海上来。7 000年前，上海还淹没在海水之下；是长江的泥沙，堆起了上海。从当年列强角逐的十里洋场，建设成今天举世瞩目的东方明珠，上海的发展始终离不了海。那么今天，上海还有什么潜在的优势，可以带来更大的进展？答案还是：到海上去，在国际的海上竞争中再铸辉煌。

长江龙头的地理位置，给了上海发展的地理优势；然而之所以能成为龙头，原因在于上海是通向东海的窗口。作为我国航运中心的上海，不仅要肩负起"长江龙头"的职责，而且应发挥其"海洋窗口"的作用，争当发展海洋经济和海洋科技的排头兵。上海不仅有地理位置上的优势，而且具有海洋的传统和高新技术的基础，又是我国海洋科技精华云集的地方，是我国最有竞争力的海洋经济、科技与文化的基地。上海和长三角地区，集中了我国海洋科技半数以上的国家重点实验室，分布着我国制造深海船只、深潜器等各种设备，和开展极地考察的基地，具备发展深海科技的优越条件。如果上海能够选择与兄弟省市有所不同的方向，背靠高科技、面向新产业，实现跨越式的错位发展，有望在不远的将来建成面向西太平洋国际竞争的我国深海科技中心和新时代海洋经济的发展基地。

当然，发展海洋经济不是孤立的事，还必须在政策上探索新路，在加强社会的海洋意识和培养海洋的各种人才上采取有效措施。从海洋科技到海洋经济,都需要实现跨部门、跨单位的合作,发挥政府与企事业、包括私营企业的积极性。为此,上海不仅要从高科技着手,还需要有经济体制上的创新。同时,我国发展海洋事业还需要弘扬海洋文化,加强海洋知识和海洋意识的传播,而在这两大方面,上海和长三角都具有历史优势和现实优势。当年郑和曾经从这里的浏河口出发下西洋,600 年后的今天我们将再度起航,为海上的华夏振兴贡献力量。如果把我国弧形的海岸线比作一张弓,把东流的长江比作一枝箭,那么上海就是指向深海大洋的箭头(图 3),让我们拉满弦,开长弓,射向明天的辉煌!

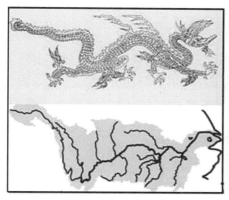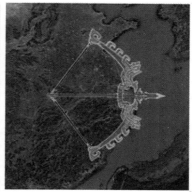

图 3　拉满弦、开长弓,射向明天的辉煌(黄维作)

左:长江流域宛如一条游龙,上海是龙头;

右:中国的海岸犹如一张弓,上海就是射向大洋的箭头。

(本文是 2012 年 4 月 17 日在中共上海市委常委学习会上所作辅导报告"海洋经济与未来上海"基础上修改而成,原载 2012 年 5 月 8 日《上海经济评论》,题目为:"深海使命")

把大陆文化和海洋文化结合起
来,使上海成为海洋经济、海洋科技、
海洋文化几方面的排头兵。

人 类 与 海 洋

最近,我们对海洋特别关心,一方面,来自海上,特别是南海和东海的压力增大;另一方面,有很多与海洋相关的事令我们扬眉吐气:我们的巡逻艇到了亚丁湾,我们的航空母舰在试航,我们的深潜器最近完成了 7 062 米的深潜。所以,我想今天和大家一起聊聊人类与海洋。

发现和利用海洋

人类是一种陆生动物,一直在海洋外面看海洋。20 世纪后半期,随着科技水平的日新月异,人类有能力进入深海海底,这一来发现了很多新的东西。例如,1977 年,美国"阿尔文"号深潜器下到东太平洋海沟 2 000 多米水深的地方时,发生了一件怪事。大家知道,海水是冷的,越往下越冷,结果那天不对,越往下越热。这不是闹着玩的,后来才知道,那次是一个重大发现,应该说是 20 世纪最大的发现之一,发现深海热液以及海底"热液生物群",发现硫化物的"黑烟囱"。我们以前以为什么东西到了海底就等于消失了,现在知道,根本不对。地球内部有非常大的能量。

1977 年的发现是惊人的,但惊人的事还不止这些。在"黑烟囱"旁边温度就冷下来了,旁边有很多生物,最奇怪的一种叫"管状蠕虫",像一根根管子,头上红色的是它的呼吸器官,像鱼的鳃一样。这种蠕虫特别大,旁边还有一些贝壳,也很大,有一尺来长。据德国人报道,曾经见过有3米长的蠕虫。更怪的还不止这些。这种蠕虫没有嘴巴、没有肛门、没有肠胃,它肚子里装的都是硫细菌,这点可能大家想象不到。陆地上的生物,像植物是靠叶绿素,但深海海底没有叶绿素,也没有阳光,都是漆黑的,所以都靠硫细菌,硫细菌能吸收地球内部能量用于制造有机物,再养别的生物。所以,它是与硫细菌共生的一种生物。这么一来,就打开了我们的眼界,改变了人类对海洋的认识。

原来想,海底有什么意思?谁要去啊?现在才知道,海底有许多等待开发的宝藏,如石油、天然气水合物(可燃冰)等。有人估计,世界上海底可燃冰的储量,比地球上全部的煤、石油等各种有机无机燃料的总和还多。如果真是这样,那可不得了,21世纪大家不用愁了,有了新能源,而且比较干净。但是,不要高兴得太早,天然气从海底上来并不都是好事。大家知道墨西哥湾的漏油事件,说到底就是天然气跑上来没关住,闯出大祸,不仅平台垮掉,人被烧死,而且墨西哥湾遭受严重污染,半年后才被控制住,那不是闹着玩的。

我很高兴地告诉大家,2007年5月1日,在香港南边,海南岛东边,南海的这个位置上,中国已经找到了天然气水合物。你看这块黑色的东西是泥巴,泥巴里面的白点子就是天然气水合物。我开始看着有点失望,我想人家都是一块一块的,我们怎么是零零碎碎的?日本人说,你是外行,越是分散越是好,这种"弥散型"的储量才大。但要真的开采,在技术上还有困难,但我们这代人应该大力宣传,能不能早点抓住机会来利用这个东西?

人类利用海洋不是新鲜事,古时候就有了。现有的海洋经济是在海面,只在海面,这就是所谓的"渔盐之利,舟楫之便"。打鱼、晒盐或者航运,这都是古时候就有的。今天不同了,今天世界上海洋经济的重心,已经从海面拓展到海底,眼下主要是海底石油。现在中国的海洋经济中,海洋石油大概只占9%,而世界上海洋石油占海洋经济的50%到70%多,这就需要我们努力。

近几十年来技术越来越发展,石油的价格却从7美元一桶,涨到现在差不多100美元一桶,怎么开采都划算。石油越来越变成海洋经济的主体。2004年使用的原油,有三分之一是靠海洋,2015年这个数字要达到40%左右了。大家都听说过"金砖四国",其中第一个是巴西。巴西经济主要靠石油,而且是海底石油。巴西现在90%的石油是深海的。再一个是美国的墨西哥湾。美国人的目标是若干年后,实现能源的自给自足,这是了不得的大事,到那时候中东就神气不起来了。北欧也有很好的石油,英国和挪威得了利,但不是深海,是浅海。下一个就看中国的南海。南海的石油大家都认为前景非常好。现在中国四分之一自产的石油是靠海洋,这也是令人骄傲的。

新世纪的海洋之争

现在海洋经济正在发生变化,这种变化易引起政治上的纠纷。现在报纸上几乎每天都有围绕海洋、海岛争吵的报道,以前没有的,大家都不在乎。海洋问题从来没有像今天这样引人注目。

为什么海岛会突然热闹起来? 原因在于1994年联合国海洋法公约的生效。生效后,每个国家自己海岸线外有200海里专属经济区,如果一个岛屿是你的,那么这个岛屿周围200海里的海域也是你的专属经济区。了不得,一个岛屿可以换那么大的海底资源,海底有石油和各种资源。在这种局面下,世界上对岛屿和海洋的争夺,就大大加剧了。

你们别看现在大家都争得这么热闹,150年前可不是这样的,谁也不要这些海岛,不仅海岛不要,海岸也不要。我给大家讲一段历史。1867年,俄国沙皇把阿拉斯加卖给美国,售价720万美元。沙皇非常高兴,他说:"你看美国这些傻子,买那么多冰干什么?"现在不说阿拉斯加陆上的矿产,北边是北冰洋,石油很多,南边是太平洋,这个海域都是他们的了(图1)。这个代价你怎么说呢? 概念变了。

图1　美国的阿拉斯加州,是720万美元1867年从沙皇俄国买来的

现在的俄国可没那么糊涂了。2007年8月2日,俄罗斯两个深潜器——和平1号、和平2号,打开了海冰,下到北冰洋4 000米的海底,插上了一面用钛合金做的俄罗斯国旗,宣扬主权,说这个地区是俄罗斯的。北冰洋下面都是石油啊! 加拿大外交部长马上就说,把国旗插到哪里疆域就到哪里的时代,500年前就过去了,你现在插旗没有用。俄罗斯说行啊,你有本事也给我插一个。大家知道,海冰不像雪山,它是移动的。你在海冰上打的洞,回来后洞就没有了。如果没有高技术,下去后是回不来的。所以,海洋上要争就要靠高新技术,没有高新技术光有炮舰也没有用。

21世纪的海上之争与几百年前大不相同,我们从海面扩展到海底,从近岸扩展到远洋,从军事扩展到科技。如果说几百年前靠炮舰可以决定国际格局,21世纪的海洋之争,很大程度是海底的高科技之争。不然给了你,你也没法用。

坦率地说,中国在这场新的竞争中,所处的地位不是很有利。我们出去到处都是其他国家的专属经济区,我们国家科技起步太晚,还有一个很重要的问题,是关于华夏文明。我认为华夏文明是伟大的,但不是没有缺点的,因为它是一个典型的大陆文明,缺乏海洋元素。这一点有人不赞成。

500 年前的历史转折

人类总以为陆地才是家。很早的时候,谁都以为自己是在世界的当中,那时候人们以为海洋就是世界的尽头。这种观念一直到 15 世纪末哥伦布发现新大陆后才有所改变。随着时间的推移和技术的进步,人们才知道世界大洋原来有这么大,海洋有这么深,海洋深部还有这么多的生物存在,而且与人类关系密切。

人类对海洋的认识还是有限的。我们在陆地上生活,但陆地面积还不到地球表面积的三分之一。地球上 60% 的表面积是 2 000 多米深的深海。如果把地球上的水画成一个方块,绝大部分水都在海里。大陆上的水画成一个方块,只有一丁点儿大,只占地球表面水总量的 3%(图 2)。这个方块再放大,陆地里面的水主要是南极洲的冰盖,占 80%。剩下的 20% 主要是地下水。地球表面的河

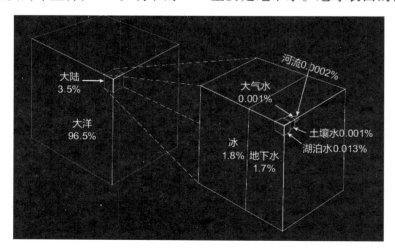

图 2　地球上的水,绝大部分是海水

流,其实只占全世界水资源的 0.000 1%。问题在于河水作用大,因为它流动快、周转快。就像钱一样,你有再多的钱,但是全埋在地底下,你和穷人还是没有区别。

从 15 世纪末的"地理大发现"开始发生了变化。14 世纪到 16 世纪,是一个历史的分水岭。这个时期的文艺复兴、地理大发现,包括现代科学的产生,直接导致并推动西欧国家的崛起,使海洋文明取得经济、军事、政治、文化等方面的全面胜利。

与欧洲全面扩张海洋世界不同,同时期的中国,却走了相反的道路。从明太祖开始"海禁",我们连一片木板都不准下海,原来居住海岸线边的居民往内陆迁移,中国和海洋隔断了。有个法国朋友送了我一本书《伽利略在中国》。这本书是 1626 年出版的,封面上是一架望远镜。伽利略没有来过中国,这本书是讲当时的传教士,把伽利略的科学进展和一些天文上的仪器设备运到中国。中国实际上在 17 世纪就接受了这些东西。徐光启是上海人的光荣。徐光启 1607 年和利玛

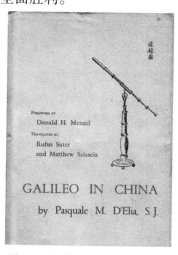

图 3　1626 年出版《伽利略在中国》一书的英译本

窦合译了欧几里得的《几何原本》,很可惜只译了半本,1857 年才出了下半本。这本书的翻译要比牛顿发表的《自然哲学的数学原理》(又译《自然哲学之数学原理》,拉丁文为 *Philosophiae Naturalis Principia Mathematica*)还早了 80 年,如果中国当时能抓住这个时机,中国就不是后来的中国。

更令人感慨的是郑和下西洋。1405 年郑和下西洋,当时确实是中国古文化的巅峰,也是世界航海史上的奇迹。郑和下西洋比哥伦布早了 90 年,郑和去了 7 次,哥伦布是 4 次。郑和的"宝船" 1 000 多吨,哥伦布的船是 200 吨。郑和是 200 艘船,哥伦布的是强

盗船,多的时候 10 多条,少的时候 3 条。我们是 2 万多人,他是几十个人,多的时候是 1 000 多人。郑和的航程是哥伦布的 3 倍(如下表所示)。但是,不得不承认,郑和的航行是以悲剧结束,世界上很少有人知道郑和。

年份	郑和下西洋 1405—1433	哥伦布航行 1492—1505
最大船	1 500 吨	200 吨
船数	200	3—17
人数	27 000	90—1 500
航程	15 000 英里	4 500 英里

明朝初年,中国海军是世界第一。英国生物化学家李约瑟著有煌煌巨著《中国科学技术史》。他说,1420 年时明朝水师在历史上可能比其他任何亚洲国家的任何时代都出色,甚至比同时代的任何欧洲国家或把所有的欧洲国家加起来都不是中国的对手。我们当时的技术水平,你从《天工开物》上就可以看到。如果你到阳江去看宋朝晚年沉掉的"南海一号",现在已打捞起来,那是极其辉煌的。

中国的海洋曾经辉煌过,但是我们缺乏海洋意识。明成祖派郑和下西洋究竟是什么目的,现在不好推敲,起码不是为了发展经济。他是把财宝送给这些国家,宣扬大明帝国的伟大。然后,拿一些稀奇古怪的动物、植物和石头回来。我们的这种航海模式不可能持续。而哥伦布是完全两样的。哥伦布走的时候与西班牙国王讲好:"发现的新土地归国王,捞到的财产十分之一归自己,而且免税。"西方的海盗式航海,有太多的罪恶和残忍;郑和七下西洋,则是和平性质的,确实应该颂扬。但是,所谓的"地理大发现"改变了世界运行轨迹的,是哥伦布而不是郑和,这是历史事实。

中国在明清两朝实行"海禁",不许人下海。日本的幕府在明治维新前也是这样的,因为它的反对派都跑到海里去了。西方不一样,他们鼓励出海。西方的航海家、发现家、海上商人、国王、海盗本来就是一回事。我举两个例子,两个海盗的命运大不相同。一个海盗是英国的德雷克勋爵,他是海盗,但本事很大,他率领英国船队,把西班牙无敌舰队打败了,所以成了民族英雄,获得英格兰勋爵,南美洲和南极洲之间的海峡就称为德雷克海峡。差不多同一时期,中国有个叫王直(也叫汪直)的安徽商人,因为明朝皇帝不许做海上生意,他就和日本浪人勾结,在外面做走私贸易,后来他在舟山群岛占了一个地方,自称为"徽王"。后来他愿意给皇帝招安,但朝廷不许,将他诱捕,在杭州被害。同样是海盗,在欧洲和中国的命运大不相同。

长期的"海禁",造成中国海洋实力大幅度后退,一直到 19 世纪,我们才终于被外国的炮舰打"醒"了。这就是大陆文明和海洋文明的碰撞。我不能说哪种文明好,但我觉得中国在海上吃的亏不应该忘记,我们确实应该醒过来。在很长的时间里,我们自以为是大陆国家,对海洋不重视。这种态度在 15 世纪前还可以,但是在 15 世纪以后就属于犯错误。直到今天我们才开始重视,但重视程度还不够。

走向海洋振兴华夏

中国忽视海洋,有历史原因,也有文化因素。前些年,我与中国科学院原院长周光召老先生谈过,他感觉中国古文化中,有一些不利于科学创新的东西。我觉得,我们应该把它点破,这会涉及海洋文化。大陆型和海洋型的性格有各方面的差别。我赞赏复旦大学历史地理学教授周振鹤先生在很多年前写的文章,他说如果当年统一六国,不是秦始皇打赢,而是齐国打赢,中国可能就要发扬海洋文化了。因为管子的经济观点和齐国的渔盐发达,都会改变中国的历史。但是,历史没有"如果"。

将东西方文化摆在一起来看,我们国家确实可以从里面学到很多东西。我想说一个观点,人类历史从某种意义上可以拿人与海洋关系的角度来定义和看待。人类和海洋的关系有两次大的变化,第一个变化是说人类从岸边走到大洋里去。这就发生在"地理大发现"时期:15世纪和16世纪,推动了一批大国崛起。我预言,人类正在进入另一个跟海洋关系发生变化的时期,这次是从海面走向海底。人类陆地上的资源已经枯竭,而海洋正在冒出这么多前景。与其搬到月球上,还不如想办法开发海洋。而这样的开发,会形成一个新的机遇,中国是否可以抓住新的机遇?这是我们应该注意的。

我国正在开始重视海洋。"十二五"规划中有一章专门论述"推进海洋经济发展",这在以前的五年计划中是没有的。我国的海洋事业,正经历着郑和下西洋以来,600年不遇的好时机。大家知道,我国有一个"大洋专项",有一条"大洋一号"船在世界各地走,前些年拿下太平洋中部的一块7万多平方千米的锰结核勘探区,2012年在印度洋拿下一块1万平方千米的金属硫化物的专属勘探区。我国的海洋981钻井平台已经在南海深水区开钻了,打深水石油,这是世界最先进的钻井平台之一。几十位院士曾经给领导建议,应该像搞航天那样搞深海大工程。我们提出来,应该有深潜、深网和深钻三项技术,不但要有深潜设备,还要在海底建造海底观测网,发展深海钻探,能深入海底。不仅要有现在的"蛟龙"号,还要有一系列载人的和不载人的深潜器。我们要搞海底观测网。

现在美国有这样的口号,说若干年后,在家里打开电视机,可以看海底火山爆发的现况直播。这就是把传感器放入海底,用光电缆连到陆地上来。我们可以在热液口装各种设备,来观测热液活动。这些事上海在带头做,同济大学在长江口外搞了一个小的试验性海底观测站。美国的想法,将来全世界的海底都可以布上网进行监测。我们说,中国应该赶紧动起来。这样人类观察地球,就不仅是从地面、海面,不仅是从天上,还可以从海底往上、往下看,这就是人类的一项新技术。我们也在推动中国争取造一个大的海洋钻探船,能在深海往下钻到很深的地方。

我们国家发展到现在,科学技术在海洋权益维护当中的作用,从来没有像今天这样突出。科技界对海洋所承担的社会责任也从来没有像今天这样重要。如果说 19 世纪中国遭受列强的侵略是从海上开始,21 世纪我们华夏的振兴也必然要从海洋做起。现在沿海各省市都提出各种口号,要发展海

图 3 上海市的市徽

洋。上海已经是我国国际航运中心,一定也会是中国的海洋经济发展的中心。但是,怎样发挥优势,更往前走一步呢?长三角是中国非常重要的经济地区,但我们的海岸线比较短,上海应该瞄准深海大洋。上海应该有这样的气魄,到外面去闯。上海的市徽,一个是白玉兰,另一个是沙船(图 3)。沙船是元朝时候的船只。上海的"海派",应该是大陆文化和海洋文化接轨的文明,我们应当发挥这个优势。

我刚才提到徐光启在 400 多年前就跟国际接轨了,而且清朝晚期很多西方的书,77%是在上海翻译的。我们是否可以发扬这样的传统,把大陆文化和海洋文化结合起来,使上海成为海洋经济、海洋科技、海洋文化几方面的排头兵?我们说,上海是长江的龙头,长江真的像一条龙。面对东海,上海既是长江的龙头也是海洋的窗口,在西太平洋各个航运中心中,上海很可能将来是最有前景的。如果把长江比作一支箭,把中国的海岸比作一张弓,那么上海就是射向大洋的箭头。

(本文原载《解放日报》2013 年 3 月 16 日,根据作者在上海图书馆的演讲录音整理)

我国只有采用非常规的对策，才能早日实现建设海洋科技强国的理想。

大洋钻探:钻到海底之下,揭开地球秘密

正当全国上下欢度 2013 年春节之际,有一批海洋科学家却比谁都忙。国际大洋钻探船载着 10 多位中国科学家,开始进行南海的第二次大洋钻探。他们蛇年小年夜就从香港起航,马年大年初一到井位,年初二开钻。

海洋科考的航次很多,但本次南海二次钻探引起全国的广泛关注。这一回的钻探为什么如此重要? 这话要从 40 多年前说起……

验证"板块学说",大洋钻探引发地球科学革命

大洋钻探 1968 年始于美国,但传到中国已是 20 世纪 70 年代末。随着"文革"结束,中国学术界开始与世界接触,并听说有"板块学说"这一新名词。原来,地球表层分成多个板块在运动,它们张开后形成了海洋,碰撞后出现山脉。而证明这一板块学说的正是靠大洋钻探——用船上的钻机向深海底下打井,取上岩芯测定年龄,结果发现大洋中间的海底地壳年龄最小,向两边越来越大,这就是板块运动的"海底扩张"。

大洋钻探难度极大——在 4 000 米深海打钻,从船上将钻具送

到海底钻孔,相当于从 4 000 米高空的飞机上向地面投篮。但是,地面的篮框是亮的,海底却一片漆黑。再向下钻进海底 1 000 米,那根 5 000 米钻杆的长度,就相当于 5 条上海南京路步行街。再说,深海不能抛锚,钻探船要稳定在同一钻孔上方连续作业,才能将完整岩芯从海底取上来。

因此,大洋钻探是国际海洋高科技的结晶,也是几十年来地球科学新发现的源头。继美国之后,法、英、日等发达国家纷纷加入大洋钻探而形成国际计划,到现在历经 40 多年盛况不衰。几年前,它已经发展为由 20 多个国家参与、年预算接近 2 亿美元的巨型国际合作。大洋钻探如此受重视的根本原因,是人类原先对深水海底以下几乎一无所知,因此大洋钻探不仅能够证明板块学说,还是各种重大科学发现的源泉。

深海沉积是千万年来海洋变迁的历史档案,大洋钻探把埋没在海底的"史书"取了上来,发现了出乎人意料的史前奇闻。譬如,在地中海底发现了大量盐层,说明 600 万年前一度干枯成了晒盐场;北冰洋曾经是一个暖温带的淡水湖,5 000 万年前飘满了浮萍满江红;大洋钻探还证明 6 500 万年前恐龙灭绝的原因——确实有颗小行星撞击了地球。

大洋钻探还有直接应用价值的发现,主要在于资源和防灾方面。譬如,大洋钻探揭示深海形成金属矿的"热液"和蕴藏"可燃冰"的"冷泉"区,发现了生活在海底岩石里的微生物群——"深部生物圈",这里是地球上微生物最大的储存库,它们可以享有远超"万岁"的高寿;在地震海啸的多发带,大洋钻探可为灾害寻找原因并提供预警。大洋钻探成了地球科学中规模最大、历时最久、成绩最为显著的国际合作计划。

1982 年,著名的华人科学家许靖华先生写了一本德文书《一条船引起了科学革命》,译成多国文字,中文书名叫《地学革命风云录》,说的就是这条大洋钻探船的故事。

相隔 15 年，两个航次起航"背景"有天壤之别

深海领域的探索长期以来是发达国家的"专利"，大洋钻探也素来是"富国俱乐部"。现在情况有了变化，"金砖四国"已有三个国家参与，其中中国比印度和巴西早参加 10 多年。但是，中国参加大洋钻探，也有过曲折的经历。

大洋钻探计划经历了四个阶段：最初叫"深海钻探"（**DSDP**，1968—1983），后来叫"大洋钻探"（**ODP**，1985—2003）和综合大洋钻探（**IODP**，2002—2013），现在开始的是"大洋发现计划"（2013—2023），英文还是 **IODP**。

在 **ODP** 开始的 1985 年，我国学术界组织了"大洋钻探委员会"，争取加入。但是，加入是要交美元的，在外汇严重缺乏的 20 世纪 80 年代，每年几十万美元的成员费简直是天文数字。一直等到 1996 年，国务院批准参加国际大洋钻探，1998 年才正式加入。幸运的是我们提出的南海大洋钻探建议书，在全球各国建议书的评价中以第一名的优势脱颖而出，1999 年春就安排了南海的 **ODP** 184 航次，在中国科学家提议、设计和主持下，实现了中国海域首次的深海科学钻探（图 1）。

图 1   1999 年南海 **ODP** 184 航次汪品先（左）在大洋钻探船上

不过,南海首次大洋钻探并非一帆风顺。按计划,第一口井应当打在南沙海域的深水区,南沙在英文中也叫"危险海底(**Dangerous Grounds**)",意指暗礁林立、航行艰险。记得就在大洋钻探进入南海之前,当地还遇上了海盗事件。当时美国船长向全体宣布,钻探船直奔东沙海区,放弃南沙井位。后来,在我们严正交涉、坚持原定计划,并得到我国主管部门有力支持,告知"中国海军将关注你们航次"的情况下,南沙钻井终于实施。开钻时按照美国船长的命令,船上升起了中国国旗。迄今为止,这是南沙唯一的深海井,也是 **ODP** 184 航次里科学成果最多的一站。

15 年前的首次南海大洋钻探采集了 5 000 米的深海岩芯,取得了西太平洋区最佳的长期沉积记录,发现了气候演变长周期等多种创新成果,使我国一举进入国际深海研究的前沿。然而,与现在正在进行的南海第二次大洋钻探 **IODP** 349 航次相比,两者之间真可以说有天壤之别。

15 年前,中国是以"参与成员"身份加入大洋钻探计划,每年交50 万美元;现在我们是每年交 300 万美元的"全额成员",而且为349 航次提供 600 万美元资助,使之安排为新 10 年 **IODP** 的首个航次。当年作为"参与成员",我们只能每个航次有一位科学家上船,南海的 184 航次争取到 3 个名额,加上我作为首席科学家,中国大陆总共只有 4 人参加。15 年后的第二次南海大洋钻探,我国上船科学家有 13 人,再加上海外华人科学家,几乎占船上科学家总数的一半。此外,这一次钻探的目标任务也更加远大,堪称是啃"硬骨头"。

这里说两个简单的数字:15 年前是在水深两三千米的地方打钻,水深都在 2 000 米左右;上次我们打钻的井最深进尺 850 米,而且只打海底软性的沉积岩,而这次最大的井深将近 4 000 米,还要钻探硬岩石——海洋岩石圈的火成岩。

大洋钻探为我国地球科学注入新鲜活力。自从南海首次大洋钻探以来,我国初步形成一支深海基础研究的队伍,迄今有全国 18

个单位43人参加了深海钻探的航次,数百人参加研究,培养了 22 名博士、54 名硕士。**ODP** 184 航次还大大推进了南海的深海资源勘探。1999 年以来,油气勘探和深海探测的地震测线都从大洋钻探井穿过,客观上为南海深水油气勘探提供了宝贵的科学背景。

展望在 2014 年 3 月底结束的 **IODP** 349 航次,我想科学家必定会有更多发现,一定会把我国的深海研究进一步推向国际前沿。

"行星循环",地球科学未来发展方向

作为一项国际合作,大洋钻探计划能够历经四五十年而不衰,动力从哪里来? 关键在于它节节攀升、不断更新的科学目标。大洋钻探四大阶段,每进一个阶段制定一份新的科学计划,最近为2013—2023 年新制定的 **IODP** 科学计划称为"照亮地球",其中最"亮"的内容是"地球连接"或者称为"行星循环"。

人类生活在地球表面,但是生态环境变化的原因并不都出自地球表面。随着科技发展,20 世纪 60 年代,人类终于能克服地心引力进入太空,又发明了遥感技术从空中观测地球;到 80 年代,出于对温室效应的忧虑,又开展了"全球变化"的研究,"上穷碧落下黄泉"地寻找二氧化碳排放后的下落。但是,从土壤到大气,从陆地到海洋,所有这些都还是在地球表层。近年来,越来越多的证据说明,地球内部的过程对表层有重大影响。迄今为止,人类对这些影响还缺乏认知。

决定人类生态环境的两大因素是水循环和碳循环,科学家成天在地球表面研究它们,殊不知更多的水和碳是在地球内部。可人类"入地"的能力远远不如"上天",地球半径 6 300 多千米,地壳的厚度只占几十千米,而人类最深的钻井只打穿了 12 千米。地球的大部分属于地壳下面的地幔,它占地球体积的 84%,地幔里的水和碳要比地球表面多很多倍。地球表面 97% 的水在大洋里,而地幔里的水至少相当于 1.5 到 5.5 个大洋。

再来说地球上的碳。虽然目前对地球内部碳总量的估值十分

悬殊,至少相差20倍,但是怎么说都比地球表层的碳储量要高出几个数量级。当然,地球内部的水和碳的储存状态与地球表层不同:地幔里的水锁在矿物的晶格中,在高温盖压下的碳也是面目全非。例如,地幔中居然有个金刚石富集层,可惜人类没有本事进去开采。然而,地球内部的水和碳,是在和表层不断交换着的。通常火山爆发喷出的气体,60%是水汽,10%至40%是二氧化碳,但更大量的交换发生在海底。海底是"漏"的,大量的水和碳酸盐随着板块从深海底俯冲到地幔深处,又有大量的水和碳从地球深处冒出海底。海底的"二氧化碳湖","可燃冰"中的甲烷以及"深部生物圈"中的有机物,至少一部分碳来自地球内部。但是,这种交换并不平衡,从表层流进地球内部的水多、流出来的少,有人推测6亿年来地球表面的水流失了6%至10%。

将地球表面和地球内部结合起来研究水循环和碳循环,这就是"行星循环",也就是新10年大洋钻探的科学亮点。说到底,直接探测地球内部的唯一办法还只有打钻,而深海海底正是最贴近地球内部的地方。

当然,探索地球表层和内部的关系远不限于水循环和碳循环。例如,地球表面的海盆张裂、山脉隆起,这类构造运动的推动力就在地球内部,就在于地幔物质的对流。今天的亚洲和西太平洋之间,夹着一串从白令海到南海的边缘海,其成因就在地球内部:1.5亿年来估计有6万千米长的板块,沿着西太平洋边缘俯冲下去,形成了"板块的坟场",随同带进来的水使这里的地幔运动格外活跃,以致上方的地壳张裂,形成了一系列边缘海。可见"行星循环"能为地球表面的许多现象提供钥匙,这也正是南海349航次科学目标的重点所在。

走向深海,中国要在"三深"上发力

自从国际大洋钻探计划建立以来,担任核心领导角色的一直是美国,也只有美国有大洋钻探船,先是"格洛玛·挑战者"号,

1985年起改用 **JOIDES**"决心"号(图2)。到了20世纪90年代,日本科技界上书首相建议建造自己的大洋钻探船,称日本将"因拥有此种设备而得到在发展新兴科学中起领导作用的机会",以此向美国叫板。2002年,日本"地球"号下水,这条5.7万吨的大洋钻探船比美国的"决心"号大5倍,而且可以用泥浆钻探,2012年创造了钻进海面以下7 740米的世界纪录。前几年,国际大洋钻探计划出现了美、日共同领导的局面,后来为节省开支,连办公室也搬到了东京。但是,2013年美国又突然宣布分家,日、美两条船在"大洋钻探"总计划下分头经营,现在我们与20多国参加的是美国的部分,来南海钻探的也是美国的"决心号"船。

图2　大洋钻探船——美国"JOIDES 决心"号

深海探索有多种手段,曾经被比喻为深潜、深网和深钻的"三深"。说到深潜器,最有名的是美国的"阿尔文"号,30多年前发现过深海热液和热液生物群。如今,我国有了自己的载人深潜器"蛟龙"号以及多台不载人的"水下机器人",更多台深潜器也正在建造中。

"深网"是指铺设海底的观测网。在这一领域,美国、加拿大、日本都已有重大建树,深网就相当于建在深海底的实验室和气象站。近年来,我国也已动手建造,并把它列为"十二五"大科学工程。

"深钻"是指大洋钻探。无论从资源投入到科学效果来说,都是"三深"中的重中之重。"深海钻探船"好比深海探索的"航母",从"行星循环"的高度展望深海研究,今后"航母"的作用将更加显著。但是,目前的两艘钻探船并不足以完成新设立的科学目标。美国"决心"号造于 1978 年,虽然曾两度翻新,现在也处于极佳的状态,但毕竟已是"夕阳"晚年,早晚有退休的一日。日本"地球"号虽先进,但太大,每天花销 50 万美元,当年启航时曾号称要去"打穿地壳",现在看来技术并不成熟,至少近 10 年的 **IODP** 内难以实现。欧洲没有自己的大洋钻探船,一度设计了"北极之光"破冰钻探船,但因缺乏经费而胎死腹中。可见,2023 年 **IODP** 新 10 年计划结束时,国际大洋钻探计划将面临缺乏"航母"的困境,而且真要打穿地壳,实现"行星循环"的科学目标,还需要更加先进的大洋钻探船。

目前,北欧发展的新技术为走出困境带来了一道曙光,采用新技术将泥浆泵放在海底,从而出现一种"美国船的大小、日本船的功能",比现有两艘船都更为先进的新一代大洋钻探船。但综合总体情况看,美、日、欧三方都不可能承担这项任务。不久前,我国的大洋钻探专家委员会提出了我国建造新型大洋钻探船的目标,设想的正是建造新一代的钻探船。如果中国能够下定决心,通过科技与产业相结合,走独立自主和国际合作相结合的道路,建造自己的大洋钻探船,我们就能问鼎世界深海研究的顶层,向建设海洋强国跨进一大步。但是,钻探船是要靠人来操作和使用的,为此我国现在就要加紧建设自己的深海科技队伍,以迎接未来的重任。

　　我国海洋意识的觉醒和深海研究的起步比许多国家晚,深海科技与国际前沿的差距也比许多领域都大,只有采用非常规的对策,才能早日实现建设海洋科技强国的理想。其中,大洋钻探作为深海探索的前沿阵地,正是我们可能的突破口。当前,中国的海洋事业正在经历着郑和下西洋 600 年来的最佳时机,如果能抓住机遇,在深海科技上实现突破,必将能为华夏振兴作出全方位的历史贡献。

　　　　　　　　　　(本文原载 2014 年 2 月 21 日《文汇报·文汇教育》)

能否在南海取得成功,将决定中国大国崛起的命运。弘扬海洋文明,建设海洋强国,是振兴华夏的必由之路。

深海的机遇和中国的选择

16 世纪人类在平面上进入海洋,21 世纪正从垂直方向进入海洋,这都是改变历史发展轨迹的壮举。人类向深海进军,恰值我国建设海洋强国、致力华夏振兴的时期。为此,我国必须抓住时机,处理好海洋军事、经济和科技的关系,选择走合作、开放的道路,通过科技先行,力求脱颖而出,争取海上的引领地位。

人类与海洋

近千年来的世界史,也可以从人类与海洋的关系来解读。早期的人类社会和海洋只有零星的关系,16 世纪人类在平面上进入海洋,通过航海导致的"地理大发现",改变了世界历史的轨迹,造就了一批大国崛起。当前,人类正从垂直方向进入海洋,并向海洋深处发展。虽然这场变化目前只处在起始阶段,预言其社会历史效果为时尚早,但是客观上构成了华夏振兴的时代背景,值得引起我们特殊的关注。

16世纪以前,人类不知道海洋有多大;20世纪以前,不知道海洋有多深。正因为不知道还有个太平洋,15世纪末哥伦布才敢从西班牙西行,相信跨过大西洋就能到达印度,结果却到了美洲。欧洲人越洋远航,通过海面航道的开拓将世界各大洲联系起来,发展了殖民经济,为自身带来了几百年的繁荣。正是凭借海上航行的优势,葡萄牙成为欧洲第一个崛起的大国,在16世纪建立起比本土大100倍的殖民帝国;接着是西班牙,在16世纪晚期控制了世界上贵金属开采的83%,成为欧洲最富有的海上帝国。然而,当时开发的主要是海洋彼岸的大陆,并不是海洋本身;竞争的手段主要是能够远洋航行的船只和坚船利炮的舰队。

20世纪晚期,人类开始进入深海。半个多世纪以来,人类在克服地心引力进入太空的同时,也克服了水柱压力进入深水海底。作为陆生生物,人类历来只能在海洋外面利用海洋,无论"渔盐之利"抑或"舟楫之便",都是从海岸或者海面上开发海洋。现代技术把人类送进海洋内部,发现原来地球上还有另一番天地。深海一片漆黑,在原有的想象中是既无运动又无生命的死寂世界,没有任何指望。但是"二战"后,发现地球上最大的山脉是在洋底,这就是绵延6万千米的大洋中脊,海底的地形起伏决不亚于陆地。现在知道地球上85%的火山活动发生在海底,近5 000米的海底还有"深海风暴"造成的波痕,看见深海并不平静。在深海底下的沉积和岩石里,生活着微生物的"深部生物圈",推测占据全球活生物总量的5%以上。种种科学发现颠覆了传统的观念:深海非但不是地面过程的归宿,而是地球内部的出口所在。海洋是一个双向运动的活跃系统,既有源自大陆物质的下沉,又有地球内部物质和能量的上升。

人类进入深海虽然还在起步阶段,其社会后果却已初见端倪,这就是海洋经济重心的下移。世界海洋经济的四大支柱产业中,海底油气已经高居榜首,远远超越渔业、运输和旅游,现在全球油气总产量的三分之一出自海底。21世纪初的10年发现的油气田,

40%来自水深超过 400 米的深海,20%在浅海,陆地已退居第二位。不但能源,即便原来限于海面的传统产业如海鱼捕捞,也在向深层拓展,发展了深水鱼类的捕捞技术。海底资源发现所产生的政治后果,就是新一轮的海上权益之争。历来无人问津的荒岛,突然变成国际争端的焦点,根子就出在海底。1994 年《联合国海洋法公约》生效,从此根据一个小岛就可以将周围 200 海里范围划为专属经济区,有的国家据此申报的海域,比它本土的面积还大。

深海的前景

深海的重要,在于拓展了新的空间。16 世纪人类在平面上进入海洋,开拓的空间是在陆上。"地理大发现"带来的是亚非拉的陆地资源,从矿产等物质到奴隶等人力资源,造成世界经济几百年的繁荣。近 100 年来世界人口翻了两番,但是 90%的人挤在 10%的陆地上,深感资源匮乏、环境恶化。因此,人类进一步的发展要求开拓新的空间,宏观地讲无非是两大方向:地外星球和地球深处。地球虽大,但是全人类都分布在地球表面,对地球表面以下所知甚微。拿淡水来说,南极冰盖下面有一百多个冰下湖,拥有全球淡水的 8%;沙漠底下也有淡水,20 世纪 90 年代卡扎菲的"人造河大计划",将撒哈拉东端的地下水抽到的黎波里,推测可以用 1 000 年。因此,人类进一步拓展空间的方向,首先不是太空,而是在地球的深处,下一个目标应该是向地球深部进军,以探索资源和能源。人类"上天、入地、下海"都有进展,但是,入地的本事最差。入地最深的莫如南非金矿,深入地下将近 5 000 米,但是还不到地球半径的千分之一。相对于陆地岩石圈的深处,进入水圈的海洋深处的阻力要小得多。因此向地球深部拓展,深海必属首选。

深海海底,正是距离地球内部最近的地方。地球内部能量和物质的主体,在于地壳下面的地幔,但是大陆地壳平均比大洋壳厚 5 倍,只有深海海底距离地幔最近。尤其是深海海底的大洋中脊和深海沟,是地球内部和表层相互连接的通道,也是深海双向运动最为活跃的地方。我们习惯中以为地球上的能量全来自太阳,"万物生长靠太阳",依赖的是 1.5 亿千米外太阳的核聚变;深海海底却另有来自地球内部核裂变产生的能量,它不仅产生深海热液和火山活动,而且滋养着不靠光合作用的"黑暗食物链"和海底下的"深部生物圈"。科学界对于依靠地球内部能量的过程十分陌生,更不清楚这类过程在人类社会里的应用前景。比如深海底下"深部生物圈"里的微生物新陈代谢极其缓慢,是处于休眠状态几十万年以上的"寿星",猜想应当有其特殊的医学价值。此类过程已经引起人类注意的有深海热液和冷泉,包括"可燃冰",也就是含甲烷的水冰。在海底高压低温条件下,甲烷分子被锁在水冰的晶格里,是海洋里十分普遍的现象;还可以有二氧化碳分子锁在晶格里,形成海底的"二氧化碳湖"。

21 世纪人类在垂向上进入海洋,指的不仅是海底的开发,而是说在三维空间开发海洋。以水产为例,世界上数量最多的鱼类就是深水的圆罩鱼,海洋捕鱼已经推进到海洋深处,同时海水养殖业也可以向深海发展。16 世纪是借道海洋去开发海外的大陆,21 世纪将要开发的是占地球面积 71% 的海洋本身。不过现在说的都还只是序幕,因为人类进入深海、了解深海还都处在起步阶段。海水平均深度 3 700 米,不能靠遥感技术穿透。因此直到今天,人类对洋底地形的了解还不如月球,甚至还赶不上火星。深海产业究竟指什么,几十年来也并没有弄清楚。最先注意的是金属矿,从太平洋的多金属结核,到海山上的钴结壳,直至热液口的金属硫化物,都有潜在的重要价值,但迄今为止都还只有试验性的开采。当前最为引人注目的是"可燃冰",其含碳量可能超过全部矿物燃料的总和,有希望成为未来能源的主体,但是离工业开采还有很长的路程。有的深海资源出乎人的意料,如日本发现太平洋海底的稀土资源可采储量超过陆地 1 000 倍,正在造船准备开发。另外一类是生物资源,包括极端环境下微生物的基因资源,"深部生物圈"的新陈代谢极慢,以至于经过几十万年还在生存,人类将来如何加以利用,还完全是个未知数。可见,深海产业既有巨大的潜力,又有极大的不确定性。

目前还很难预料海洋垂向开发为世界带来的具体结果,更谈不上其发展的途径。16 世纪海洋在平面上的开发,引发了人类社会历史的转折,21 世纪海洋在立体上的开发,很有可能也会导致又一次的历史变化。从陆地进入海洋,又从海面深入海底,都是改变人类活动运行方式的历史转折,肯定要经历各种挫折和反复,从欧洲当年"地理大发现"历史看,这必然是个以世纪来计算的长期过程。

科学与军事

进军海洋,包括经济、军事和科技三大方面。只有科技开路,才能实现经济与军事的目标,才能从新的角度去认识我们生活的地球;经济和军事是进军海洋的社会目的,也是科学探索获得支持的源头。从面临的科技挑战看,深海探索和航天有着相似性,首先是从军事需求得到支持,才有科技快速发展的动力。从开发利用的前景看,深海资源尽管有巨大的不确定性,肯定要比地外星球的开发来得现实。从国际关系的角度看,科学,尤其是基础科学研究,是在这三者当中最容易、也最需要国际合作,最能够促进海上睦邻关系的一个方面。

如果将 21 世纪和 16 世纪人类进军海洋的过程相比,两者间一个根本区别在于手段。16 世纪的开发主要依靠舰队,当时的国际斗争就是海军的较量;21 世纪则主要依靠高科技,拥有高科技的国家才有资格参与开发深海的国际竞争。当然,海洋的国际之争都要有军事实力,然而进入深海的每一步都离不开高技术,对科技要求之高是不能与海面相比的。

海洋的开发和国际竞争,要求有军事和科技两方面的支撑。16 世纪前后的海洋开发,探险家、海盗和官兵往往三位一体,其间并没有截然的界限,海盗成功便成了探险家,国王本人也可以是海盗出身。早期的海洋科学考察船就是军舰：19世纪进行世界上首次环球海洋考察的，就是英国军舰"挑战者"号；给达尔文带来进化论思想的环球航行（图1），用的还是双桅帆船"小猎犬"号（**HMS Beagle**）。也就是两次世界大战的需要，发展了潜艇和海底监听装置，为现在的深海潜水和海底监测开辟了道路。今天深海研究的深潜、深网和深钻的"三深"技术，除了深海钻探之外，深海探测的"深潜技术"和海底监测网的"深网技术"，全都是从军用发展而来的。因此，海洋科技发展中的军民联动，是世界各国不言而喻的潜规则。

图1　英国皇家海军"小猎犬"号载着26岁的达尔文开始了伟大的发现之旅（1835年，资料图片）

　　但是海洋的科学技术与军事活动的处境不同，军事活动具有排他性，而科学技术活动的成果可以共享，存在着国际合作的可能性和必要性。世界大洋本来是相互连通的整体，加上深海研究昂贵的财政预算和技术要求，20世纪晚期以来，深海科学研究的国际合作迅速发展。其中最为突出的就是"国际大洋钻探计划"，自从1968年美国发起以来，50年盛况不衰，世界20多个国家共同集资，以全球最高的科技水平在深海大洋进行钻探,成为地球科学历史上为时最久、投入最大、成果也最为显著的国际合作计划。

与此同时,海洋的科学技术研究也被一些国家用于为其政治和军事目的服务。美国长期以科学探索名义在全世界各大洋巡航,直到各国的海岸,为其军事目的服务,似乎已经成为国际惯例;而在特定条件下,还以绝密形式在科学掩盖下做各种军事动作。著名的一例是1968年,苏联载有核导弹的K－129潜艇失事,沉在北太平洋4 800米的海底,美国请私人公司出面,建造了5万吨的勘探船伪装开采锰结核,于1974年将部分潜艇残骸捞起。同样,海洋高科技也可以为海洋权益的政治服务,如2007年俄罗斯"和平-1"号载人深潜器破冰下潜,将1米高的钛合金国旗插到北冰4 261米的海底,支持俄罗斯对北冰洋水域的主权声索。我国的海洋科技正在发展,在具备一定科技水平的条件下,同样应当考虑让海洋科技在国际政治斗争中发挥其独特的作用。

海洋科研又可以通过国际合作,成为外交关系上的缓冲剂。海上的军事、经济和科技活动三方面,唯有科技活动最少有对抗性、排他性,德、法等欧洲国家利用其科技优势,与包括我国在内的亚非等国合作,协助培养海洋科技人才,既取得科研成绩,又赢得国际友谊,非常值得我们学习。关键之一是要正确处理好军事保密安全和国际科研合作的界限,找到两方面都能满足的方案。近年来,一场无声的科技革命正在国际海洋界发生,那就是把"气象站"设在深海、把"实验室"建在海底的海底观测网。2016年6月美国宣布包含900多个探头的"大洋观测计划"正式建成,属全球最大;2015年日本建成了总共5 700千米网线的海底地震观测网,属全球最长;我国的海底观测网大科学工程,也已经立项待建。这类科学网都会产生海量的观测数据实时上网,我国如何在新的科技领域划清界限,既能满足基础研究数据公开,实现国际接轨,又能保证国防安全军事保密的要求,这将是我们进军深海面临的一项考验。

当前的机遇

对于海洋,尤其是深海远洋的关注,是我国近年来出现的新现象。中国的军舰开始进入世界大洋,载人潜器进入深海海底,无不赢得全国上下一致的欢呼。中国如此重视海洋,至少是郑和下西洋之后 600 年来的第一次。有趣的是这一切恰好发生在世界海洋事业的转折期,发生在人类从海洋外面进入海洋内部的新阶段,客观上为中国在国际竞争中脱颖而出提供了历史的机遇。

从历史上看,华夏文明的大陆性质和以古希腊为代表的地中海海洋文明形成对照。古代的中国航海技术在当时具有领先地位,但是自以为"位居天下中心"的皇朝,对海外的"蛮夷"之邦不屑一顾,"得其地不足以供给,得其民不足以使令"(朱元璋语),海洋不属于正能量。尤其是明清两朝为防范倭寇与政敌而推行"海禁"政策,宣布"片板不准下海",切断了宋元以来繁盛的海上丝绸之路,甚至在郑和之后自毁水师,闭关自怡,直到鸦片战争被英国的炮舰轰醒。这些在今天看来不可思议的举措,其实有着深刻的文化根源。以农耕经济为基础的大陆文明要求稳定和继承,"父母在,不远行",并不支持海外的开发。华夏文明的大陆性质留存至今,构成了东西方文化差异中的重要环节,依然在潜移默化地影响着我们的民族性。北京的世纪坛为 900 万平方公里的国土铺设了900 块花岗岩,却没有想到为 300 万平方公里的海疆做点什么。

现在,我国的海洋政策终于改变。"建设海洋强国"已经列为国策,海洋事业(尤其是在深海远洋的发展),从来没有像今天这样受到举国上下的共同支持。近代史告诉我们,大国的崛起都与海洋上的成功有关。无论 18 世纪彼得大帝的改革,还是 19 世纪睦仁天皇(1867—1912)的明治维新,都是伴随着向海洋文明的转变,伴随着海上的开拓,从而实现了大国崛起;而缺乏海洋视角的光绪"戊戌变法"(1898 年 6 月至 9 月 21 日)归于失败,结果加快了大国的衰落。但是无论从国内还是国际看,华夏振兴还是面临着要过

"海洋关",中国传统的大陆文明仍然有待向海陆结合的文明转变。美国前国务卿亨利·基辛格曾将20世纪英—德对抗与21世纪美—中关系作了比较,在他看来,"德意志帝国和当今的中国都是复兴的大陆国家,美国和英国都是海洋大国"。美国著名作家卡普兰(**Robert David Kaplan**)也认为:今天中美的南海之争,相当于百年前欧美的加勒比海之争。能否在南海取得成功,将决定中国大国崛起的命运。弘扬海洋文明,建设海洋强国,是振兴华夏的必由之路。

美国作家卡普兰(1952—　)

幸运的是中国近年来重视海洋的开始,在国内正值"科教兴国"的高潮,在国际恰逢进入海洋深部的新时期,因而出现了千载难逢的好机遇。由于世界经济并不景气,发达国家的深海探索步伐放慢。美国的海底观测网,受经费的牵制经过几度"瘦身",多番推迟,最终于2016年建成;德国15年前就提出的"北极之光"破冰钻探船计划,终于因经费不能到位而胎死腹中;欧盟的**DS3F**(即"深海与海底下前沿")计划,体现了"三深技术"集成运作的先进思路,同样受制于经费而停留在纸上。目前发展深海科学技术,中国几乎是世界上唯一既有实力又有愿望的新推手,在国际合作中应当抓住时机挺身而出。然而我国起步过晚,实力有限,必须要在精心策划知己知彼的基础上出手,而不能鲁莽上阵,更不可妄自称大。

中国的海洋战略,亟待吸取国际的教训。拿上述国际大洋钻探计划为例,几十年来一直是围绕着美国的钻探船并由美国领衔进行,20世纪90年代日本向美国叫板,在新世纪之初建造了一艘比美国船大几倍的"地球"号钻探船,以期争夺国际领导权,大洋钻探办公室也一度从华盛顿搬到东京。"地球"号下水时由日本公主剪彩,出航时向全世界宣布要"打穿地壳",引领世界科学潮流。可惜由于经费和技术上的困难,现在日本船每年只能有少量时间用作大洋钻探,国际计划仍然主要依靠美国船,由美国主持进行。殷鉴不远,中国想在国际深海科学界出头,必须吸取前人的教训,将科学目标和实际可行性放在首位,在紧密的国际合作中前进。

中 国 的 选 择

人类进军深海尚处于起步阶段,目前除油气开采之外,各国主要的作为还是科学探索和军事举措。军事不属本文讨论的范围,而深海科学探索的特点就在于技术难度,以及由此带来的昂贵费用和巨大风险。因此,即使是发达国家,也往往采用多国或多单位合作的途径,集多方的资源和技术共同探索。我国多少年来鼓吹"设备开放"和"数据共享",可惜至今收效不大;深海领域的国际合作成绩卓然,但依然受限于未能突破的瓶颈。因此,必须在国家层面从政策高度加以调整,才足以应对进军深海的挑战。简言之,要在合作开放和关门单干两者之间,作出明确的选择,无论国际国内都是一样。

近几年来,中国的海洋事业正在经历着黄金时期。海洋(特别是深海)科学技术,从来没有获得过像今天这样大的投入;海洋(尤其是深海)的探索,从来没有得到过像今天这样全国上下协力同心的支持。各地建设海洋基地的积极性日益高涨,基础设施的建设也如雨后春笋。现在重要的是要有全局观念,统筹协调,错位发展。有人说,现在中国海洋学院的数目,可能超过了国外全球的总数;也有人说,我国新建的同类海洋调查船为数过多,可能会陷入部分闲置的困境。但愿这些话都只是杞人之忧,希望加强顶层设计,防止低水平重复,无疑是刻不容缓的燃眉之急。

伴随着我国海洋科技发展的是富有成效的国际合作,包括双边、多边和像大洋钻探那样的大型国际计划。但是,数量不等于质量,我国海洋科研实力在数量上的增长并不等于质量上的优势,在深海的国际合作中我国至今只是参与者和后来者,仍然属于"跟跑"行列。向深海内部进军是一个新的契机,我国应当抓住这个机遇,利用发达国家放慢步伐的时候争取"弯道超车",力求尽早进入"领跑"的核心。最近,国家发改委设立海底观测网大科学工程,科技部推进参加国际大洋钻探的新步骤,这些都是适时的明智之举。

海上的国际合作,从来不是一帆风顺的。首先是政治和军事因素,海洋科技计划的实施取决于外交政治,世界大洋有多个科学上的关键海域,由于当事国的反对而不能开展调研;不少精心筹备的国际合作航次,最后由于军事政治原因突然废止。然后是经济因素,深海科学已经成为"富国俱乐部",一般发展中国家不敢问津,因此深海研究的发展在客观上加深了发达国家和发展中国家在科技上的鸿沟,同时也为我国出手,团结发展中国家进入"深海俱乐部"留下了空间。如果中国有能力加入新世纪深海研究的"引领者"行列,就应当将发展国际科技合作纳入外交战略,协助发展中国家逐步进入深海研究的领域,通过科技合作推进"民间外交",在重点海域确立我国的科学领导地位,形成以我为主的国际科学群体,使科技合作为海洋维权服务。

当前我国的海洋事业一片光明,也面临两条道路的选择:合作还是单干? 首先是国内的合作,能否实现学科、单位和地方间实质性的合作,能否做到设备载器和数据信息的共享,能否建立国家层面的顶层设计和协调发展,这些将会决定近年来海洋科技发展高潮的真实效果。同时在国外合作问题上也面临着选择:究竟是采用关起门发展,还是走国际合作的道路? 前者方便而且习惯,既不会有"泄密"之类的麻烦,也便于背向世界作"国际前列"之类的自我表扬与陶醉。但是,真正的科学发展必须走国际合作的道路,一方面吸取发达国的长处,另一方面为发展中国家提供协助,从而为中国在国际海洋界塑造和善可亲的形象。两者的选择具有历史意义,它将决定中国能否抓住当前的良机,在人类进入海洋的新挑战中吸取海洋文明的优点,立足海上实现大国崛起的目标。

回顾近代的世界史,几百年来中国在人类开发海洋中愧无贡献。16 世纪"地理大发现"时期我国逆向行驶,开始"海禁";与海洋有关的重大科学突破,19 世纪"进化论"发表在第二次鸦片战争期间,20 世纪"活动论"的发表又逢我国"文革"灾难,国祚垂危,遑论科研。现在 21 世纪正值向深海进军之际,如果我们能选择正确道路,落实"海洋强国"战略,实现"振兴华夏"目标,就可望在人类历史的新转折中,作出我们自己的贡献。

（本文原载 2017 年第 9 期《学术前沿》下）

创 新 思 维

　　对前人结论的怀疑，正是科学的起点。仔细观察那些真有成就的科学家，他们对问题的认识往往都要自己从头论证，从根上开始想问题，决不轻信前人。依此原则教育学生，重要的是教思想方法。

思想活跃与科学创新

20 世纪 50 年代莫斯科大学的考试，几乎全是口试。主考教师通常要求学生记住他讲课的内容，越详细越好。如果这位老师的讲义没有出版，迎考用的唯一材料便是课堂笔记。当时靠着年轻手快，我居然能把老师的讲课详细记录下来，差不多除了咳嗽声外很少遗漏。甚至听累了处在半睡眠状态下也能手不停地写，只要下课立即整理，竟也能从这些歪歪扭扭的字迹中辨识出词句来。考期一到，课堂笔记便成了宝贝，有时连苏联同学也来借。

　　即使这样，也不能万无一失。记得一次矿床学考试，主讲教授在听完我回答考签上的问题后，又追问："第一堂课上我是怎么讲的?"我只好老实交代："那天留学生开会，请假了。"老师虽打了个满分(5分)，表情却十分不快。更典型的是区域地质考试，墙上挂一幅苏联地图，老师用笔一点："在这里打钻，钻到的都是什么地层?"据说有位自知背诵无望的学生，把地层表密密麻麻地抄在小纸卷上作"小抄"带入考场。对付这样的考试，确实是学生的一场灾难。考完之后，照例是狠狠地玩一番，把装满脑子的这门课程尽快忘掉。

假如把莫斯科大学说成是死背书的书塾，那是不公正的。就说那两周一次的名人学术报告吧，几百人的大教室场场爆满，其气氛之热烈有甚于大剧院。记得一次斯特拉霍夫院士作报告正值他的生日，当场宣布把一座新发现的海山以他姓氏命名作为礼物，激起了满堂掌声——要知道这位多产的地质学家，多年来因疾病不能坐下，是靠站着写作的。可是，这些都与考试无关，而学生的好坏是由考试成绩评判的。因此，当教研室主任奥尔洛夫院士对我们说"考试得个3分(及格)就可以了，关键要把论文做好"时，总觉得是歪门邪道。中国古生物学代表团访苏，斯行健院士劝我们"在国外最重要的是把外语学好"，我们问为什么，他说："可以看原版小说呀!"这话更令我觉得离谱。这些话含义之深，我过了几十年才理解。

青年人的思想比较活，其实用考试是框不住的。当时读了点哲学书，禁不住要追问"宇宙之外又是什么"。到莫斯科的第二天就遇上小偷，学起"联共党史"来也不免产生疑窦。然而这些又与考试、学习无关，学习是记住书上、课上的东西，考试是把它们"还给老师"。中国留学生即使下课开会，也还是学习，学习各种伟人的指示。假如自己的认识与此不同或者有所怀疑，就可能属于该批判的范畴。1960年学成归国的留学生集中学习时，在对我作重点帮助的大会上，出身好的同学责问道："为什么我们就从来没有怀疑过?"到了工作岗位，我不懂为什么学习会上人人说相似的话而没有人提问题,听我汇报思想的领导反问道:"为什么都要像你这样想怪问题呢?"

今天看来,这些并不是怪问题;但当时喜欢多想,也无可厚非。独坐静思,其实是十分有趣且有益的。我喜欢在飞机上观赏云海变幻,真想步出机舱在白花花的云毯上漫步;也喜欢在大雨声中凝视窗外,想象自己栖身在水晶宫的一隅……更喜欢把种种思绪诉诸笔墨,这便是日记。

多少年来,记日记已成为一种爱好,直到"文化大革命"中,小将们想抓"反动教师",把我多年日记搜去为止。尽管日后进驻的工军宣队归还日记时着实鼓励了我一番:"看得出你是个要求进步的青年。"但这段经历已经改变了我的习惯,从此日记只记"流水账"。

当然,思想活跃绝不是指胡思乱想。记得别洛乌索夫院士上课时说到有人向他投书,说是"发现"地球原来是颗大晶体,地面的山脉是晶体的棱角,而晶体的中心就在莫斯科。老师说,此人定是个疯子。其实这无非是个拍错了的马屁,恰恰说明思想的贫瘠,与思想活跃无关。

图1　莫斯科大学主楼

20世纪70年代末期起,有机会与许多国家的同行相处,看到了不同的思考方法和教学方法。古生物学家把描述化石群和相应的现代动物群当作天职,但一位美国教授反问:"没有描述过的动物群,为什么就要去描述?"一位在荷兰退休的教授说他从来只愿做仅有60%把握的事,"有百分之百把握的事,何必要我来做?"没有新意,便无所谓科学。对前人结论的怀疑,正是科学的起点。仔细观察那些真有成就的科学家,他们对问题的认识往往都要自己从头论证,从根上开始想问题,决不轻信前人。依此原则教育学生,重要的是教思想方法。当时在美国的范·安德尔教授说:"我上课从来只教问题,不教答案。"澳州的英国皇家学会会员沃克尔教授在与研究生讨论论文选题时说:"你年轻人自己没有想法,来找我这老头有什么用?"不少地方的学校,学生从专业、课程,到毕业年限、主考教师,都是自行选择的。这里姑且不去比较不同教学方法的优劣、得失,有一点是清楚的:独立思考,是研究科学、学习科学的起码要求。

图2　汪品先院士谈科学创新与思想活跃

朱夏院士的晚年,更加致力于人才培养。当我们谈到研究生学术思想不够活跃时,他说的"思想上不敢越雷池一步的学生,又怎样能在科学上创新呢?"这句话,是不是正击中了我们的要害?

(本文原载中国科学院学部联合办公室编《中国科学院院士自述》,1996,上海教育出版社)

科学界的学科带头人,从整体说来,主要是"冒"出来甚至"杀"出来的。

选拔学术带头人不宜"拔苗助长"

面对世纪之交出现的"人才断层"的困境,我国采取了一系列加速培养优秀青年科学家、选拔青年学科带头人的措施,目前已初见成效。青年在学术界的活跃程度正在提高,这种喜人的局面也正在进一步发展。与此同时,也出现了一些发人深思的现象,应当及早引起主管方面及科学界的注意。

科学界的学科带头人,从整体上说,主要是"冒"出来甚至"杀"出来的。发现好的苗头加以扶植,是加速培养的好办法。但是,若为了追求指标,相互攀比,非要在本单位"拔"出"尖子"来不可,就难免失真。当前选拔跨世纪学科带头人,通常由行政推荐再经专家评审,而行政领导在推荐中往往会偏重同一类型(如活动能力强)的青年人。可是,科学家的类型及其成长道路是多样的,有的玲珑敏捷,有的大智若愚;有的年少有为,有的大器晚成……有相当比例的优秀科学家还带有某种"书呆子"气,不能以社会活动家的标准去要求他们。历史证明,挑选和预定"接班人"的做法,成功率往往不高,甚至常常是失败的。以当今科技发展之快速,竞争之激烈,只能为一批人才创造较好的条件,从中自然形成学科带头人。

因而,用特殊政策支持少数优秀青年科技人才时,不宜过于集中。千万不要把各种奖励、重复给予经费、冠以行政职务都加在同一青年身上。建议把优秀青年人才的评审,同科研经费的资助强度脱钩。给评选出来的优秀人才提供荣誉和较好的工资、住房、工作条件,但科研经费仍应按课题的实际需要另行申请。学科、单位、课题不同,所需经费大不相同,学术水平高的并不意味着用钱就一定多。青年科学家经费多得可雇私人秘书的虽属个别,但过早地依靠别人干活,过早地脱离科研第一线的现象,确实已经出现。要珍惜青年科学家的时间、精力,尽量避免过多的优秀人才卷入行政管理。总之,青年人才的选拔以顺其自然为好,千万不要搞"运动式"的选拔。

在商品经济迅速发展的形势下,社会风气的变化在优秀青年的选拔中也不无反映。个别单位为了推出"尖子",不惜采用非正当手段,不切实际地抬高对青年研究成果的评价,甚至不惜弄虚作假,夸大成绩,怂恿他们学会"包装自己",通过"公关"手段争取获奖。在这方面,新闻媒体也有一定责任。个别新闻单位为追求轰动效应,匆忙报道一些未经证实甚至尚未取得的成果,或者把研究成果的价值和意义"无限"放大,以吹捧"科学明星"。影响所及,不仅破坏科学的真实性和严肃性,而且腐蚀了青年一代,误以为学术界本来就是"三分成果,七分宣传"。

为此,建议在评选和培养优秀青年科学家的工作中,务必把学风置于首位。决不要为了本单位"集体利益",姑息甚至唆使青年去搞浮夸或钻营。科技新闻报道尤其要真实与严肃,杜绝对青年的误导。选拔少量优秀科技人才加以特殊培养,一个重要目的是树立榜样,鼓励更多的青年上进。与体育运动相似,只有组成好的梯队才能保住冠军。所以青年科学家队伍也应当是金字塔式而不是烟囱式的。21世纪的学科带头人,既可能在我们选定的"跨世纪人才"名单之内,也可能在名单之外。因此,建议要大幅度增加青年科技研究基金,被评上优秀青年科学家的固然可以通过申请获得,未被评上或未参加评选的也可以申请,不要一评上"优秀"每人必得 60 万元或 30 万元。建议用这些经费作基础,组织更多的青年基金,为广大青年开辟更多的经费渠道。

当前高质量研究生生源的下降,已引起科技界的共同忧虑。对青年科技工作者资助经费及其申请渠道的增加,应当能鼓励更多的青年从事研究,鼓励有潜力的青年报考研究生。当然,尚在海外的留学生是丰富的人才宝库。国家对青年科学家的倾斜政策,是促使留学生回国的有效措施,但做法的正确与否至关重要。如果我们不适当地"大树特树"个别学风欠正派、成果不踏实的"明星",其效果将使有真才实学的青年望而却步,无异将他们拒于国门之外。招聘海外留学生也要得法,那种带了人事表格出国,谈话后"当场拍板"的戏剧性做法,只会在留学生中造成国内人事制度不严肃的印象,事与愿违。总之,要通过招聘一人带动一片,而不是误招一人吓退一片。

以上看法,如果理解为不赞成当前优秀科学工作者的选拔制度,那是对本文的绝大误会。我国科技界的问题至今仍是队伍老化,给青年人留的余地太窄。本文不赞成的是实行向青年倾斜政策中的"拔苗助长"和不正之风。这些问题关系到我国科学技术事业的未来,绝非杞人之忧。

(本文原系 1996 年全国政协第八届第四次会议的书面发言,后发表于《中国科技论坛》1996 年第 4 期、《中国科学院院刊》1997 年第 1 期等处;此处收录的是《瞭望新闻周刊》1996 年第 14 期刊载的版本,与书面发言在规格和个别文字上稍有不同)

　　　　　　　　　　一旦克服客观条件的限制,摆脱
　　　　　　　　历史原因带来的思想方法上的束缚,
　　　　　　　　必将能更好地发挥创新思维,为世界
　　　　　　　　地球科学作出自己应有的贡献。

寻求科学创新之路
——试谈我国地球科学中的思想方法与学风问题

一、问题的提出

在当前的世纪回顾中人们常常会问:为什么近年来科学研究的大奖屡告空缺? 为什么我们广大的科研队伍,对近几十年来世界自然科学的理论进展,很少有突破性的重大贡献? 当然"文革"动乱的耽误,经费和设备的限制等,都是关键性的客观制约因素,然而也存在主观因素的一面。[①] 就地球科学而论,我国广阔的陆海疆域和独特多样的自然环境,中国地学的光荣传统和知识分子顽强执着的敬业精神,必然使人想到这是重大科学突破的藏龙卧虎之地。

　　然而现实并非如此。尽管我国地学论文的年产量已近到6 000多篇[②],若是按"影响因子"衡量我们国家级的学报在国门之外的影

---

　　① 苏纪兰.关于促进我国科学事业发展的思考[J].中国科学院院刊,1998,1:58－61.

　　② 汪品先.从出版物看我国的地球科学,中国科学院地学部中国地球科学发展战略研究组,"中国地球科学发展战略的若干问题"[M].北京:科学出版社,1998,64－77.

响,绝大部分也不及国际刊物的千分之一。③ 语言的障碍和"接轨"
的困难无疑是主要因素;但是更重要的是内容上的新意,学术成果
在科学上的创新性才是基础研究水平及其影响的决定因素。可以
相信,随着经济发展和国力增强,随着体制改革和管理改善,我国
基础研究的水平必然会上升。可是作为"第一生产力"的科学技术
本身就是社会经济发展的动力,科学界的任务是在争取改进客观
条件的同时,也从思想方法和学风的主观方面进行探讨,寻求科学
创新之路。囿于见闻、限于水平,此文只就我国地球科学的现状进
行讨论。

二、创新与思路

20 世纪地球科学最大的突破应推板块学说,当 90 年代回首板
块学说建立的往事时发现,"和其他事业一样,科学中的成绩不一
定属于最有天才、最有技巧、最有知识或著作最为宏富的科学家,
而往往属于最懂得战略战术的科学家"。④ 确实,科学的发展有其
自身的规律,只有遵循客观规律,运用正确的思想方法,才能达到
成功的彼岸。而科学发展的不同阶段又有不同的特点,认识现代
科学的特性,是成功的前提。

回顾我国的地球科学,在 20 世纪 50 年代有过飞跃。由于当时
的地球科学以调查为主,着重对空白或准空白区进行"普查",曾经
有过浩浩荡荡"向科学进军"群众运动的历史。时至今天,虽然有
待填补的"空白"尚存,而作为地球科学的总体却早已从描述现象
进入以探索机理为目标的新阶段,科学的创新已经难以单靠一颗
红心、满腔热血取得。什么是这个新阶段的特点呢? 不妨从以下
三方面加以讨论。

---

③ 师昌绪,田中卓,黄孝瑛,钱浩庆."科学引文索引(SCI)"——国际上评定科研成果
的一种方法[J].科学通报,1997,42,(8):888-893.

④ Oliver, J. E. *The Imcomplete Guide to the Art of Discovery* [M]. Columbia University
Press, NY. 1991:208.

（一）全球视野与地方特色

科学和技术的进步,使 20 世纪晚期的地球科学研究扩展到全球规模:卫星遥感和计算技术的发展,提供了全球范围的同步观测数据;"全球构造"和"全球变化"的理论,提供了行星规模地学研究的思想基础。这种从整体的大处着眼,从局部的小处入手的研究途径,本来是地球科学中的先进方法,而时至今日显得格外重要、格外迫切。

由于长期封闭和传统习惯,我国地学实际研究工作者往往缺乏这种全球视野而容易就事论事,因此一旦有了重大进展也不能充分揭示其意义,不易受到应有的重视。举构造地质的例子,从日本经日本海到中国东部,火山岩碱性强度逐渐增强,这一事实早在 1956 年由我国赵宗溥发现;直到 1959—1966 年日本学者久野(**H. Kuno**)提出岛弧火山岩中碱质含量横越岛弧有明显的侧向变化,进而解释为岛弧岩浆从贝尼奥夫带产生的证据时,才成为板块构造学的重要概念之一,受到全球重视。同样,青藏地区有印度板块破脱出小板块而增生于我国西南的现象,早由我国常承法等于 1974 年发现;但直到土耳其森格(**Sengor**,1985)将该模式扩展到整个阿尔卑斯—喜马拉雅地区,提出不同世纪特提斯的概念时,才成为国际的重大进展。[⑤] 其他学科也是一样:看起来是"地方特性"的局部现象,背后可能隐藏具有全球意义的重大发现,而这种发现只有站在全局的高度才能看见。

相反,全局性的发现也必须以地方性的具体研究为基础。我国不时有一些不依靠实际工作、专从书本到书本的全球性"理论""系统"推出,宣称发现了地学的真谛,创立了新的"学科",可惜都摆脱不了"泡沫科学"的厄运,原因正在于此。科学发展到今天,单靠古希腊哲人的直觉或先知,已经很难涉足现代科学的洪流。

---

⑤ 金性春,大洋钻探与西太平洋构造[J].地球科学进展,1995,10,(3):234-238.

（二）理论探索与野外实践

选题得当常常意味着一半的成功，这也正说明选题之不易。现代地球科学中，单纯好奇心驱动（**curiosity-driven**）的研究已经相当稀少，不必在此讨论；单纯经济驱动的研究又通常不属于基础研究范围，并非本文主题。我国当前地学研究中的问题，在于究竟是"材料驱动"的研究，还是"科学问题驱动"的研究。

现代自然科学的研究应当包括两步：一是在前人研究的已有观测的基础上，对自然规律提出科学上的假设；二是用可控制的实验或特选的观测，去验证假设。其实这正是我们学习了几十年的"实践、理论、再实践……"的认识模式，只是我们常常用违反"实践论"的办法学习"实践论"，只说不做罢了。比较普遍的做法是"材料挂帅"，因为某个地方"没有研究过"、某个材料"没有分析过"而去分析研究，等分析报告收齐了看看有什么文章可做。上面所说的"大处着眼，小处入手"的现代科学研究，首先要求提出可以检验的假设见解，从原有认识中提取关键性的突破口和可操作的检验方案。如果不属于回答重大问题的关键性材料，哪怕是"空白"，也不见得值得去分析研究。

这样的科研思考方式，现代国际学术界已属不言而喻的常规，而大多数研究人员对此还比较陌生。除了几十年来已经形成"普查"式的研究习惯，只重"材料"不重思路外，缺乏对当前学术前沿问题的了解也是原因之一。相当一部分研究人员甚至负有指导青年责任的教学工作者，仍然主要依靠第三手的翻译文献，依靠情报资料甚至"参考消息"等去"了解"基础科学的研究前沿，依靠来自道听途说的消息，以一知半解的语言，去向不懂装懂的领导或记者宣传，从而取得经费、立项研究。这些项目往往与国际的前沿南辕北辙，也缺乏明确的学术问题，以致其重大成果只能以著作的厚度和宣传的广度来表达。

忽视野外实践，是当前我国地球科学研究立题中的另一偏向。

一方面受经费(野外尤其是出海)的限制,另一方面受追求成果数量的驱使,有一部分研究人员只做一些缺乏自然界针对性的实验,或者设计一些从数字到数字的课题,走上了"闭门造车"或者"数字游戏"的道路。现代仪器越来越先进,计算机功能也越来越强大,但计算机"输进的是垃圾,输出的还是垃圾",不从科学前沿立题,不从野外实践取得数据,很难想象会有科学的重要进展。

(三) 学科交叉与合作研究

当代地球科学的重要特色在于多学科的大跨度交叉。一方面各分支学科在钻研自身领域的基础上,已经发展到相互结合、相互渗透,联手研究地球各圈层之间的相互作用,形成将地球或地球表层作为整体研究的地球系统科学;另一方面,随着数学、物理学、化学、生物学、天文等学科以及技术科学,甚至社会科学与地球科学相互结合,随着各种高、新技术的引进,地球科学日新月异地发展,新的学科生长点、新的交叉领域不断涌现,为地球科学带来新的生气。

我国地学界很早就注意到多学科、跨学科研究的新方向,并采取有力措施鼓励这种新方向的发展。然而,无论是20世纪50年代由苏联引进的单学科专门人才的培养模式还是90年代仍然大体保持原样的科研组织格局,都不利于学科的真正交叉。我们不乏学科的大项目和囊括各项分析的"综合研究",而其实质只不过是经费或样品的分割机制,并未涉及各学科学术问题的相互渗透、相互交流。与前沿领域的国际讨论相比就可以看出,我国的"跨学科"项目或者会议,其实还只是不同学科的并列,很少能深入理解对方学科的学术问题。

为了适应当前跨学科研究的迅速发展,国际学术界有不少措施,诸如综述性学术刊物、面向其他专业的著作、供自学新学科用的视听读物和新领域短训班等,可惜在我国还很少出现。我国不少地学工作者始终不逾地在自己的专业领域中辛勤耕耘,付出自己的年华,也做出自己的贡献;但不少人习惯于"埋头拉车",不善于"抬头看路"。科学发展犹如水流,有浩浩荡荡、汹涌澎湃的主泓,也有淤浅停滞的死水,甚至还有危险的旋涡。如果只知道许多年前自己的专业而看不到当前科学思想的主流,不想去调整自己的航道而一味埋怨别人冷落了自己的研究方向,就容易搁浅或陷入涡旋而不能自拔。

跨学科研究不仅要求各个专业的科学工作者拓宽思路、扩大视野,而且要求有能够深入理解多门学科从而能综观全局的"横向科学家"。这类学者是为数不多的"帅才",要求有运筹帷幄的能力,要求更高,但是也比单学科的"将才"更容易假冒。应当警惕地学界"走江湖"式"人才"的出现。主管方面急于求成,就为这类"人才"的滋长提供了条件。用新名词代替新学科,用贴标签代替跨学科,你要什么他就能炮制什么。这种学术界的"伪劣商品"不仅败坏"跨学科"的名声,还会毒化环境、贻害青年,是要特别提防的。

上述分析归结到一点,就是创造性科学思维问题。科学创造涉及教育思想和东西方文化差异,是一个深层次的题目;同时这又是一个极为迫切的现实问题。科学本来就以创新为特征,地球科学直接面对自然界,更有着无穷无尽的新意。新区的调查,新矿山的发现,无疑都是创新;而从基础理论研究来衡量,只有抓住学科发展中的关键性问题才能有重大的突破。为此,对关键性问题要有深刻的理解,从根本上分析问题的所在,而不是从表面层次去追随"热点";针对关键问题组织观测、实验、检验和修改原来的假设,才是成功之路。缺乏前者,只能为他人的研究提供补充数据,或者对他人的工作做一些小修小改,难以有自己的创造;缺乏后者,只能在没有物理基础的假定条件下用数学方法外延,甚至做不依赖实践的大胆推论而形成所谓的"理论体系"。

可能我们的传统教育方式过于注重服从权威、领会意图,而缺乏创造性启发。不仅对儿童进行管教,而且连市民守则也常常以

"不"字当头,这种以限制为根本的教育系统已经根深蒂固,以致不大容易觉察有不合适的地方。又因为历史的原因,错过了 20 世纪最大的一场地学革命,没有机会亲身体验当时学术思潮的变化,而这种思想方法、研究战略的变革是很难单靠翻译文献引进的。我们注意了先进仪器、设备的引进,却往往不大注意只有深刻理解这些仪器设备产生数据的基本原理,才能够正确运用在科学关键问题上,才能够实现学术上的重大创新。

三、欲速则不达

如果说科学创造思维与东方文化、教育思想的关系,还会见仁见智,还属于可讨论的问题;那么当前存在严重阻碍科学创新的一些风气和做法,则已是毋庸质疑,只剩下如何克服、如何改进的问题。这些弊端几乎都与急于求成有关。个人、单位或领导,希望通过很少的努力,甚至不通过多少努力,就取得学术上的"重大成绩"。无论主观上出自何种目的,此风一开,必然导致真伪难辨、良莠不分,影响所及,不仅真正科学创新的工作受到排挤,而且腐蚀队伍、败坏军心。

最明显的例子来自新闻报道。一些未经证实的发现,在学术界审查之前先在报上发表。"人类的发祥地在中国的溧阳""人类起源时间……至少往前推进到四五百万年""鸟类祖先在中国""我科学家攻克生物演化发展中四大难题之一"……近年来,一些"爆炸性"科学新闻是在"先见报、后研究"的指导思想下出现的,往往在轰动效应之后再进行悄悄"纠正",报上的"重大发现"并不要求学术上的证明。某年我国"基础科学十项成果"之一是据说发现了"距今 1 500 万年……被子植物叶片"的"细胞总 DNA",但至今未见有论文报道。只求"轰动",不讲根据,是治学的大忌。科技新闻是促进和推广科技成果的有力工具,在我国由于开展的历史不长,有一些措词失当是难免的,但无论如何必须在严格的学术基础上进行。以为科学成果也可以通过做"广告"的手法获得承认,或以为通过"宣传"就可以提高我国的科学地位,那至少是一种误会。

不严肃的学风,在期刊论文和学术著作中也属于常见症状。论证不严密,是我国许多学术论文的通病,这其实也是我国地学成果推向国际时常遇到的困难。既无引据又不加证明的论断,可以在国内的许多学报上发表,但不大会被国际学报所容许。编辑部和主管部门都有一定责任。对学报来说,发文章越多越好,并且以此论奖,因此我国的学术论文可能因限于篇幅而不让作者提供原始数据,强迫作者接受只讲结论不讲证据的陋习。近年来,随着地球科学的定量化,统计数据在文献中逐渐增多,但有的作者根本不顾误差范围和可信度,甚至只选取"有用"的数据发表,或把实测值与推想值混在一起作图等,严重损害学术出版物的严肃性。同样问题也发生在引用前人数据、论断或图表时,不加说明,不引出处,甚至有擅自改变国外航次站位编号,以掩盖其来源。这类现象不限于学报,在有些所谓"专著"中更为严重,因为这类"专著"往往是作者出钱付印,根本不要学术审查。我国一部分学报的编辑和审稿工作,也与国际学报差距太大,用三言两语的好话充作审稿,用"公关"代替编辑,那是绝对办不出好刊物的。

学风问题更为严重的,也许是成果评审。由研究单位自行组织的"鉴定会""评审会",评出了不知多少"国际先进"和"国际领先"的研究成果,而且"行情"看涨,前几年"国内先进"就可以满足的,现在得了"国内先进"还感到委屈,这些评价中只要有一半是真的,我国就无疑是国际学术界最强的国家之一。其实,基础研究的成果自有国际文献的客观评价系统,并不是论文油墨未干时,请几位朋友就能作出评价的;尤其是评"国际先进""国际领先",首先应要求评审组成员具有国际先进水平,方才有资格作出结论。而目前这种评审会上廉价吹捧的现象,已经扩展到研究生学位论文答辩中,似乎评审人提问题"难为"学生,就是针对指导教师的。评审工作中的无原则赞扬,是近年学风败坏的重要因素。

以上所述在新闻报道、论文出版和成果评定中的问题,如果作进一步追究,都可以归因于我们的一系列管理办法,因为无论是科研立项、学报评比、成果审定还是新闻宣传,都各有主管部门制定政策、监督执行的。职称评定和奖励评比办法,追求论文数量而忽视质量,使得各系统、各单位纷纷自办刊物,大量刊载不见得代表科学创新的论文;有的主管部门急于求成,好大喜功,又在客观上助长了浮夸不实的学风。同时,这又是科学道德问题。社会主义市场经济的发展和社会分配制度的变更,使学术界正经受着一场新的考验——社会道德、风气的考验。在功利目标的误导下,个别人从粗制滥造发展到弄虚作假,能否及时揭露并遏制此类现象的蔓延,将是涉及我国科学事业能否健康发展的大事。

四、从我们做起

通过以上讨论,可以得出如下认识和建议:

● 我国地球科学近年来国内论文增长的速度并不代表科学创新的进展,尤其在基础理论方面缺乏国际公认的重大突破,这里有客观因素,也有科研队伍内部的原因,其中科学家本身的思想方法和学风问题,科学管理的导向问题,都值得深入探讨。

● 随着认识的积累和技术的发展,地球科学已经从现象描述转向规律和机理的探索,其中学术思想起着关键性作用。我国有相当一部分地球科学工作者至今仍停留在现象描述的"普查"阶段,缺乏以学术问题出发立题,根据问题的需要收集材料、进行分析的习惯。因此,从事基础性研究的地球科学工作者必须了解国内外学术前沿的重点所在,从地方性的研究课题中提取普遍性问题,并积极开展学术讨论与争论。

● 地球科学认识的源泉在于实践、在于地球,而当前出现的一种偏向是轻视实践,轻视野外调查,单纯依靠前人数据的处理,或者单纯依靠概念进行"研究"。特别应当防止青年科学家中不重视野外工作的不良倾向,要鼓励他们带着学术问题投入实践,培养从实践中检验假设和发现问题的研究方法。

● 国际合作在促进我国地球科学发展中起着极为重要的作用,而我国独特而丰富的自然条件,也为许多国际热点的研究课题提供了材料。当前在合作中应当积极参加"深加工"的研究,通过合作形成自己的学术队伍和特色,尽量避免单纯的"初级产品"出口、由外国加工的合作形式。

● 学术著作中的不严肃态度和科技新闻报道中的夸大失实,是学风败坏的常见症状。应当提倡"就地消毒"的办法,在学报和报刊上展开批评和讨论,揭示学风不正和报道失实的现象,绝不应当听任泛滥或者姑息养奸。应当坚决支持敢于站出来批评不良现象的科学家和新闻工作者,而对有意作假的作者应当予以揭露。

● 评审制度中的无原则吹捧,是学风败坏的又一常见病。必须维护科研评审制度的严肃性,基础研究的成果一般不必采用评审会的办法,举办评审活动也应以背对背为主,绝不可以在被评审人盛情接待下举行"评审"。评审中使用"国际先进"之类的用语应当严肃谨慎,国际等级的成果应当提倡国际书面评审。尤其要防范把评审制度中的吹捧恶习传染到研究生论文答辩中,以杜绝对下一代的腐蚀。

我国地球科学有着光荣的传统,我国的自然条件又为地球科学的创新提供了优越的条件。与各国同行相比,我国的地球科学工作者几十年来经受了更多磨炼,显示更加坚韧不拔、献身事业的敬业精神。一旦克服客观条件的限制,摆脱历史原因带来的思想方法上的束缚,必将能更好地发挥创新思维,为世界地球科学作出自己应有的贡献。世纪的交替,正值我国社会变革的高峰,种种挑战和机遇,种种新老的问题,都摆在我们面前。社会的变化历来是不平衡的,让我们这些负有培养青年责任的科学工作者从自己做起,为青年作出表率,努力争取在自己的集体里形成健康的科研"小气候",为促进我国地球科学的健康发展,为我国青年科学工作者早日走上创新之路尽绵薄之力。

　　（本文作者为汪品先、苏纪兰，原载中国科学院地学部中国地球科学发展战略研究组，《中国地球科学发展战略的若干问题》，1998，科学出版社，以及《教育改革与管理》，1999 年第 1 期）

登上了国际深海研究舞台的中国科学家们，还在争取从南海走向太平洋，在大洋钻探的基础上扩大成果，乘胜前进，向下一个目标挺进。

走向海洋之路

从事科教文艺工作的人往往有一种使命感，似乎生来就该干这一行的。我也很难想象，离开了海洋地质，还会有多少乐趣。

其实，在南京路旁边的童年回忆里，既没有山，也没有海，似乎与海洋或者地质都没有缘分。第一次见到海，是 20 世纪 50 年代在克里米亚地质实习后游览黑海。至于站在好望角放眼大西洋和印度洋，从巴厘岛上看太平洋和印度洋之间的海水通道，那又是再过 40 年后的事了。1960 年，古生物专业毕业后，我从莫斯科回国，在分配工作的志愿书上我只写了一个地点——西藏。倒不是思想如何进步，而是听了当时列宁格勒一位 85 岁老教授的话，他年轻时在伦敦博物馆里见过西藏的化石，太漂亮了，你一定要去西藏。分配的结果却是上海，顿时有一种失落感，真是志在天山，身老沧州，不过兴奋点还是有的。上海把我分到华东师范大学，那里新办的地质系要发展海洋地质专业，这是一个新的方向，尽管连一条小舢板也没有。紧接着到来的困难时期，出野外都没有可能，更谈不上出海。成天让大家看书，免得浮肿。幸好当时上海郊区在找天然气，钻井取上的岩芯里有微体化石,虽然小得只有在显微镜下才能看得见,却可以用来划分地层。于是,借助于带回来的一点教材、资料,就分析起微体化石。居然也找到了一点规律,我们的科研集体还得过市里的奖励。尽管这些在当时都属于保密范围而不加声张,却是我通过微体化石分析,向海洋地质迈出的第一步。

光阴无情。还来不及做成什么事,便迎来了"四清"与"文革"。

记得在嘉定马陆人民公社的大宿舍里,劳动之余聊起苏北开始寻找石油,而且还要在海上找油,我们这批年轻教师再也按不住心底的兴奋,起草了一份报告,送上去要求招生。

1970年,真的招了10余名工农兵学员,办起了海洋地质专业。后来国家计委地质局要上海设立海洋地质专业,以配合海上找油的"627工程"时,发现这个专业已经存在。于是,在工、军宣队的带领下,我们这支海洋地质连队从华东师范大学开进同济大学,正式列入国家计划。

全靠"一颗红心两只手"办起来的这个专业,当然没有什么设备,不过海上勘探的开始,为我们带来了黄海海底的沉积物,从中可以分析海洋微体化石。起初,是在吃饭用的大搪瓷碗中泡开这些泥巴,然后在厕所里的自来水龙头下淘洗,加上一台勉强可用的显微镜,就开始向海洋科学"进军"。后来学校把一个闲置的大车间给我们作实验室,由于墙外是公社的垃圾堆,车间里的蚊子苍蝇多得可以用手抓。然而,这里毕竟是我们海洋微体古生物研究的"发祥地"。就在这个车间里,师生们守在显微镜旁,度过了多少个日日夜夜,从东海、黄海的样品中分析了多少万枚微体化石。长期封闭的我们,所做的只是一种普查工作,谈不上真正意义上的科学研究。

转机的来到是在1978年,石油地质代表团访问美国和法国,这是中国地质界"文革"后最早出访西方的活动之一。一个偶然的机会,石油部让同济大学派一名海洋地质工作者参加,而学校又选中了我。记得到达美国丹佛市的时候,接机人群中的一位华人非要找上海人坐进她的车里,说:"几十年没有讲上海话了。"就在这次访问中,看到美国所有的大石油公司和名牌大学都在研究海洋、勘探海洋,发现海洋微体古生物研究还有如此广阔的前景。当时海洋微体生物研究的一个新热点,是只有在电子显微镜下才看得清的超微化石。巴黎的一位法国专家问我:"能不能在信封里沾一点东海的泥巴寄给我?"因为这一点泥巴就足以研究超微化石了。我当然没有寄。一回到上海立即着手分析,在国内发表了东海超微化石的第一篇报告。

科学的渠道打开了,我们的工作上了一个新台阶。用国际的眼光重新整理多年积累的资料,勾画我国陆架浅海微体化石分布的图景。1985年,我们发表的《中国海洋微体古生物学》英文版,引起了许多国家同行的注意,他们想不到中国竟会有如此和国际接轨的成果。10多种国外学报发表书评加以赞扬,其中一家法国刊物书评的第一句话是"中国觉醒了"。与此相应,我们也获得更多机会,参加国际合作。从德国的易北河口到澳大利亚的太平洋海岸,试图比较各大洲河口海岸的微体化石。

但是,这是不是海洋研究的大方向? 与我国"文化大革命"同时,世界的地球科学也经历了一场革命。由美国发起,几个发达国家参加的"深海钻探计划",用一艘特殊装备的钻探船在水深几千米的洋底打钻,探索地球的奥秘。结果证实岩石圈在飘移的"板块学说",从根本上改变了地质学的理论;还建立了一门称为"古海洋学"的新学科,通过海底的微体化石和稳定同位素分析,揭示地球上两极出现大冰盖、海流改道、海水变冷的种种历史。不少国家从事微体化石研究的同行,从雕虫小技的圈子里走出来,转而研究全球性重大科学问题。我们是不是也能走向深海去研究这些更加重要的课题?

"谋事在人,成事在天",还真有个时机的问题。1985年国际"深海钻探计划"结束,"大洋钻探计划"开始。我国学术界组织委员会想促进我国派人上船,争取来中国海区打钻。当时,无论外汇或者科研能力都不容许我们成功。深海研究的计划是一个"富人俱乐部",每年要付出数以百万计的美元,才能成为成员国。随着20世纪90年代的发展,经过院士和专家的反复呼吁,我国终于在

1998年春正式加入国际"大洋钻探计划",每年支付50万美元会费,成为其第一个参与成员国。

　　加入俱乐部并不就是成员,大洋钻探是个开放型国际合作计划,每年6个、每个耗资700多万美元的钻探航次,是经过国际专家的投票,从世界各国提交的大量建议书中择优选定的。能否提出具有国际竞争力的建议书,是能否争取在我国海区实现大洋钻探的关键。1996年根据中国自然条件的优势,我们建议在南海深水区通过钻探检验青藏高原隆升造成季风气候的理论假设。这份登记号已经是484号的建设书,因为击中了国际学术界的热点,在1997年全球竞争中脱颖而出,名列第一,立即安排在1999年2至4月实施。

　　随之而来的是逐个井位的审查、答辩和修改。经过将近一年的忙碌,包括南海在内的6个井位获得通过,我也被邀请担任这一航次的首席科学家。1999年2月12日,当钻探船从澳大利亚西部启航驶向南海时,我在甲板上感慨万千,感到自己终于成为名副其实的海洋地质学家。

图1　1999年南海大洋钻探航次,两位首席科学家在钻探船上(左一为汪品先)

　　总共 10 000 里的航程中,自然环境并没有大风大浪,遇到的尽是人间风浪。特别是南沙的钻探"好事多磨",先是国际政治问题,后是这块外国海图上称为"危险海底"的航道问题,最后又有海盗出没引起的安全问题。船长几次宣布这口井打不成了,而几次都在我国有关部门的支持下,闯过了一个个关口。当年 3 月初南沙开钻,美国船长下令升起五星红旗。这样,中国海区第一口深海科学钻井,终于按照我们的设计,在我们的主持下实现了。当第一筒岩芯取上甲板时,许多人拿着照相机拍照,一位英国科学家问我:"这筒岩芯,你等了多少年?"

　　是的,从长江口起步,到实现大洋钻探的深海探索,我个人经历了 30 多年。从 20 世纪 80 年代争取南海深海钻探算起,中国地学界也已经等了 10 多年。两个月的南海大洋钻探,取上了 5 000 多米质量空前的深海岩芯,提供了 3 000 多万年来环境变迁的连续记录,告诉我们的不仅有南海扩张、海水冷暖的历史,而且记载地球上两极冰盖消长,太平洋水团演替,乃至火山爆发、风尘强弱的海上演义。目前,由全国 8 个实验室组成的研究队伍,正在夜以继日地分析着、研究着这批岩芯,准备在明春国际总结会上"亮相",在航次后分析研究的国际竞赛中一显身手。登上国际深海研究舞台的中国科学家,还在争取从南海走向太平洋,在大洋钻探的基础上扩大成果,乘胜前进,向下一个目标挺进。

(本文原载《上海画报》2000 年第 8 期)

> 一个最简单的标准，真正的科学家应该是全神贯注为科学做事。对他而言，科学本身才是最有趣的，除此之外的事都是不重要的。

科研道德的文化根基

最 近一段时间以来，关于科研道德失范、学术风气不正的问题一直被广泛地讨论着。虽然我没有做过关于这方面的调查研究，但是我确实觉得这是一个整体的社会问题，不是个别问题。所谓整体，不是说所有的人都有问题，而是说，这不是个别人的问题，而是一个社会问题，起码是一种流行病。我们现在看到的种种现象，分析一下其实是一个道理，例如，裁判吹黑哨、歌星假唱、写文章的人剽窃作假等都是同一个问题在不同领域中的反映。我认为，现在确实到了需要社会整体反思这些问题的时候了，而最重要的是找到问题的症结。

我们国家的发展总体形势是好的，是比较成功的。从我的经历来看，从来没有看到中国能这么扬眉吐气过。我们在高校的人，也感觉教育的发展从来没有这样快，学校有这么多经费，国外的人看着都羡慕。但是，在这个好的前提下，我觉得上层建筑没有跟上经济基础的发展，产生了严重的不协调。经济发展本身就带来社会问题，市场经济高速发展所带来的道德代价是相当大的。什么东西都商品化了，人的概念也商品化了，从肉体到灵魂都商品化了，当年马克思说过的一些事，在我们这里又重现了。在这样的情况下，当然就会出现很多社会问题，当然也会影响科学领域。

我认为，一个最简单的标准，真正的科学家应该是全神贯注为科学做事。对他而言，科学本身才是最有趣的，除此之外的事都是不重要的。但是，现在有多少人真正这样想又这样做的呢？对很多人而言，科学无非是"敲门砖"，一个换取好处的手段，他并不见得是真的热爱科学，并不会为了某个问题而真的彻夜难眠，他可能真正担心的是他的钱在哪里，或者他做的这个东西会得到什么奖。这样发展下去，就逐渐失去了科学的本来意义。

科学界的问题不要小看，因为它有一个深层的病根。从历史来看，自从中西文明碰撞以来，我们的文化经历了巨大的变迁，虽然一直能在剧烈颠簸中前进，但相对来说，缺乏一个缓慢的积累沉淀的过程。因为文化是缓慢生长的，而我们却在很短的时间内多次发生剧烈的变动，我们固有文化中的优秀部分也随之丧失。一个民族需要自己的民族精神，中国的文明虽然没有断裂，但却折腾得很厉害，而且折腾的频率逐渐加大。一个人的信念不可以像翻烧饼一样翻来翻去，翻多了会全乱，很多人就没有信念，最后什么东西最实惠呢？不少人就以为物质的东西才是实惠的。

我记得康德说过："人性是神性和兽性的结合。"我们现在的情况是，兽性的部分还在发展，但神性的部分缺失，并在一些领域中演变成虚假的。从这个背景上来讲，现在知识阶层的一些人失去了灵魂的部分，这就造成上层建筑不能和经济基础的发展相融合。以教育为例，思想教育是要把教的最终变成学生自己内在的品质。作为教师，使学生在几十年后还能记得他教过的或者教师自己是怎么做的，才是最重要的，而不是讲一些套话。一个人的脑子，不可能也不应该：想社会问题是一种思维，想自然科学问题是另外一种思维。如果习惯了说套话，那么在科学上他也会自然而然地说套话。这样的思维方式离建设创新型国家所急需的创新型人才的要求是非常远的。

我们现在讲科学(包括科学教育),过多地讲科学本身的结论,很少甚至不讲科学研究的过程。其实,在国外已出版很多这样的书,我们翻译得很不够,而且教师自己也不熟悉。我以为,教书育人,最重要的一点,实际上教的并不是知识本身,应该是教师怎么对待知识,他自己怎么做人的。另外,要告诉学生这些知识是怎么做出来的,这才是最根本的,而恰恰这个方面我们做的比较少甚至没有做。的确,我们也有许多报刊曾报道科学家,但是在"有偿新闻"泛滥,浮夸吹嘘成风的背景下,这种宣传的效果往往并不理想。

我觉得,我们这些年的教育本身就是有问题的。我们国家科学院和大学的分割,本身就是一个很大的失误,做科研的基本上不去教书,教书的人基本上不去做科研。在国外,基础研究都是在大学里做的。其实,一名好的科学家,他必须把他的知识系统化,而授课是最好的系统化方式。反过来,如果一位专业课教师脱离研究的前沿,他就不可能是一位好的教师。

100年前就有人主张"教育救国",那是不现实的;现在我觉得真是需要"教育救国"的时候了。但是,"教育救国"的前提,并不是学校经费多了就好,更重要的是要有一批真正优秀的、为人师表的教师。我觉得中国有几届特别的学生:在抗战的硝烟中完成学业的西南联大的一批,中华人民共和国成立后一直到1956年的那一批和1978年改革开放后招收的第一批,这几届学生都是相当优秀的。教育是有它的规律的,这些经验都值得我们认真总结。

再说,科学界一些老院士、老科学家都有较深的文学基础,很有文采,而中国现在的自然科学界文风太"干瘪",科技工作者的文化素养亟待提高。我们这一代人觉得自己跟上一代科学家相比就已经很差了,怎么现在好些人在文化素养上竟比我们还差?我们不能做"九斤老太",一代不如一代。台湾有些跟我们同年的人,文笔就比我们好。现在文科和理科分离的现象比原来更严重,这将对下一代的教育与培养带来什么后果?

我确实一直在想这些事,我们这些人应该是到了该"倒计时"

的时候了,我虽然不那么老,但觉得自己能活跃的时间并不多了。我有时问自己,剩下的这点时间里究竟该做什么才最有价值? 也许还真的不是我现在研究的课题,虽然我对它非常投入。我总觉得社会应当有一些人先走一步,总要有一些人把问题提出来。我们能做的,也许应该是给社会发出一种不是能常听到的声音,希望这种声音能够被容忍,能够启发更多的人去想一些事。如果我们能够把问题提出来,如果能引起更多人去想这些问题,进而能引起社会上进行讨论,那就更好了,也许比发表一篇宏论更加重要。

(本文原载《民主与科学》2006 年第 5 期,系根据访谈录音整理)

　　　　　　　　　　科技是文化的一部分,难以舍弃
文化其他部分而单独创新。因此,建
设"创新型国家"必然涉及文化整体。

防治创新路上的流行病

伴随经济的发展和国家的决策,我国科学技术的投入达到空前规模,科学创新的努力已经举世瞩目,国外甚至讨论起"中国是不是下一个科学超级大国"的问题(**Wilsdon and Keeley**,2007)。我国的科技界从来没有能像今天这样,在国内精神焕发,在国际上扬眉吐气;科技成果也从来没有像今天这样,如雨后春笋般破土而出,若日新月异般神速进展。如果以 2020 年建成"创新型国家"的宏伟目标来衡量,无论在科技管理层面还是科技界文化层面存在的诸多问题,都使人难以乐观。其中有几种司空见惯、习以为常的现象,是我们走向创新型国家征途上的流行病,迫切需要像对付 SARS 和禽流感那样,唤起全社会的注意,群策群力与之奋斗,不能消灭也要防治。粗粗一想,这类流行病至少有下述三类:

　　第一**"套话"**病。"套话"无所不在,似乎不足为怪,其实这是创新肌体的癌细胞。不可能想象浸泡在"套话"声中的社会,居然会是创新思想和创新成果的产地。"套话"在我国由来已久,在昔依然,于今为烈。历史上它反映我们传统文化中不利因素的一面,现实中它又是近几十年来新弊端积累的产物。"套话"之所以盛行,一种是无话要说，又不得不说，于是以前人之意见为意见，在会上挨个表态，结果必然"套话"连篇；另一种倒是有话要说，只是习惯使然，一定要从伟人指示开始，只要一引权威就立论有据，无须论证就已经正确无疑，即便来的不是伟人，只要官比我大，真理也就大，他的讲话就要"学习领会"；再一种是深知"祸从口出"之虞，于是面面俱到、圆兜圆转，讲了半天还是"欲说还休"。总之"套话"猖獗，从开会到上课，从文件到报纸，无处不受其害。一些长篇大论，要是把"套话"拧干，至多只剩一小段。"套话"派的文字读起来最累人，因为要从哪句话没有说，或者哪句话放在后面说之类的细节中，才能辨别其中的含义。"套话"流毒所至，连自然科学的文风也不能幸免，难怪中国的学术论文往往结论有余，证据不足。

第二**模仿病**。两千多年前的"车同轨、书同文"，是巨大的进步；而今天事无巨细都要求一律，如全国学术刊物规定数字都要写阿拉伯数字，这就会闹出李白诗文也不合规格的笑话。十三亿神州"模仿病"横行，从学校的管理到刊物的标点，都要模仿统一的格式，否则评比就要丢分。这种事事要求按统一模式办的习气，封杀了创新的余地。创新的基础在于多样性，凡事按"样板"做，就只能模仿，不能创新。"百家争鸣"的关键词在于"百家"，一旦归结为敌我"两家"，就没有"争鸣"的余地。中国传统文化中的"黑白"过于分明，缺乏中间层次，历史人物和京剧脸谱一样，"好人"与"坏人"一目了然，没有给观众留下独立思考的空间。西欧科技发展的原因之一，在于其文化既有交流又有区别，芬兰近年来的科技飞跃便是一例。几十年来我们没有少提倡"百家争鸣"，问题在于"争鸣"最终只能以上级意见为准，于是"争论"的三味就成了"看风向"，看谁能摸到最高领导的想法。"模仿病"泛滥的社会里，学术界也是唯"马首是瞻"，学术报告当然就讨论不起来；甚至社会评选"优秀"也有"评中者得奖"，鼓励投票者"顺大溜"。

第三**急躁病**。这是一种新出现的病毒，中国自古讲究"十年寒窗""百年树人",当时此病并不流行。急躁病的显见症状是急于求成。目下科技界言必称"创新",却很少去分析创新的障碍究竟在哪里。我们历来过分相信宣传与学习的功能,以为只要"卫生公约"一上墙,清洁卫生便会蔚然成风;一旦发出"倡议书",广大读者就会欢呼雀跃,其实这是一厢情愿的误会。更何况科学创新不同于献血、捐款,不能靠一时冲动加以实现的。真要建设"创新型国家",必须认真分析创新在深层次上的阻力,研究其来源和克服的办法,才有可能实现。不分析、只号召,是我们的习惯;但创新型国家单靠号召是建不起来的。急躁病另一种表现,是"泡沫式"的创新。由于创新与利益的关系过于直接,染上急躁病的科学家太想创新而不可得,于是就想借助媒体或者依靠公关加以实现,甚至铤而走险,企望"弄假成真",最好连诺贝尔奖金也能用红包换取。这类急躁病预后不良,缺乏内在动力下的"创新"冲动,甚至可能导致触犯刑律的"假创新"。对此类患者来说,守法已属不易,遑论科学创新。

以上所列三种,都是创新路上常见病的实例。科技是文化的一部分,难以舍弃文化其他部分而单独创新。因此,建设"创新型国家"必然涉及文化整体。我国文化发展的道路崎岖。其实,上述常见病既见于科技界,更见于文化界,这里暂且不去追究哪个是发病的源区,但是必须联防、共治才能奏效,创新才有保证。为此建议:

1. 要充分重视建设创新型国家的"软件"。建设"创新型国家"是移风易俗、改革社会的历史重任。我国目前十分重视科技创新的硬件建设,这是极大的好事,但同时也要通过各级政府和全社会的共同努力,注意创新型国家的软件建设和文化层面。

2. 政协以及科协、文联等各个界别,共同发起对我国建设创新型国家的障碍进行历史分析,对妨碍创新的种种流行病害进行诊断与剖析。与发展经济不同,移风易俗要求花较长的时间,而且单靠往上叠加而不分析以往弊端之所在,是无法实现的。只要各个方面共同努力,搬走创新路上的绊脚石,建立创新型国家的前景是十分光明的。

（本文原系 2007 年全国政协第十届第五次会议的书面发言,后在同年 3 月 14 日《科学时报》等处以不同形式刊载,此处是书面发言原文）

同济大学的校徽图案是一叶扁舟
三支桨,这也是海洋学科最好的标志。

当年那一叶小舟

在汉语成语中,"同舟共济"是海洋行业里最为适用的;而在各种校徽图案中,同济大学的一叶扁舟三支桨,也是海洋学科最好的标志。但是 30 多年前,同济和海洋并不沾边。

图 1　同济大学的校徽,一叶扁舟三支桨

令很多人意想不到的是,"海洋"在同济大学中的出现,竟是在"文革"的高潮里。1972 年春,一支"海洋地质连队"开进同济大学,这好比一叶小舟,在翻滚的恶浪中闯进了学科建设的大海。这条小船居然在浪涛中闯过了重重难关,驶入国际科学界的海洋:1975 年挂牌的"海洋地质系",9 年后成为全国高校第一个海洋地质博士点,再过 9 年成为教育部重点实验室,又过 9 年成为国家重点专业;现在成为海洋与地球科学学院,也是我国唯一的海洋地质国家重点实验室,已经面对着西太平洋的大海波涛,成为国际瞩目的海洋地质基地。

要问这条"小船"的来历,得从 20 世纪 60 年代说起。"大跃进"全民找矿之后,上海决定成立"海洋地质系",由华东师范大学地理系筹建,虽然一到困难时期就夭折在襁褓里,却留下一批青年教师。"文革"期间,他们在马陆公社劳动之余,议到国家在上海要上马"627"工程,要在东海找石油,就自发上书领导,要求将下马的海洋地质专业办起来。于是,在 1970 年招生,等到 1972 年国家计委地质局要上海设立海洋地质专业配合找油时,发现已经有了且还招了学生,于是出现了上述迁到同济大学的一幕。

不过,海洋地质要求到海底取样,连一条小舢板也没有的同济大学,搞什么海洋? 好在上海所在的长江三角洲,河口外就是东海,上海地下的钻孔里,就记录着长江口和东海的历史;再说准备石油勘探和进行海洋调查的兄弟单位,已经采集了浅海陆架的海底表层沉积样品。就这样到处"钻营",索取样品,回来后在显微镜下分析沉积物和其中的细小化石——海洋微体古生物,居然找出了一些规律。至于工作条件,事后看来也颇值得回味。一位当时的学生、后来当上美国教授、得了"总统奖"的校友 10 年前回来说,他在课堂上常向美国学生形容当年自己老师的"实验室"——那是一个蚊蝇多得可以用手抓的废弃车间,墙外就是公社的垃圾堆。同济大学向海洋进军,就在那里起航。

30 年前的科学研究,与今天真的不一样。作为学校的老师,既没有人来问你的"研究业绩",也没有地方申请"研究基金",更何况"拿起笔,做刀枪"歌声的余音还在绕梁,校园也不是钻实验室、看外文书的地方。不知道是浩瀚大海气魄的感召,还是"同舟共济"精神的熏陶,同济这群年轻人就这样在如此困难的条件下埋头苦干,从浅海的表层沉积样品和长江口的岩芯入手,跨出海洋研究第一步。等到 20 世纪 70 年代末期,大庆油田为解释储油层的河成砂岩,需要长江三角洲沉积模式作比较时,同济大学的海洋地质科研才受到国内重视;要等到北京成立海洋出版社,在 20 世纪 80 年代初印出同济微体古生物研究成果的专著,引起德国出版社注意而发行英文版,才赢得国际关注。当时国外十几家刊物做了书评,"中国觉醒了"是一篇法国书评的第一句话。

与陆地不同,海水是全球相通的。海洋科学的基础研究,究竟是与国际接轨、走国际合作的路,还是关起门来自己干,是一个有决定意义的选择。1978年我有幸随石油部组团到美国和法国进行两个月的科学考察。记得访问第一站巴黎,我就受到秘书长两次批评:一次是与法国微体古生物学家单独交谈,没有第三者在场;另一次是在与法国翻译谈话中,走在团长前面下了车。30年前国际交流的规矩,今天听起来有点好笑和奇怪。但是,毕竟这是极好的机会,作为"文革"后同济大学访问欧美的第一位教师,接触了海洋地质的国际前沿。考察后,请权威教授来同济大学讲课,成为行内最早的国际学术讲习班之一。后来又办了两届五年制的本科教学,新生第一年除了政治外,只学英语一门课,为探索新路做了尝试。中国海洋科学与国际差距太大,不大可能采用常规途径赶上。当时海洋地质系的种种试验,为后来走上国际舞台作了准备。

但是20世纪晚期地球科学的突破主要来自深海,"板块理论"就是一例。我们自己没有手段,能不能参加国际合作,也去研究深海地质? 1985年"国际大洋钻探计划"启动,中国科学家们心潮澎湃,赶紧组织委员会并上报领导,要求加入这项规模空前的深海国际合作,但在当年外汇奇缺的条件下,只能是一场空想。在这之前,国际海洋地质学泰斗、已故的美国艾默里教授来访,我请教了他一个问题:"假如你是中国人,研究海洋地质会选什么题目?"他想了想回答说:"我会收集中国古代的文献资料,研究潮汐的变化。"在这位前辈的眼里,既无设备又缺经费的中国,只能从故纸堆里挖掘成果。

尽管如此,我们还是找到了进军深海的途径:发挥自己的长处,用国外样品研究我国的深海问题。我们间接地要到了美国在南海取得的深海沉积样品,从微体化石分析入手,在剑桥大学的合作下,于1986年建立起南海第一个古海洋学剖面,找到了南海古海洋学的特点,踩上了国际前沿的门槛。1988年,由同济大学发起的国际学术大会在同济校园里举行。1994年春,中德合作的古海洋学专题航次在南海进行,第一次用高分辨率研究的方法采集深海沉积柱状样,第一次在中国海取得了高精度的深海记录。经过几年的研究,同济大学在此基础上提出了大洋钻探建议书,提议在南海打钻探索气候变化的历史。这份建议在 1997 年国际竞争中获得全球评比第一名。于是,在 1999 年春就实现了在中国海首次进行的大洋钻探,取得了西太平洋海区最好的深海古海洋学记录,第一次建立了南海 3 000 万年环境演变的序列。2006 年 9 月,国际古海洋学大会在上海举行,同济的"小舟"已经成长起来,已和国际海洋学的巨舰一起破浪前进。

　　(本文为 2007 年同济大学建校 100 周年而作,2007 年 3 月 30 日曾刊载于《文汇报·笔会》)

直到今天,我们的教育和科技体制中还不时觉察到当年科举制度的遗传基因。

研究,研究生,研究生导师

- 研究层面存在三个大问题:一是缺乏创新的文化,二是缺乏创新的精神,三是缺乏创新的战略眼光。
- 德育崇尚信仰,科学贵在怀疑,中国的文化却有过多的相信。我国传统文化的深层次中,存在着不利于创新的成分。
- 科学问题要从根上教学生。研究生教育不仅要教答案,更要教问题。

离新年钟声敲响还有不到 40 个小时,也许是与大家在 2009 年最后一场交流。庄子说:"人生天地之间,如白驹之过隙,忽然而已。"人生就是一瞬间,如果摆正新年的坐标,新年是一个新的开始;如果倒过来,那么新年后是活一天少一天,吃一顿少一顿。今天,我讲座的题目是把"研究生导师"五个字拆开来说,先从研究两字说起,然后讲研究生,最后说研究生导师。

一、研　　究

什么叫研究?

　　中文的词汇很丰富,"研究"两字可以有各种含义。我们做了很多研究,含义其实并不清楚。发表了文章就算研究吗? 有人说,世界上发表的论文95%是浪费了的,回头看看科学的历史宝塔,有用的也就是5%而已。我认为,我们当前的研究存在三个大问题:一是缺乏创新的文化,二是缺乏创新的精神,三是缺乏创新的战略眼光,我就这三点简述我的观点。

　　第一是创新的文化价值。同济大学有一位名誉教授许靖华先生,是我们这行的国际权威,他在苏黎世高级工学院退休时作了一个报告,题目是《为什么牛顿不是中国人》。他的意思是想说现代科学的起源,为什么没有发生在有深厚文化功底的中国,而是发生在英国,确实值得深思。科学创新是文化的一部分,小平同志提出"科学技术是第一生产力",大大提高了科学的价值,但如果我们首先考虑的只是它带来的价值和利益,这样就走味了。科学总的来说还是一种文化,科学家热爱它甚至可以献身。科学能产生价值,那最好,如果眼前没用,我还是要研究,因为我爱好。我们就该用这样的精神去研究科学。回顾现代科学史,英国确实了不起,出了多少开创性的大科学家。例如,英国生物学家、进化论的奠基人查尔斯·罗伯特·达尔文(**Charles Robert Darwin**,1809—1882),他并不上班,没有工资,没有奖金,家里很富裕,太太更有钱,他每天在院子里散步,思考一些科学问题,如果没有人催他,他还不愿意发表他的成果。这种研究风格与我们有很大不同,英国的文化与中国的也不一样;另

图1　英国生物学家、进化论的奠基人达尔文(资料图片)

外,海洋文明和大陆文明在创新精神上也有差异。农耕文明最重要的是稳定,能够代代相传;海洋文明全靠闯荡,蹲在家里没戏。

图2　伦敦南郊的达尔文故居(上)以及他在院中散步、思考的沙子小路
(下)(资料图片)

　　这两种差异导致历史的差别,但是我们不要把责任都推到老
祖宗身上,我们又真正鼓励多少科学创新呢? 中国几十年在搞运
动,学术也可以搞运动,例如,当年宣传陈景润证明哥德巴赫猜想,
引起全国许多人都来攻各种各样的哥德巴赫猜想。德育崇尚信
仰,科学贵在怀疑。德育在于相信,科学却不是这样的。而中国的

文化却有过多的相信,这是农耕文明的缺陷。1955年我到莫斯科大学时,还没有批判斯大林,当时学生写论文先引用列宁的话,然后再说自己的观点。我们"文化大革命"时远远超过了当时的苏联,文章不仅要引用语录,还要用黑体字标出。会看文章的人,凡是见到黑体字统统跳过,因为这些都是引语。应当承认,在我国传统文化的深层次中,存在着不利于创新的成分。直到今天,我们的教育和科技体制中还不时觉察到当年科举制度的遗传基因。

　　第二是执着的精神。这就是唐宋八大家之一欧阳修的话,他说他的文章是在"三上"写的——马上,枕上,厕上。欧阳修"三上"的意思是说,你真的要做科学的话,你就要入迷,而不是临时抱佛脚。我非常喜欢坐飞机时想问题,坐在窗口看着云层,海阔天空想问题,有许多科学的闪光亮点都是在路上闪现出来的。台湾留美物理学家陈之藩写过很好的散文,说通用电器公司在大楼转角处都有桌子和笔,便于科学技术人员有一个念头时可以立刻写下来,免得稍纵即逝。世界上好的成果都不是靠嘴巴吹出来的,而是憋着气写出来的,好的文学作品是这样,科学也是这样。科学家的成绩都不是在聚光灯下的,而是在不为人知的实验室角落里诞生的。王国维先生(1877—1927)曾经提到做学问的三个境界,第一个境界很容易做到,"独上高楼,望尽天涯路";第二个"衣带渐宽终不悔",那时候还能坚持下去,就不容易了;第三个"蓦然回首,那人却在灯火阑珊处",能达到这点的就很少了,这也要看你的运气、你的造化。有的大科学家一生潦倒,身后才被社会承认,由儿子出来介绍他父亲当年的故事。

图3　王国维先生(资料图片)

　　第三,要有一种战略的眼光。不光要低头拉车,还要抬头看路,这就是战略科学家的问题。真正做到抬头看路,要求是很高的,首先要知道路在何方。我是学古生物的,20世纪80年代在澳大利亚跑了半个澳洲的海岸,想研究海岸带的有孔虫,还想做全世界的。好在后来没有继续做下去,有前辈点拨我说这些是"雕虫小技",做得再好又怎么样呢? 20世纪80年代后期开始作古海洋学,这是瞄准深海的,一开始惨淡经营,现在国家重视深海了,而这正是同济大学海洋地质的特色。我们坚持坐冷板凳的精神,终于得到国家的承认。等到我们这个实验室拿到创新团队,成为国家重点实验室后,我们又宣布转向,走出实验室去迎接海上现场的挑战,不能到此为止,抛物线到达顶点后就要走下坡路。

二、研 究 生

曾经请教过一位前辈——英国皇家学会会员,我问:"为什么中国的大学生很强,可是到了研究生阶段却很一般?"

他回答:"这可能就是 education 和 training 的区别。"这话很有道理,要做 training 就连猴子也可以训练,而 education 不一样,它需要启发你去学自己真正想学的。我们的教育体制中,所有的学生都在为考试而念书,并且过分迷信院士等权威。记得当年我对李国豪校长说:"我们研究生的教育是教大学生的办法。"他说:"不,这简直是对中学生的教育。"很多都是用管的办法,而不是靠启发,这是中国教育制度的一大败笔。教育研究生首先要分别对待,因材施教;其次要提供条件,在他研究、写作中去点拨;三要能够保护学生,使其不受流行病的侵扰。

研究生千差万别。"玉不琢,不成器",就是要"琢"。要分析学生的特点,尽可能个体化培养。学生差别太大,但只要是有心做学问的,教师就应该点拨,而不是嫌弃他,也绝不可以随便许愿而误导其终身。学生无非有三类:一类是很拔尖的,一类是很糟糕的,当然大部分是中间层,不好不坏。宋朝的程颢说过:"教学者如扶醉人,扶得东来西又倒。"你如果仔细地教过学生就会明白,你强调这边,学生就往这边歪,总是有偏颇,所以要求教师一个一个分析。要在你身边建立起一个小集体互相帮助,很多学生是从同学(而不是从教师)那里学的。

我觉得教师和学生最大区别就是讲课,我讲你听,而讲课大有讲究。我自己现在的教学办法是每学期只讲五次,要求学生写读书笔记,我会给他们写评语。我认为我这样的教学是对的,你要点拨他,你要看他的路到底怎么走。我每年讲的不一样,每一堂都重新备课,其实备课不仅是为学生听,也是为自己讲,这样条理越来越清楚。在"知识大爆炸"年代,讲一门课是学习这门课的最好办法。专业课教材鱼龙混杂,往往能写教材的人没时间,写不了的人偏偏又出教材。

最后是防止创新路上的流行病,防止讲套话,走邪路。教师要言传身教,要保护学生不受社会的侵扰,不误入歧途。学生平庸点不要紧,可千万别让学生染上一身病,千万别去学那种走江湖的本事。这是教师的责任,当然你的能力有限,但是可以在你能力范围里把小环境搞好。

三、研究生导师

教师是什么?是"传授知识",还是"灵魂工程师"?

恐怕都不是,"灵魂"如何能像工程师那样去设计与制造?知识也不是简单的"传授"。知识的生产传播与物质是完全不同的。例如经济危机牛奶倒入大海,大家大惊小怪。可是,知识"浪费"了就没人提起。其实,知识产品生产出来后绝大部分都浪费了,用到的只是一小部分而已。教师不可能在自己脑袋上接一根电线,接到学生脑袋上,把知识全都传输过去。知识是靠学生自己去获取的,导师要启发学生去思考。

教师和学生的接触中有三点要注意。一是要从根上教学。蹩脚的教师照本宣科,因为没有自己的东西,一位好的教师最后可以把一堂课归结成一幅漫画,蹩脚的教师连标点符号都不敢动。越是大科学家,越是从根上讲问题,越容易懂,这就要求教师自己要钻研科学,不能只照讲义讲。二是要教问题。我在英国碰到一个美国教授,他说他上课从来不教答案,只教问题。因为科学发展到现阶段,真正的问题在哪里,这点一定要学透彻。我自己这辈子走了很多弯路,有很多人说到了退休时才知道"什么叫科学",所以教问题是很难的。现在有了网络、电视,为什么还要学校上课?就在于间接传播的局限性,但如果不利用面对面的优势、学校气氛的优势,那就与函授、自学一样了。最后一点是师生关系。学生就像你的孩子,你确实需要全方位地关心他。教师要有一种不严而威的精神,与学生保持一定的距离,却又让学生敬重你。

四、结 语

中国 30 年来经济的飞速发展确实是世界上的一大亮点,但是上层建筑严重落后于经济基础。如今社会风气非常糟糕,演员假唱、裁判黑哨、科学抄袭……如果这样的社会还叫创新社会,那还真是贻笑大方。社会风气是需要人引领的,而且引领者永远是少数。年轻人需要咬牙坚持,头悬梁锥刺股,年轻时哪怕被人踩到脚底下,蔫了还不死,有这种精神才能做成事。"真善美"三个字,如果第一个"真"字没有了,其他两点都谈不上。同济大学就是要打造一种"真"的校风,如果在各位导师和学生的共同努力下,形成这种特色,这将是对我国教育事业最大的贡献。

(本文系 2009 年 12 月 30 日在同济大学研究生导师培训班演讲的整理稿,曾发表于 2009 年《教育改革与管理》。现文字上稍有调整)

科学本身就是一种文化，科技创新离不了创新文化的背景，尤其是基础研究。

创新的障碍究竟在哪里

——致《文汇报》编辑部的公开信

在5 年前的全国科技大会上，胡锦涛主席提出了"2020 年进入创新型国家行列"的宏伟目标。5 年来，我国对科技投入的增速为全世界羡慕不已，科技成果的数量也已经名列国际前茅。但迄今为止，我们的科技发展还是以跟踪为主，原创性的成果不多，引领潮流的研究更少。一句话：发展迅速，创新不足。在距离目标预定实现之时还剩 10 年的今天，不由得要问：我们距离"创新型国家"还有多远？ 5 年来我们的创新能力增强了多少？ 我国科技创新的障碍究竟在哪里？

无论解答"李约瑟难题"还是"钱学森之问"，都离不开东西方文化的比较。美国院士许靖华先生问道："牛顿为什么不是中国人？"他的答案是"儒家的'忠孝'和方块文字妨碍了创新思维"。而按照梁启超的说法，"最大的障碍物自然是八股取士的科举制度"。以华夏古文化之辉煌而不能产生现代科学，其中确实应当有不利于创新的深层次原因。时至今日，在应试教育和对院士的炒作中，隐现着科举制度的阴影；在迷信权威、人云亦云的习气中，包含着农耕文化保守的基因。东西方文化差异是个百年话题，"五

图1　梁启超先生

四"以来"打倒孔家店"的呼声几度起伏，其中既有把小孩和脏水一起泼掉的粗心，也有着"剪不断、理还乱"的旧情。以往在战争和动乱的岁月里，对此不可能作心平气和的分析；如今大环境已经大不相同，能不能来一次冷静的分析？我国古文化的传统中，哪些是有待继承发扬的东方优势，哪些是习以为常却应当就医的"遗传病"？

"科学技术是第一生产力"的提出，极大地加强了我国科技发展的势头，提高了科技界的地位。但是，当前要警惕的另一种倾向，是忽略科学的文化方面。科学本身就是一种文化，科技创新离不了创新文化的背景，尤其是基础研究。追求真理的热情与好奇心，是创新的原动力，难怪爱因斯坦会说"最快意的事情是神秘"。研究的结果有用，当然极好，但即便你说没用，我还是要研究，因为这就是科学家的追求。如果我们在强调经济发展需求的同时，淡漠了科学的文化层面，而过分倚重物质刺激的效力，就会陷入急功近利甚至弄虚作假的泥潭，使浮躁与发展同步，泡沫与光环俱增。因此，我建议在科技快速前进中勒马反思：我们发展科技的途径，是不是过于偏重了物质，疏忽了精神？

再一个问题是，我们用来促进科技发展的举措，有的是不是有误导性？如在科技成果的评比和奖励中拿文章数目、影响因子作标准，将不可定量的标准"定量化"，这会不会鼓励"短平快"，回避大目标、大问题？现在越来越多地把科学家当明星吹捧，这种科技宣传广告化的做法，就算背后没有金钱交易，也会产生鼓吹浮躁、弘扬肤浅的效果。至于有些单位拿"创新"作标签到处张贴，通过媒体炮制"科技突破"的做法，更加令人担忧，这会不会使"创新"贬值、制造泡沫?

建设创新型国家、实现科技自主创新,是涉及我国能否持续发展的关键问题。今天,我们在心底里挂起倒计时的大钟,数着距离进入创新型国家行列目标所剩天数的时候,重要的是找到问题之所在。按照过去 5 年创新力增长的速度,10 年后的前景不容乐观,亟待采取更加有力的举措,切实提高创新能力。正因为现在是科学发展的春天,我们充满着自信,完全能够不怕揭短,直面缺陷。然而医治的关键在于诊断,为此建议贵报,能不能开辟一方宝地,在学术界展开一场讨论,专门分析"创新的障碍在哪里?"以全社会的力量来促进我国的创新能力。相信在 10 年以后欢庆成绩的回忆里,必定会高度评价这场讨论的意义。

(本文原载 2011 年 1 月 9 日《文汇报》)

怀疑和想象是创新的前提。德育
崇尚信仰、科学贵在怀疑。

直面科学创新的文化障碍

在 提出"创新障碍"讨论的时候就有争议:"这是个不知道谈过多少回的老问题,还会说出什么新意?""问题谁都明白,关键在于行动,光讨论有什么用?"可是,近50天的讨论当中,还真冒出了不少真知灼见,还真发表了几篇换家报纸不见得能登的文章。问题确实是老的,至少谈了十几年,但答案不一定是老的:因为世界变了,中国变了,毕竟"进入创新型国家行列"的目标本身就是新的。

为什么提创新文化

阻碍科学创新的因素确实很多,有物质上的、政策上的、文化上的;但根子还是在文化,这是科学创新的土壤,政策在相当程度上也是文化的反映。各个民族的创新能力相差悬殊,从牛顿、达尔文,到上海世博会英国馆的设计[①],不能不佩服英国人的创新能力。

每个民族都有一种说不太清楚却又无所不在的特征,往往习惯到不能自察,只有与别的民族相比较才能发觉,但又深入血脉之

---

① 上海世博会的英国馆、2012年伦敦奥运会开幕式上的主火炬、横跨泰晤士河的花园桥等经典设计都由赫斯维克工作室完成。赫斯维克是英国新一代富有创造力和原创性设计团队中的先锋人物。

图 1　上海世博会英国馆

中,好比文化细胞里的基因。最突出的例子是犹太人和吉普赛人,虽经千年流散,性格鲜明依旧。创新文化就是属于这种层面的东西,中国要进入创新型国家行列,就得在这样的深层次里反思。

　　创新的障碍可以分为三层:华夏文化有着历史上的辉煌,但在深层次里存在着不利于科学创新的因素;近百年来中国经历的社会动荡和文化反复,对创新形成了新的障碍;而由此产生的当今文化中,也包含着许多亟待改变的成分。讨论中有几位作者不赞成我国古文化有"遗传病"的说法。确实,我们决不能"掉了鼻子还说是祖传老病"(鲁迅语),然而文化确实有自己的传统性。不能否认,从科举制度到今天的应试教育,从"八股文章"到今天的"套话文字",文化上是一脉相承的。

　　如果拿孔子和亚里士多德作为东西方文化源头的代表进行比较,孔夫子谈的主要是社会现象、人际关系;而亚里士多德从物理学到生物学都有兴趣,现代科学之产生于西欧,不无文化历史原因。自然科学的产生,源自对自然界的兴趣和好奇心,并不是为了实用。"地心说"还是"日心说",对生产力并没有直接关系,布鲁诺甘愿烧死是为了追求真理,不是创造财富。但这种兴趣在中国古文化里比较淡薄。中国人感兴趣的一种是孔夫子的道理,这才叫学问。另一种是应用技术,譬如四大发明。清朝末年提出"中学为体、西学为用",这种概念其实保持到了今天:科学技术是作为生产力才需要发展的,基础科学是因为能促进应用研究才应予重视,长期以来"为科学而科学"是受批判的。重物质、轻精神的科学观容易导致浮躁、肤浅,科学不但是生产力,更是文化,对科学有如痴如醉的热爱,才会有不屈不挠的探索,这才能创新。

东西方文化的另一个区别在于权威崇拜。基于农耕经济的华夏文化,特别主张尊师敬祖,学子的任务在于"替圣人立言",只需要引据"子曰""诗云",并不要求科学论证。这与亚里士多德的逻辑证明,"吾爱吾师,吾更爱真理"正好背道而驰。一旦信仰取代了证据、政治预定了结论,就堵死了创新的余地,譬如哥白尼时代的西欧和李森科时代的苏联。今天的中国,虽然不再跳"忠字舞",唱"语录歌",也不再说"不理解也要执行",但是整体说来对创新思维仍然陌生。"怀疑和想象是创新的前提""德育崇尚信仰、科学贵在怀疑"。如果在学术上只会师承、"紧跟",对国内外权威唯马首是瞻、看脸色行事,创新就无从谈起。

文化反思已成当务之急

21世纪初出乎人们意料的变化是中国的崛起。经历了一个多世纪动乱后走上建设道路的中国人,创造了经济发展的奇迹,于是引发了"中国模式"和东西方文化差异的讨论。与100年前不同,这回问题竟然由西方提出。10来年前还在问"谁来养活中国人"的美国学者,最近从2008年中国成功执行"限塑令"和奥运会开幕式上的千人舞蹈讲起,把中国的高效率说成是"集体主义的中国赢了个人主义的美国",建议让中国模式在美国"试运行一天",甚至进一步提升到"思维地理学"来说中美差异。面对这番新奇的议论，我们完全缺乏思想准备。100多年来，所谓东西方文化比较，谈的都是我们的短处，人家的长处，难道现在变了？

谈论东西方文化，比较有底气的还是日本人。日本学者比较"寿司科学与汉堡包科学"之后的结论，是"各有千秋"；他们提出"世界文明800年周期说"，其意思是当今的全球文明中心在东移。而中国不同，我们讨论东西方文化是170年前被鸦片战争逼出来的。面对国破家亡的威胁，有志之士迸发出"打倒孔家店"的呼声，要求实行社会变革，扬弃传统文化。与之伴随的一种特殊现象，是我国百年来快速、频繁的文化反复，"尊孔"和"批孔"就是一例。世界上没有一个民族，会在如此短暂的历史时期里，对自己的主流意识全面否定和再否定，会让是非、善恶的概念，如此频繁地经历180度的翻转。

反复过多的后果，一方面是文化支柱的损坏和精神信念的丧失，另一方面是外来文化和低俗文化的泛滥。文化如同流水，历来从高处向低处流，高度发展的文化向较低文化扩散。而我国对原有文化过度否定，以致人为造成了文化洼地，一旦闸门打开，泥沙俱下一道涌来的外来文化，很快赢得了盲目崇拜；在"洪水"冲击之下，文化反思已成当务之急。历史表明，文化多样性才是创新的最佳环境，相互交流而又相对独立，对外开放又保持特色，如春秋战国时的中国，或今天的西欧。当今世界在文化上的一边倒，并不见得是好现象。

随着亚洲经济的复兴，对东方传统文化的国际地位重新确定已经提上日程，但是我们自己并不知道答案在哪里。百余年来，在战火纷飞的岁月和内部动乱的年代，没有可能心平气和地分析。随着繁荣稳定时期到来，终于出现了文化反思的机遇：中国传统文化中，哪些是必须扬弃的糟粕，哪些是有待发扬的精华？好几位国家科技最高奖得主，都表示他们的创新得到中国传统文化的启发。在新条件下对传统古文化作重新认识和"信息挖掘"，是中国创新路上的"法宝"之一。譬如中国传统文化注重整体,这固然不利于早期分析科学的发展,但对今天的系统科学整合研究,这种思维方式有没有优势可以发扬?

"提倡文化反思,促进科学创新"

当今的中国,正处在令全世界同行羡慕的科学春天。然而要使科学投入变为科学创新,不但要有规划,还要有推进创新文化的系统举措。文化反思,已经成为中国发展到现阶段必须提上日程的国家大事。应试教育不改,科研浮躁症不减,投入再大也不见得能创新。为此建议在今后 10 年里,"提倡文化反思、促进科学创新",把科学与文化结合起来发展。文化反思,要求我们从古到今系统回顾,但这是一个长期过程。从这个意义上讲,《文汇报》的讨论只是起了个头,提出了问题,接下去应当专题研究。估计"创新障碍"讨论结束之日,就是我国进入创新型国家行列之时。与此同时,也有许多促进创新的实际行动不必再"研究研究",只要群策群力明天就可以开始执行。

创新文化涉及全社会和每个人,绝不只是政府的事,但政府在其中起着主导作用。首先是政策、教育体制、科技政策的改进有很大的复杂性,对此可能有一种好办法是放手试点,不一定非要全国一律,更不要封杀地方的积极性,不同风格的形成也许正是创新的途径。同时政府的示范作用至关重要,一旦领导层的讲话开门见山不说套话,社会上的文风自然会焕然一新;一旦不再流行几百人的主席团坐在台上"主持"会议,学校开会时校领导鱼贯入场风光登台的场面,自然也就随之消失。

科教和文化单位,对创新文化最为敏感。导向最重要,学校的特色各有不同,但决不可以去培养扭曲了的"社会人"。担负着科技传播责任的媒体,不少却患有趋同和广告化的通病,把科学家当模特儿宣扬,把研究成果当商品炒作,这种陋习有待主管单位拿出壮士断腕的决心加以纠正。

从文化角度发展科学,重要的发力点在于科普的质量。在知识爆炸的今天,迫切需要将科学进展用非专业的语言进行传播。国外的学报往往对新成果组织点评,对阶段进展展开综述,大型研究计划在设立时就规定有"教育和科普"的举措,更有一些文理兼通的作家精心写作,贡献出科普和科学幻想的精品,而这些都是我们的"短板"。其中的要害在人,我们迫切需要真有爱心的作家和记者投身科学,以满腔热诚去点燃创新文化的明灯。

建设创新型国家,不会是一个各地齐步走的过程。德国以"科学城市"的评比来促进科普,中国能不能也提倡建设创新型城市?举例说,"海派文化"本身就是一种创新,如果能重新定位、去芜存菁,上海能不能在建设创新型城市上争当排头兵?

总之,进入创新型国家行列,是与建设小康国家一样具有历史意义而又不可分割的宏伟目标。那时候的中国不单是经济腾飞,而且在精神上一扫暮气旧习,新意盎然地挺立于世界强国之林,这将是多么令人振奋的前景!

（本文原载 2011 年 2 月 28 日《文汇报》）

> 培养科学家，前提在于点燃少年
> 儿童对科学的热爱，而且是越早越好。

上天　入地　下海

科学的发展，正在使人类自古以来的幻想变成现实。今天的导弹和激光武器，不就是《封神榜》里天上斗法的法宝；地铁里的乘客，不就是行使遁地术的土行孙？而科学家的预测，往往成为后辈努力的指针。例如，1959 年，地质古生物学泰斗尹赞勋（1902—1984）在《科学家谈 21 世纪》中，向少年儿童提出的"下海，入地，上天"，就变成 60 多年后我们国家科技发展的重大目标。只是次序换了，变成"上天，入地，下海"。换得也很确切，我国确实是发展航天在先，进入深海大洋在后。

图 1　地质古生物学泰斗尹赞勋院士

　　一部科学史,其实也就是人类视野和活动空间不断拓宽的历程。如今我们"神舟"上天,"蛟龙"入海,就是紧跟着国际步伐,走向科学探索的前沿。

　　尹老在这篇千余字的短文里,讲的是 21 世纪的地质学,畅想新世纪里人类将深入海底开采矿床,进入太空研究外星地质。今天看来,这岂不就是当前世界科学的真实写照吗? 也许当时尹老料想不到的是,今天海底资源作用如此之大,并由此引起国际纠纷。人类开发海洋,历来都是指海面上的"渔盐之利,舟楫之便",如今海洋开发的重心却在下移:海底石油和天然气的产值,已经超过世界海洋经济总产值的一半;它和海底的"可燃冰"加在一起,有可能会成为地球上未来矿物能源的主体。

　　但是,科学发展的前景属于"战略研究"范畴,为什么要对少年儿童去谈呢? 这就是科学大师的高瞻远瞩。培养科学家,前提在于点燃少年儿童对科学的热爱,而且越早越好。有太多的例子告诉我们:科学家的起点往往是被一则故事、一篇文章,唤起了童年时代的科学热情,从而影响终身。前辈们正是本着这种精神,即使是身处逆境,也不会停止在社会上以及在青少年中弘扬科学精神。

　　这也正是《科学画报》的来源。紧接"九一八""一二八"之后的 1933年,中国第一份图文并茂的科普刊物,在敌寇的炮火与铁蹄声中诞生。80年来,她凝聚了多少代学者的心血,体现了多少位大师的关怀。在 1953 年《科学画报》创刊 20 周年时,竺可桢(1890—1974)演讲中说到"中国实验科学不发达的原因",在于缺乏"科学精神";在 1983 年《科学画报》创刊 50周年时,周培源(1902—1993)比喻她

图 2　我国著名气象学家、地理学家竺可桢院士

图 3 我国理论物理和近代力学奠基人之一的周培源院士

是"通往世界的桥梁",茅以升(1896—1989)则称赞她是科学普及的"开路先锋"。

到今天《科学画报》喜庆 80 大寿,中国出现了汉唐以来又一番盛世景象,科技界也已经完全变样,光是彩图炫目的科普刊物就不知道有多少种,《科学画报》还能当"先锋"、做"桥梁"吗? 除了光荣历史之外,《科学画报》还能发挥什么与众不同的优势?

当然是有的。其实,当前中国科学界所缺的,并不是科研经费,更不是科学刊物,最缺的还是 60 年前竺老说的"科学精神"。今天中国的科学界,多么需要一片净土园地,需要一份高举"科学精神"大旗,洗净铅华、远离名利的刊物。

"科学精神"来自科学的文化层面。"科学有用",才能赢得重视;"科学有趣",才会有为科学献身的志士仁人。布鲁诺捍卫"日心说"在烈火中献身,根本谈不上物质上的追求;达尔文发现"进化论",经过 20 年方才在友人催逼下发表。所有这些,与今天"立项—发表—报奖"的科研三部曲相去何止千里。正是科学的文化层面,蕴藏着创新的原动力。500 年前的达·芬奇,设计过最早的潜水服,如今美国电影导演卡梅隆自费打造潜器,只身深潜万米。可见,"上天,入地,下海"是科学家和艺术家共同的追求,体现着科学与艺术相通的"科学精神"。

如果在当前数不尽的科普刊物中,能够有一家脱颖而出:在介绍科学进展时,她不是转抄传闻、人云亦云,而是科学家本人和社会之间的"直通车",是"通往世界的桥梁";在介绍科学家时,她不是宣扬"朝为田舍郎,暮登天子堂"式的发迹史,而是刻画科学发现的过程,解释为什么其中会有艰难和乐趣相伴共生——那就是对建设"创新型社会"的莫大贡献。

假如这份刊物,也能从当代科学家那里获得几十年前学界前辈那样的关心,这种目标是可以达到的。话说到这里,我们衷心希望《科学画报》能挺身而出,郑重宣布:"这份杂志就是我!"就让这份期望,作为我们献上的寿礼。

（本文原载《科学画报》2013 年创刊 80 周年纪念特刊,2013 年 11 月 26 日《新民晚报·夜光杯》转载）

　　　　　　　　　　　　　科学既是文化又是生产力。

　　　　　　　　　　　　　汉语也是具有创新功能的语言
　　　　　工具。

　　　　　　　　　　　　　要构筑科学和文化间的"桥梁"。

如何重建创新文化的自信心

美国副总统说:虽然中国的理工科毕业生比美国多好几倍,但是没有一项创新来自中国。这番话虽在美国国内也曾遭到反驳,不过也能刺激我们自问:"为什么我国 SCI 论文总数在 4 年前就高居全球第二,而原创性的贡献却少得不成比例?"大家都说是文化层面出了问题,科学的创新精神不足。但光是这句话并不解决问题。

　　"科学创新""科学与文化结合"的议论已经不少,只是收效甚微。当然,文化是个慢过程,跳脚也没用;但问题在于至今还没有对症下药的药方。

　　其实,科学界对科学创新的认识并不一致,至于如何弘扬创新文化就更缺乏共识。中华文化本身不乏创新,当前需要的是把问题挑明,来一次广泛的讨论:如何重建创建文化的自信心?

　　这场讨论不妨从下述三个问题入手。

一、科学究竟是生产力还是文化

　　"科学技术是第一生产力"的提法,极大地提高了科学的地位,迎来了科学的春天。但是,科学又属于文化范畴,是当代文化的重要特色和组成部分。既是文化又是生产力,科学就有两重性:生产力是物质方面,文化是精神方面。晚清的"中学为体,西学为用"中,"西学"指的就是科技,要用的只是其物质方面;"五四"运动提倡"赛先生",把科学看作文化革新的内容,强调的是精神方面。两重性要处理好位置,否则就会厚此薄彼,甚至顾此失彼。

现在要问的是:我们是不是过度强调物质,冷落了科学的文化方面?

科学,特别是原创性科学,往往是出于精神动力而不是追求物质目标。布鲁诺为"日心说"献身并不涉及生产力,达尔文提出进化论也没有考虑提高产量。这种动力来自追求真理的好奇心,研究成果能够有用当然非常好,即使没有用我也要研究,因为这是我的追求。创造需要激情,单纯的物质目标很难产生"吃力不讨好"去做原创性研究的激情,而只会去寻找"成功"的捷径。

当前广大青少年报考理科的比例在减少,科学家评上"杰青"后还坚持一线研究的也在减少,这是不是过度偏重物质层面,导致青少年的科学激情正在下降?

二、汉语在科学创新中是什么地位

我国科学的加速发展,提出了一个紧迫的问题:汉语在今后的科学创新中还有多大用处?我国30来年科学的进展,很大程度上得益于国际合作与交流,其载体就是英语。现在我们最好的研究成果用英语发表,学生学习科学最好用英语教学。展望未来,汉语是不是只在一般文化和日常生活中保留,而应该逐步退出科学舞台?当前高等学府的理科教学,纷纷改用英语授课,采用英文教材;孩子出国留学的年龄越来越小,高级商场的中文招牌也越来越少。这样下去,中国会不会"印度化"?印度的官方语言有印地语和英语,但是科学上只用英语。

历史上通用语言都是随着国家兴衰而变化,科学同样如此。

英文的全球化,是"二战"后美国建立全球优势的产物。当年牛顿写论文用的是拉丁文,爱因斯坦用的是德文,都不是英文。再说世界上最大的语种是汉语,是超过14亿人用的母语,以英语为母语的不足4亿人。在科学主要属于欧美的年代,说汉语的人绝大多数与科学无缘。随着中国梦的实现,世界上最多人使用的语言是不是也能用作科学创新的载体?文化要有多样性,科学作为文化的一部分,其发展的旅程是不是也该有多样性?以汉语作为载体的华夏文化,会不会在深处蕴藏着科学创新的胚体?

现在我们处在一种自相矛盾的境地:为了当前加快科学发展,最好甩掉汉语,全盘英语化;但是从历史尺度着眼,又不该将汉语排除在科学之外。认真地说,这是一个涉及华夏文化前途的大问题。能不能找到一种途径,既能提高英语使用水平、加强我国科学的国际化,又能推进汉语在科学创新中的作用,逐步使汉语成为英语之外,也具有创新功能的语言工具。

三、如何弥合科学和文化的断层

图1　欧洲文艺复兴时期著名画家、科学家、发明家达·芬奇(资料图片)

现代科学是在文艺复兴中产生的,甚至有人说创立现代科学的不是牛顿,而是达·芬奇。许多国家设有"科学与艺术院",两者放在一起。我国不然,从今天的科学院到不久前的高考,都是文理分家,中间有个断层,断层的牺牲品是创新。科学与艺术的共同点,都是创造思维、创新冲动。一旦科学阉割了创造性,剩下的只是"为稻粱谋"的饭碗和向上爬的阶梯。

为促进科学与文化的结合,

我们没有少花力气,包括艺术家为院士画肖像,科学家登台唱戏,但效果并不理想。应该深思的是:我们的社会是不是缺少了什么,才有这种断层?"阿凡达"的导演卡梅隆,两年前用自费建造的深潜器下到深海 10 000 米,创造了单人下潜的世界纪录;译成 40 种语言的《万物简史》,作者布莱森不是科学家,但能生动细致地告诉你大科学家们当年怎样创新。相比之下,我们恐怕缺了一类为科学和文化"构筑桥梁"的人。当然还有政策,发达国家评估大型科学计划或研究机构,有一项标准叫"教育与普及",要向纳税人交代自己的工作,我国是不是也应该引进,去弥合科学和文化间的断层?

图 2　好莱坞电影导演、编剧詹姆斯·卡梅隆单身潜入万米深海底(资料图片)

以上三个问题,希望能引起讨论,最好是争论。我国的媒体除了网上,大多数是没有回声的独白。这一回能不能来个例外,用创新精神来讨论创新?"海派"这个词如果剔除贬义,那就是一种具有创意的文化。我们有理由期待,在上海能够发起一场真正的讨论,在更深的层次探索科学与文化的创新。

（本文原载 2014 年 10 月 15 日《文汇报》,系致《文汇报》编辑部的公开信）

　　科学创新的深层次思考需要文化
滋养,而母语文化就是最近的源泉,最
有可能带来创新的火花。

汉语被挤出科学,还是科学融入汉语

问 题 的 提 出

2010 年,当中国 **GDP** 总量达到世界第二位时,**SCI** 论文数目也上升到世界第二位。虽说数量不等于质量,但无论如何标志着科学水平的上升,而且中国科学界的英语水平也有了空前的提高。回想 30 多年前科技文献全靠各系统的情报所翻译,外宾作报告得请早年归国的老先生出来口译,抚今追昔,真是不可同日而语。

　　30 多年的科学进展,很大程度上得益于国际合作与交流,其载体就是英语。事实表明,英语水平和科学研究水平之间有着密切的相关性,往往英语好的业务也比较好,这对一些需要较多语言阐述的学科尤为明显。优质的研究成果用英语发表,高校的理科教学改用英语授课,已经成为我国当前的主流趋势。如果联想到孩子们出国留学的年龄越来越小,高级商场的英文招牌和广告越来越多,人们不禁会问:一场"去中国化"运动,是不是正在中国悄悄掀起?

　　当今世界,科学界全球英语化的趋势浩浩荡荡,顺之者昌,逆之者亡。君不见曾经力图抵制的欧洲大陆国家,一个个相继接受了科学文献的英语化;而至今未能"并轨"的国家,如我们北边的"老大哥",科学园林正在逐渐凋谢。从科学发展看来,英语的全球化应当受到欢迎。百余年来历次 **Esperanto** 型"世界语"运动所没有做成的事,现在由英语来完成。英语成为全球性语言,"英国国旗无落日"代之以"英国语言无落日",这是历史的产物,不容垢贬,也无须妒嫉。《圣经》里说各族人语言各异,交流受阻,是上帝对人类狂妄得想造"通天塔"的惩罚。假若果真如此,现在英语的全球化倒是这桩旷世奇冤的一种解脱。

30 多年来的发展,已把中国领到了十字路口:中国科学界的英语化应当走到多远? 在科学创新里还有没有汉语的地位?

可以预料,在看得见的将来,中国的科学水平将和英语能力共同提高。如果提高的结果是高层的科学都用英语表达,那么未来中国的科学精英们也会像 19 世纪欧洲贵族用法文一样,即使在自己国内也将用英文进行交流。

这种预测用不着想象,因为早有先例,那就是印度。虽然有印地语作为母语,但是科学交流和优质教育都只用英语。会英语的人在印度只是少数,但这是上层社会(包括科学界)的正式语言。在大多数人并不接触科学的国家里,不失为一种与国际接轨的方式,印度之外还有不少亚洲国家同样采用这种模式。那么,中国科学语言的发展前景,会不会就是"印度化"?

通用语言的历史演变

如果放眼历史长河,也许答案并非如此:因为世界的"通用语言(*Lingua franca*)"是在演变的。各个历史时期都有自己的"通用语"作为国际交流工具,拉丁文曾是罗马帝国的通用语;法文在 20 世纪早期之前,曾是世界的"通用语";而英文的全球化,是"二战"后美国建立全球优势后的产物。其实,直到清朝早期的数百年间,汉字也曾是东亚文化圈的通用语。

科学界的交流语言,也是随着"通用语"而变化的。牛顿的论文是用拉丁文写的,爱因斯坦的论文是用德文写的,都不是英文(图1、图2)。

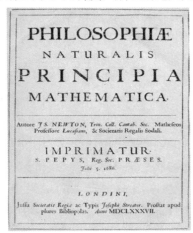

图1 牛顿《自然哲学的数学原理》
(1687年)用拉丁文书写

图2 爱因斯坦论文《论动体的电动
力学》(1905年)是用德文书写

　　历史上的通用语言都是随着国家兴衰而变化,科学界同样如此。相反,不以通用语发表的成果,就会被淹没,虽然也有可能被后人所追认。

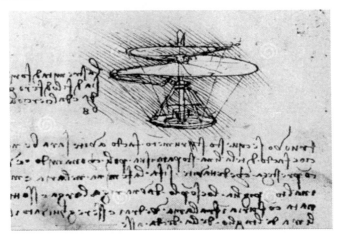

图3 达·芬奇用左手写反字的意大利文稿(资料图片)

　　达·芬奇不仅是艺术家,也是科学家和发明家,但他用意大利文左手写反字,数百年后才被解读。有人认为,现代科学创始人不是牛顿而是达·芬奇,只因他不会拉丁文,不会数学,也没上过大学而被忽视。意大利理论物理学家埃托雷·马约拉纳在微中子质量上作了先驱性研究,并提出马约拉纳方程式,但是他 1932 年文章是用意大利文写的,直到 1966 年才被美国物理学报介绍和评价,使"马约拉纳质量""马约拉纳中子"等名词开始流行。毕竟意大利和英国同处欧洲,意大利文和英文同属印欧语系。相比之下,中文和英文的差距大得多,以至中国历史上的科技贡献要等到 20 世纪由英国人李约瑟来"发现"。近代中国科学家用中文发表的成果中,也不乏先于国外的真知灼见,由于长期封闭和文字阻隔,至今仍然湮没在故纸堆中。

图 4　意大利理论物理学家埃托雷·马约拉纳(资料图片)

　　英文全球地位的奠定,是长期历史发展的结果。先有 19 世纪像达尔文那样科学奠基人的出现,后有"二战"后美国科学在全球的压倒优势。直到 20 世纪 80 年代,相当一部分国际学报还是英、法、德语兼收,至少载有多个语种的摘要,与今天清一色的英语迥然不同。20 世纪末以前,德国要求受其奖励的洪堡学者先学德语,后来也只能放弃,因为德国科学家自己就用英语。法国也许是抵制英语为时最久的国家,但是现在也允许学生用英语答辩毕业论文。

总之,通用语言的交替有着政治经济的背景,占有统治地位的民族也就占有语言的优势。纵观历史,语言文字也是有寿命的,通用语言的主导格局也在变化,只是变化缓慢,其交替的时间需要以世纪计算。当前英语的国际化,同样有其政治经济的背景。如果今后世界格局发生变化,你能保证英语的统治地位永远不会动摇吗?

科学创新与母语思考

当我们为英语全球化唱赞歌的时候,也不免产生一种担心:英语的一语"独大",会不会妨碍创新思维? 科学是世界性的,真理只有一条,但是走向真理的道路不应该只有一条,垄断不利于创新。对于中国来说,如何在全球交流的背景下,保持研究群体的独立性和研究方式的多样性,是我们当前面临的重大挑战。理想状态是既跟国际结合,又保持相对的独立性。春秋战国时的中国,或者现代的西欧,都是既相互交往又各有特色的。孔子在鲁国吃不开了,就可以周游列国;芬兰在西欧可以发挥自己的专长……这些都是在学术上成功的例子。

现在我国有不少单位,从外国文献里找到题目立项,使用外国仪器进行分析,然后将取得的结果用外文在国外发表,获得 SCI 的高分以后再度申请立项。这种循环看起来也是科学的进步,但实际上是外国科学机构的一项"外包业务"。与经济活动一样,发展中国家除了原料输出还可以接受承包,其中包括脑力劳动,如印度那样。美中不足就是缺乏创新,尤其是深层次的创新思维。毕竟外包不要求创新。

科学作为文化的一部分,发展的关键在于创造性思考。科学思考有两类:一类具有重复性,可以是空间和时间上的重复,也可以是主体和受体的重复,这是科学研究和科学教育中最常见的类型,采用何种语言并不重要;另一类是创造性思考,与艺术创作十分相似,在这里文化、语种的差别就特别突出。

科学家不论做研究还是过生活,运用的是同一个脑子,经历的是同一番生涯,两者不可分割。科学家不同于门岗,很难划清上下班的钟点,也不会将科学思考仅限制在办公室里。阿基米德的浮力原理,是在澡盆里发现的;欧阳修作文构思,是在"马上、枕上、厕上",并不在书桌上。智慧的灵感犹如闪光,可以稍纵即逝。据说通用电气公司研究大楼的楼梯口都摆有纸笔,让研究人员可以随时记下突发的思想。

具有突破性的科学思考与文艺思考之间,在创造性上并没有界限。这种思考要求联想、类比,决不以本学科为限。西方科学家喜欢用一幅漫画或者一则幻想来表达自己的思想,喜欢把自己的发现和神话挂钩。奥地利的休斯用希腊女神命名已经消失的古大洋,称为特底斯洋;英国洛夫洛克把地球系统比作希腊的大地女神,提出了"盖娅"学说……欧洲学者能够从传统文化里汲取营养,为科学创新作出贡献,难道说中国的传统文化对创造性科学思考就没有用处?

语言是有深度的,越早学的语言扎根越深。"少小离家"的人,默念数字时用的还是家乡话;学习多种语言的人,学得越晚的语种忘得越快。科学语言归根结底来自生活,来自文化,而母语就是本国文化的载体。联合国规定 2 月 21 日为国际母语日,就是要保护文化的多样性。曼德拉说过:"你用一个人懂得的语言与他交谈,你的话进入他的大脑。你用一个人的母语与他交谈,你的话深入他的内心。"创新思维发自内心。科学创新的深层次思考需要文化滋养,而母语文化就是最近的源泉,最有可能带来创新的火花。

方块文字前途之争

讨论中国科学家的母语,一个绕不开的问题是方块字。方块汉字的前途,是我国知识界争论的百年话题。"五四"运动后推行白话文,拟定注音字母,进一步的主张就是废除方块字,实行拼音化。从历史角度看,世界上的象形文字、表意文字均已消亡,只剩下汉语一支独苗;从科学角度看,国际上的主要成果,无不采用拼音文字表达。因此可不可以说:方块汉字必然淘汰,不确定的只是时间的早晚?

对汉字的批评,首先来自其复杂难学,历史上只为少数人所掌握,因此鲁迅先生把汉字比作"中国劳苦大众身上的一个结核""汉字不灭,中国必亡"。然而60年来的实践表明:通过汉字简化和义务教育,汉字完全可以为大众所掌握,汉字本身并不是造成文盲的主要原因;相反,中国方言之间的差距不亚于一些欧洲语种的区别,方块汉字正是跨越方言阻隔的桥梁,是几千年民族统一发展的产物,也是维系民族统一的纽带。

时至今日,废除方块字的主张不再活跃,流行的一种观点是方块字不适用于科学表达,不如拼音文字那样逻辑分明。因此,汉字可以用于传承文化,而不适用于发展科学。其实,这里混淆了科学发展的传统背景和语言载体本身的特色。国人撰写的学术论文,无论用的是中文还是英文,往往有着论证不严、逻辑不清的毛病,这里既有我国传统文化中不利于科学发展的遗传病,也有在近代封闭条件下形成而至今不能自觉的恶习惯。文字无辜,这些毛病不该记在文字头上。

计算机技术的发展,为各种文字的前途提供了重新排队的机会。对于二进制的计算机编码,一个汉字只相当于两个拼音字母。汉字承载的信息量远大于拼音文字,同一个文本,汉字的篇幅最短,汉字输入计算机的速度也最快。在世界各国的语言中,汉字的数字发音是最简单的。同时,汉字具有直观的优势,发展到书法艺术还可以提供感情的表达。尤为重要的是汉字信息熵最高,有限数量的方块字经过搭配,可以构成无限多的新词;而依靠拼音字母的英文,需要不断制造新的单词才能表达不断出现的新概念。因此,汉字常用的只有几千字,而英语的词汇量早已超过 40 万,在应对新概念大量涌现的科学发展中并无优势。我们尤其不应该忘记,汉语是世界上最大的语种,有人说是超过 14 亿人用的母语,而以英语为母语的不过 4 亿人。在科学局限于欧美的年代里,绝大多数中国人与科学无缘,汉语与科学很少发生关系。随着中国科学的发展和普及,随着世界科学力量布局的变化,为什么最多人使用的语言,就不该用作科学的载体?

　　语言是文化传承的主角,以汉语作为载体的中华文化,在科学创新中应当具有潜在的优势。一种文化能够保持几千年而不衰,其中必有原因。值得参考的是犹太族,3 000 年历史有 2 000 年流离失散,却始终坚守着犹太教和希伯来文,正是在外界压力下形成了犹太人对知识和智慧的重视,才能以 1 000 多万的人口,赢得了世界四分之一的诺贝尔奖。华夏文化同样具有尊重知识和智慧的传统,是不是也在深处蕴藏着科学创新的基因,从而也有问鼎世界科学顶峰的前景?

双语教育和东方文化

　　上面说的都是汉语的优点,但这绝不意味着看轻英语。事实上,中国今天的科学创新,必须在更好掌握英文的前提下进行,提高英语水平仍然是中国科技界的当务之急。本文主张的"双语"要求,只是针对一定职业的人群,其中科学工作者首当其冲。但是,学外语不能满足于所谓的"专业英语",而是要深入生活,直到用外语做梦,才能在国际科学交流中游弋自如。

　　在英语全球化的当今世界,说汉语的人并不享有优势,因为汉语和印欧语系的差别实在太大。我们要比人家至少用加倍的力气去学习语言,即便学成以后撰写文章,还常常被要求"请英语作母语的人修改文字"。但是,从 30 年来出国留学生的业绩看,我们当中相当一部分人完全具有掌握双语的能力。外国人会的我们也会,外国人不会的我们还会,这样才能立足国外。我们在语言上吃的亏,应当用母语文化的优势去弥补,因为这正是他们的不足。近年来,随着经济和文化交流的全球化,"双语"和"多语"的需求日益加强。有人认为,左右两个大脑半球各有分工,既会方块字、又会拼音字可以发挥两个半球的作用。据说会双语的人反应更加灵敏,老年痴呆症发生也会推迟。甚至有人说:"只会一种语言,是 21世纪的文盲。"

对中国人来说,本国文字的传承具有特殊意义,因为这涉及汉字文化圈的前途。用汉字写字,用筷子吃饭,是几百年前日本、越南、朝鲜等东亚国家和中国形成的共同传统,可以看成东亚文化圈的标志。她代表当今世界上两大文明系统之一,也就是我们通常所说的"东方文化"。

东西方文化差异不但在我国热议了至少百余年,也是长期以来东西方学者的共同话题。从莱布尼茨对"二进制"与阴阳八卦的比较,到日本教授写的《寿司科学和汉堡包科学》,都是对东西方思维的探讨。值得注意的是东方思维在新历史条件下的潜力。中国人着重整体性思维,从整体的角度来把握个体和观察事物;西方人擅长个体性思维,从个体上把握整体,对某一个体作精密的逻辑分析。在现代科学建立的早期,从个体分析入手才是发展的正确途径;到现在进入科学集成、系统研究的新阶段,会不会为偏重整体思考的东方文化,正在提供一显身手的新时机?

开辟创新的第二战场

当今的汉语和科学,似乎陷入了一种自相矛盾的关系:为了当前加快科学发展,最好甩掉汉语,全盘英语化;但是,从历史尺度着眼,又不该将汉语排除在科学之外。于是,在科学领域里,汉语面临两种前景,或者是逐渐被挤出科学,只是保留在初等教育和科普中继续使用,或者是将先进科学融入汉语,使汉语成为英语之外,世界科学交流的第二个平台。换句话说,就是以汉语为载体,开辟科学创新的第二战场。

国际的学术交流也和经济一样,国家之间并不平等。发展中国家的科学界受到水平和条件的限制,输出的无非是本地的科学数据和劳动密集型的低端产品;而这些原料和初级产品的"深加工",几乎全都在发达国家进行,产生出影响重大的学术成果。30年来,中国研究成果的水平显著提升,少部分研究工作已经达到或者逼近"深加工"的高度,但是整体上并没有摆脱"发展中国家"的模式。如果中国的 **GDP** 达到世界第二反映了经济实力,那么世界第二的 **SCI** 论文数,决不可以解释为科学研究也已经高踞国际前列,中国的科学界还正面临着向"深加工"方向转型的重大任务。与经济战线一样,这种转型要求在加强"外贸"的同时,也要扩大"内需",建成既有国际交流、又能相对独立的"内贸市场"。物质产品的媒介是货币,交换智力产品的媒介就是语言。如果我们在用美元扩大国际贸易的同时,也在积极推进用人民币结算,那么在用英文加强国际交流的同时,是不是也应当考虑将汉语用作交流语言?

打造以汉语为载体的国际学术交流平台,有着相当广阔的空间。国际顶级学报上有不少华人的名字,以国外单位署名发表文章,他们完全可以请进来用中文交流。中国科学的继续发展,是世界华人用汉语交流的原动力。近年来,不少专业都在以不同形式和规模开展汉语的高层次学术交流会,收到了良好效果。经验表明,用汉语的直接交流特别有利于学科交叉,有利于新兴方向的引入,有利于青年学者视野的开拓。

当前学术刊物"英高中低"的现状是历史产物,相当长的时期内不可能根本改变,但是可以根据学科的不同,有选择地打造高水平的双语刊物,拓展国内外的影响。就像发展产业要有"孵化器"一样,中文平台可以为一些新生的科学思想提供"保护圈",经过检验和培养后再去国际"闯荡"，免得一些挑战国际主流观点的新思路胎死腹中。此外，在当前"知识爆炸"的形势下，介于论文和教科书之间的国际综述刊物越办越多，我国学术界格外需要这种高档次的中文综述文章，不过这必须是学科带头人亲自动手，将国际文献融会贯通以后针对我国读者撰写出来的学术珍品。

可以想象，如果我国的科学研究还能继续快速发展 20 年，一批有重大国际影响的成果必将脱颖而出。如果我们同时也能坚持汉语在科学创新中的地位，就会呈现出一种崭新的局面：一些最初在国内提出的新观点，随后引起国际学术界的热烈议论；一些最初用中文发表的新概念，被译成外文在国外广为流传。发展的结果，必然是科学的精华渗入汉语，使汉语文化获得新生，并且产生出国际瞩目的新型文学和科普作品。近年来，中国语言和文化的国际影响正在扩大，但这种影响不应当限于太极易经和孔孟经书，它更应当反映现代的中国文化，而高科技的高含量正是当代文化的鲜明特色。

对于 100 年后的世界交流语言，今天谁也无法预测，可以肯定的只是对信息技术发展将有深刻影响。"图文字"的拓展和人工智能对翻译的贡献，必将使不同语种之间的交流愈加容易，而不见得会有一种语言"一统天下"。我们希望，百年之后的国际语言交流中，汉语将会获得重要的发言权。

最后让我们回到本文的标题："汉语挤出科学，还是科学融入汉语"这决不是危言耸听，更不是想给刻苦学习英语的青年们泼冷水。恰恰相反，我们想告诉年轻人的是：如果你真想从事科学研究，那除了学好英文外别无选择。所不同的是希望年轻人能够更上一层楼，成为具有双语能力并拥有东西方双重文化底蕴的人，通过科学去促进华夏振兴，而不是蹒跚在世界科学村头，邯郸学步，东施效颦。

（本文原载 2015 年 2 月 27 日《文汇报》）

当年上海率先引进西方文化,与传统文化结合产生了"海派"文化;今天能不能在广泛引进西方文化的同时弘扬民族传统,产生新一轮的"海派"文化?

"海派"文化与科技创新

说到"海派",有人想到的是周信芳的"麒派"京剧,有人想到的是任伯年的"海上画派",也有人想到的是张爱玲的"海派小说",但是绝不会有人想到科学也会有"海派"。科学当然没有"海派",但是"海派"和科学确实有关,关系在于文化。

谈科学的时候提"海派",是因为科学属于创造性文化。创新思维要有"源头活水来",频繁交流,不断更新才利于创新。"海派"文化的长处就在于海纳百川,日新月异。继承固有传统,但不背历史包袱;引进西洋文明,却又不照单全收。正是在这"不中不西、亦中亦西"的夹缝里产生的"海派"文化,才能不按传统规矩出牌,才会具有特殊的活力,而这正是科学创新所需要的。

上海的文化特色是历史形成的。晋朝以来北方游牧民族铁蹄下的历次"衣冠南渡",南宋以来丝绸之路的重心从陆地向海上的转移,都使长江三角洲逐步发展为中华经济文化新的中心,从顾坚的昆腔到徐光启的几何,明朝的上海地区已经在孕育新型文化的土壤。晚清"五口通商"开埠后,作为长三角枢纽的上海逐步成长为中国最大的移民城市,战争的移民潮驱动着东部各省的人才云集申城。而在国际层面,上海几度成为远东经济的大都会,却又不曾沦为单一国家的殖民地,因而又兼备世界层面的文化多样性。

在近两百年文化"杂交"的基础上,上海成了我国近代史上正、反两类新事物的萌发地,她既是冒险家的乐园,洋泾浜英语的故乡,也是中国共产党以及中国科学社的发祥地。改革开放以来,以2010年的"世博会"为标志,上海进一步成为多种文化荟萃的东方明珠。有趣的是,在当前中国发展的新潮中,上海会不会再度发挥"海派"活力,成为"大众创业,万众创新"的龙头?

"海派"这个名词几十年来褒贬不一。光怪陆离的十里洋场,见证过数不尽的社会罪恶;不堪回首的百年沧桑,充满着说不完的国耻家殇。多少传世佳作,刻画过上海天堂和地狱并存、善良和罪孽交错的怪象。但是,今天如果换一个角度进行历史分析,不难发现上海蕴有一种说不清楚但又无所不在的文化特色,一种将中国传统文化与西方文化结合的能力,这也许就是去掉贬义之后"海派"两字的含义。中国的创新,恰恰需要这种富有可塑性、探索性和竞争性的活力。

如果上海能够客观分析自己的特色,分清良莠,去芜存菁,更加清楚地认识自己,就会意识到在中国的创新路上自己肩上所承担的历史责任。

责任之一,就是构筑科技创新的文化中心。建立有国际影响力的科技创新中心,不但要建设科技研发机构,也必须推进创新文化建设。在科学上只有建设独立发展能力,形成自己的学派,才会真正具有国际影响力;在文化上只有将民族传统与先进科技相结合,而不单是重复先哲古训,才能在国际文化竞争中赢得主动权。这些恰恰是上海可以发挥优势的地方。

构筑科技创新的文化中心,可以做的事很多。当年上海率先引进西方文化,与传统文化结合产生了"海派"文化;今天能不能回转身来,在广泛引进西方文化的同时弘扬和推进民族传统,产生新一轮的"海派"文化?例如,构建汉语的国际学术交流平台,组建科学和文化"双肩挑"的队伍,都是可行之举。就像开辟国际金融市场一样,上海在大力推进英语的国际交流之外,还可以开辟"第二战场",打造国际科技交流的汉语"市场"作为补充。又如,科技与文化间的断层,阻碍着创新思维的发展,关键在于缺乏文化与科学"两栖"型的人才,而这又是上海有待发挥的潜力所在。

展望未来21世纪中叶的"海派"文化,将如一颗新星,冉冉升起在西太平洋的上空。文化如水,总是从高处往低处流。那时候的上海,将不再是外来文化排泄的洼地,而是"海派"文化流向各大洲的新兴源头。科学如山,攀登高峰是科学家的永恒追求。那时候的上海,科研将不再是名利场上的垫脚石,而是创新驱动下科学家攀峰的营地。几十年以后的盛世,已经不属于我们这代人。但愿现在的呼吁有助于将来"新海派文化"的产生,而且那时候还会有"无忘告乃翁"的后人。

（本文原载 2015 年第 9 期《科学画报》）

呼吁主管部门认真检查现行评价系统中可能存在的污染源,发挥自上而下的示范和指导作用,为改善科学发展环境作出贡献。

治理科学界的精神环境污染

"发展不能以污染环境为代价",这话本来是指经济发展说的。没有料到,现在这话居然也适用于科学发展。

无论是从横向上与世界各国比,还是从纵向上与任何历史时期比,现在中国的科学发展都处在黄金时期。中国不仅以科学队伍之大、科学论文之多而进入世界前列,而且高引用率的文章也开始名列前茅。中国科技的发展赢来世界各国的赞誉和尊重,但在另一方面,与之俱来的还有科学界精神环境的污染。

回顾改革开放初期乡镇企业的发展,往往就是从引进污染环境的行业起步的。**GDP** 上去了,山清水秀的环境却消失了。不少大城市发展过程中出现的雾霾,也属同一类现象。令人困惑的是,居然科学的快速发展也会产生环境问题,不过不是生态环境,而是精神环境。

其实,道理是一样的:饥不择食。急于提升 **GDP** 就会不顾环境,急于在本地发展科学、建设学科,也会对采取什么途径无所顾忌,尤其不会顾忌对科学界道德水平会有什么恶性影响。但是,这种恶性影响的表现,却比比皆是。

　　一种表现是，在学术界金钱的作用不适当地高涨。科研经费投入的增加，科学人才生活水准的保障，正是这些年来科学发展的基础，无可厚非。但如果忽视精神因素，一味突出金钱，按照论文数量（甚至将论文数目乘以影响因子）发奖金，那就可能使得学术变味、产生误导效应。更大的问题还不在奖金，学生毕业、教师晋升全要靠文章，于是论文作刀代笔，包撰写包发表的黑市场也应运而生，而且已经蔓延到国外。

　　近来出现的"新事物"是学术界高价"挖人"的现象。正当国企领导者削减年薪的时侯，一些学术单位"挖人"的价格却一路飙升，个别地方到了令人瞠目的地步。有的地方为了高速度进行学科建设，选择了超越常规的办法招募人才，以为高楼大厦加上高价人才，就能将学科建设送上高速公路。

　　其实，学科建设是有自身规律的，科学史上很少听说有靠金钱堆起来的学科"暴发户"。再说，读书人在历史上也是有骨气的，当年陶渊明不为五斗米折腰，朱自清不吃美国救济粮，讲究的就是"气节"两字。假如把学者当成待价而沽的商品，那就与科学精神背道而驰，与当年志愿"到最艰苦的地方去"的毕业生相比，差距何止千里！人才工作商品化，其后果是严重的。本来是一种荣誉的头衔，现在成了商品分档的标准，院士有院士的"价码"，"杰青"有"杰青"的"行情"。既然头衔的价值如此高贵，就在客观上驱使一批单位与个人，不惜工本去打造"院士工程"和"杰青工程"。

　　科学界道德水平下降的另一种表现，就是专家评审中的非科学因素作用剧增。专家评审，是科学评价系统中的一种基本形式，长期通行于国内外，在科研立项、成果评价、人事聘用、晋升奖励等方面广泛使用，而选择评审专家的基本原则，一是专业上的权威性，二是具有客观公正的评审态度，能够坚持科学标准。但是，近年来出现的"新事物"，却是被评审的单位或个人，会找到各种途径向评审专家"打招呼"，轻则采用语言方式托人求情，重则动用物质力量将评审人预先"摆平"。采用的形式也不断创新，如果评审的目标重大,那么几年前待评审人就会未雨绸缪,请潜在的评审人光临"指导",等等。更令人吃惊的是,有的地方"打招呼"之风已经演变成为"正常"状态,不打招呼反而成为"异类",会被评委怀疑被评审人是不是"心虚""有问题"。一旦评审过程变质到这种地步,如何还能指望其遵循客观的科学标准?

对科学界的精神建设,多年来我们没有少加注意,各种道德委员会、自律条例应有尽有。但是,环境污染有"隐""显"的不同:对河水发臭、大气雾霾人们有目共睹,而 **DDT** 等杀虫剂的环境污染在 50 年前只有个别人提出警告。① 科学界的精神污染也是一样,对于论文抄袭、成果作假现象是人人喊打,而对学术风气的败坏却被认为是"人之常情",视而不见,提起来也只是摇头叹气而已。

环境治理的关键在于防堵污染源,而科学界的"污染源"在很大程度上正是我们科学界同仁自己。因为我们自己制定的制度本身就可能产生污染,其中包括一些不恰当的政策举措和评价标准。不合理的高薪或者刺激论文高产的政策,源于我们操之过急的学科建设目标;对 **SCI** 论文的片面要求,出自人事管理中的规定。又如临床医生的职称晋升也都要"写"论文,再如招聘合同上规定拿多少工资出多少篇论文。至于一些追求"头衔"的工程,只要将"头衔"和金钱脱钩,釜底抽薪,"头衔"就会自然降温、回归到原来的荣誉性质,这就是"解铃还须系铃人"。

笔者相信,环境是可以治理的。例如,当年联合国制定蒙特利尔条约禁止使用氟利昂,经过各国多年的努力,地球臭氧层保护工作就大有进展。又如,我国曾经流行的说"套话"现象,一度成为创新路上的障碍物,后来经过自上而下加以扭转,不出几年就成效卓著。为此,我们呼吁主管部门认真检查现行评价系统中可能存在

---

① 瑞士昆虫学家保罗·米勒发明了杀虫剂 DDT,因其稳定性、脂溶性、药效普适性等特点,一度大量生产,普遍使用,保罗·米勒 1948 年还曾获得诺贝尔化学奖。1962 年,美国海洋生物学家蕾切尔·卡逊发表《寂静的春天》一书,揭示了杀虫剂破坏环境的后果,方才导致后来全世界环境保护的热潮。

的污染源,发挥自上而下的示范和指导作用,为改善科学发展环境作出贡献。

　　但是,道德不同于法律,不能把责任都推到政府头上。道德建设很大程度上是科学界内部的事,特别是承担着培养人才、指导方向的学科带头人的事。如果在学术界有影响力的科学家,能够站出来发声,而不是选择默认,更不是随波逐流,黄金时期的中国科学界,也有望建成精神环境的模范村。

　　　　　　　　　(本文原载《科技导报》2016 年 34 卷 24 期,卷首语)

科 海 觅 趣

　　人类对时间的研究恐怕远不如空间，既不能像在空间里那样来来去去，也没能找到时间的原子在哪里。

戏说跨世纪

不管是不是"跨世纪人才"，大家都跨进了新世纪。要说，这"世纪"也没有多大道理：凭什么全世界的纪元，要从耶路撒冷某个人的出生算起？何况是否真有其人？有的话，究竟所生何年？至今还在争议。生活里许多界限本来就是人为的，并不如你以为的那样天经地义。要不是两只手上长 10 个指头，也不见得年年选出的都是"十大新闻"，也不见得非要 100 年才算一世纪。看惯了北方朝上的地图，总好像南极是地球的"屁股"，偏偏有位澳洲人倒过来画，南上、北下，让南半球人扬眉吐气，这项设计还真得了专利。就像走过回归线时不必担心会绊跤一样，跨世纪也无须经意，站着、躺着都跨了过去。2000 年"千年虫"那场有惊无险的超级闹剧，大概也碜进了商业炒作才有那么多戏。

不过话也说回来,这回咱们跨的还不只是世纪。寿命长了,人类跨个把世纪没啥了不起,稀罕的是跨千年,起码要十几代人才轮到一番"千禧"。怪不得 2000 年跨了没跨够,2001 年又从头跨起。人类对时间的研究恐怕远不如空间,既不能像在空间里那样来来去去,也没能找到时间的原子在哪里。连个世纪的界线也分不清楚,好像公婆都有道理。① 在空间里,人类已经能够克服地心引力,遨游太空驰骋星际;但是在时间域里却进不到未来也回不到过去,"英雄无用武之地"。只好在科幻作品里过一把瘾,跳进黑洞穿越时空,编造未来世界漫游记。

其实,这真不是一个坏主意,何不在饭后茶余,发挥"虚拟技术",一口气游它几个世纪? 退回 100 年,虚拟旅游紫禁城,说不定会碰上前一年仓惶出逃的慈禧太后,正从西安回来路过烧毁了的圆明园,重新摆出她那副神气。再退 100 年,你会闯到乾隆身后被"赐死"的和珅府上,还在没完没了地清理那抄没了的亿万家底。还往回 100 年那是康熙年间,中国的人口终于突破 1 亿大关,结束了千余年来在 5 000 万左右的徘徊,进入了快速增长期。如果转过身来往前游,看一看 100 年后的上海滩,找一找咱们的同济,也许你看到"东方明珠"塔办起了电视博物馆,孩子们瞪大眼睛看着 100 年前的怪机器;南京路上的旅行社,正忙着办理"迎接 22 世纪月球蜜月旅行"的宇航登记;奇怪的是居然还有"参考消息",报道西方刊物上正在嘲讽那种黄髪染黑的新风气;酒吧间里,聚集着为获得中国国籍而干杯的年轻人——如果那时候地球上仍旧还有国籍……

（本文原载 2001 年元月《同济报》）

---

① 究竟"新千年"应该是 2000 年,还是 2001 年,当时颇有争议,结果是两个新年都有纪念活动。

在日、月、年之上，还有没有更长一点的天文周期，适宜于地球和月亮使用？回答是有的。

编制地球的"万年历"

百年来，人类在时间概念和计时的方法上都取得了极大的进步，成功地将天文计时和物理计时结合起来使用。然而，在地质时间尺度上，至今缺乏统一的天文计时标准。为研究地球系统的历史变迁，迫切需要在日、月、年之上，在地球运行轨道的参数中，寻找更长时间的天文周期，为方便编制地质年代的"万年历"使用。研究的进展表明，近几百万年内可以用 2 万年的岁差周期，而整个地质历史可以用 40 万年的偏心率长周期作为地质计时的"钟摆"。本文回顾历史，展望未来，对地质尺度的时间问题进行综述。

引言:4 千岁还是 40 亿岁

"今人不见古时月，今月曾经照古人"说的是"人"和"月"虽然同时入诗入画，时间尺度上却大不相同。"朝菌不知晦朔，蟪蛄不知春秋"说的是可怜的小型生物寿命有限，听不到晨钟暮鼓，看不见寒往暑来。其实，你我有幸生而为人，既识晦朔又历春秋，比朝菌蟪蛄神气得多,但要与月亮比起资格来,实在是无地自容。

现在知道,月亮和地球大体上同庚,都已经有 40 多亿年的高龄。但这是现在的认识,几百年前,人类或者认为世界永恒,根本没有年龄这一说,或者认为地球、世界的历史不过几千年。流传最广的是爱尔兰大主教 **James Ussher** 的说法,他在 1650 年指出世界是上帝在纪元前 4004 年 10 月 23 日星期天创造的。其实,这"4 千年"并非这位大主教的创新①,耶稣降生时地球只有 4 千岁是当时流行的看法。要等到 19 世纪末发现放射性元素的衰变,才找到通过矿物测年的物理学方法求取地球年龄的新途径②,再经过几十年的努力,得出地球形成于 45 亿年前的数据③,和 **Ussher** 的说法相差五个数量级。如今,人类对时间的视野还在拓宽,不仅认识到宇宙大爆发发生在 137 亿年前④,而且进一步探讨宇宙大爆炸是否属于周期性现象。⑤

当然,人类最关心的还不是宇宙或者地球的年龄,而是与自己生命活动相关的时间尺度。最简单的计时参考系,莫过于昼夜交替和季节更新,这就是日和年,也就是以地球自转和公转为基础的天文计年。再要细一点就可以在日的基础上进一步划分,我国古代就有利用太阳角度定时的日晷,看不见太阳的时候可以用沙漏、水钟定时。不仅中国自古就分时辰,在巴比伦时代还分出了时、

----

① Fuller J.G.C.M., *A date to remember*: *4004 BC* [J]. Earth Sciences History, 2005. 24: 5 - 14.

② Knell S.J. and Lewis C.L.E., *Celebrating the age of the Earth. In*: *Knell*, *S. J.*, *and Lewis*, *C.L.E.* (*Eds.*), *The Age of the Earth*: *From 4004 BC to AD 2002* [M]. Geol. Soc. London, Spec. Publ., 2001, 190: 1 - 14.

③ Patterson C.C., *Age of meteorites and the earth* [J]. Geoch. Cosmoch. Acta, 1956, 10: 230 - 237.

④ Veneziano G., *The myth of the beginning of time* [J]. Scientific American, May 2004, 30 - 39.

⑤ Steinhardt P.J., and Turok, N. *Cyclic model of the universe* [J]. Science, 2002, 296: 1436 - 1439.

分、秒,而且分、秒的六十进位制一直流传至今。⑥

随着社会的进步,尤其是科学技术的发展,人类需要关心的时间幅度已经大为扩展,短到亿分之一秒,长到数 10 亿年。计时的方法和标准也随着大为变化,只是行外人士的概念变化不大,一说到时间,想起的不是手表就是日历。本文就是想从计时概念与技术的进步入手,漫谈人类对时间认识的发展;而且"三句不离本行",重点放在研究地球历史用的时间概念和计时单元。

从天文钟到原子钟

岁月的流逝,推进着人类对时间的认识,提高对时间分辨率的需求。当古人不能以日晷和沙漏为满足时,就出现种种机械计时的尝试,其中一个重大进展是钟摆的发明。尽管伽利略早就注意到用摆锤计时的潜力,第一个钟摆还是要等到 17 世纪中叶,由荷兰人 **C. Huygens** 来发明。与以前任何计时装置相比,摆钟的精确度提高了上百倍,而他随后发明的螺旋平衡弹簧,又进一步提高精度、减小体积,导致怀表的出现。然而再好的钟摆钟,其精度也只能达到每年误差不超过 1 秒⑥,再要提高就需要另辟蹊径。

测时的原理是运用时间上稳定的周期性过程。其实,物理学上周期性过程的时间范围极大,短到普朗克时间的 10^{-43} 秒,长到天文上的 10^{17}—10^{18} 秒,为测时提供了广阔的余地。⑦ 因此完全可以跳出机械运动的范畴,发展其他的物理测年方法。果然,1939 年出现了利用石英晶体振动计时的石英钟,每天误差只有千分之二秒,到"二战"后精度提高到 30 年才差 1 秒。很快,测年的技术又推进到原子层面,1948 年出现第一台原子钟,1955 年又发明铯原子钟,利用 ^{133}Cs 原子的共振频率计时,现在精度已经高达每天只差十亿

---

⑥　Andrewes W.J.H. 钟表的编年史[J].科学,2002,11:54 - 63.

⑦　Audoin C., and Guinot B. *The Measurement of Time. Time, Frequency and the Atomic Clock* [M]. Cambridge University Press, 2001: 335.

分之一秒。

原子钟的发明,从根本上改变了计时的标准——从原来依靠天体运动的天文标准,发展到依靠原子运动的物理标准。按照天文定义,1 秒的时间应当从年、日、时、分、秒的关系求得,1 秒等于 31 536 000(= 365×24×60×60)分之一年。但是天文计时的单位,无论年、月、日,其实都不稳定。为此,1956 年使全球约定:1 秒钟的定义是 1900 年 1 月 1 日 12 时回归年长度的 31 556 925.974 7 分之一。到 1967 年,这种定义已被原子钟的定义所取代:1 秒钟是 Cs^{133} 原子在两个能态之间周期性振荡 9 192 631 770 次的时间[⑥]。

天文钟和原子钟既然原理不同,计时当然也有差异。由于天文周期有不稳定性,时间久了,"原子时"和天文的"世界时"之间产生差异,只好用"闰秒"的办法来解决:2005 年末、2006 年初增加一个闰秒,就是这个道理。

从化石定年到同位素测年

时间概念,不仅向越来越精细、越短促的高分辨率方向发展,而且也在向长久、遥远的大尺度方向发展,朝着地球历史的早期推进。

地质计时,经历了曲折的历史。地质学的建立就从地层学开始,本身就与时间不可分割;然而那时用的是相对年代序列,指的是地层形成时间先后的定性序列,并不在乎定量的具体年代。识别相对地层年代的依据,主要是生物化石,比如三叶虫的出现是寒武纪的开始,恐龙的灭绝是白垩纪的结束,而这寒武纪、白垩纪无非是科学家命名的一种代号,究竟距离今天有多少年并没有测定,而且对早期的地质学来说也并不重要。当时地质学的任务在于找矿,重要的是识别某个时代的地层,如石炭纪地层含煤矿,而鳞木化石指示石炭纪,找到有鳞木化石的地层,就有可能找到煤矿。发展到现在,地质学的任务已经从找矿勘探扩展到环境保护与预测,性质也从现象描述进展到机理探索,定量的时间概念变成了关键,测年的重要性也提升到空前的高度。

　　地质学产生的早期,确实缺乏手段,无从猜测地层的形成究竟花了多长时间,只能从今天的地质过程提出自己的推想。例如,海水中盐来自大陆化学风化的溶解物质,那么根据今天河流向海洋输送溶解物质的速率,就可以算出世界大洋存在的年龄。同样,根据现代的岩石剥蚀作用和沉积作用的速度,可以推算剥蚀出今天的地形、堆积起今天的地层需要花多长时间。前提是这种地质作用的速率不变,就是所谓"均变论"。地质界的"均变论",也为当时的生物学革命所接受,如对生物界的进化,就估计有 10 亿年历史。达尔文在《物种起源》中专门讨论岩石风化的缓慢,推论地质年代数以亿年计。相反的是当时的物理学界,从热力学角度推算太阳的年龄,以及地球从炽热熔融状态冷却固化的年龄,认为地球年龄只有几千万年,绝不会上亿。地学界与物理学界的争论,到了 19 世纪末期放射性元素发现后就有了结论:因为太阳的能量还在不断产生,不能用简单的热量消耗来计算其年龄,所以地质界的估算要比物理学界来得正确。

　　就在 1895 年 **X** 光发现后的第二年,发现了铀的放射性,为利用放射性元素的半衰期测定矿物的年龄开辟新途径:1904 年,**E. Roservelt** 首次从一种铀矿物测得 5 亿年的放射性年龄。现在放射性测年不仅是地质年代学的基本方法,也是天文学界用来测陨石追索太阳系的历史,考古界用来测量出土文物年龄[8]的手段。

日、月、年以上的天文周期

　　归纳起来,人类计时有两种系统:一种是天文计时,一种是物理方法的计时。前面说到,计时是从天文方法开始的,然而天文上的周期性并不像我们外行人想象的那样有规则。以太阳为标准的

---

⑧　Odin G.S.(Ed.)., *Numerical Dating in Stratigraphy*, Part 1 [M]. Wiley & Sons, 1982:630.

天文"日"长度其实并不相等,现在一年之中就差 51 秒;更不用说根据珊瑚化石生长纹判断,4 亿年前一年有 400 多天[⑨],在地质尺度上来讲,地球自转速度是在减慢的。如此看来,用独立的物理方法计时,避免天文计时中的不稳定因素,是极为重要的。

但话又得说回来,尽管有精确物理定义的"秒",我们日常使用仍然是天文计时,仍然是按昼夜作息、按年度预算。因为天文周期实际上也是人类生活环境的周期,其精度一般讲也足够我们日常使用。即使有了原子钟,仍然需要有历法的天文计时。[⑩] 时间长度的不同等级有不同的用途,论资历用"年",发工资按"月",住旅馆算"日",打电话计"分"。基于天文周期的年、月、日,和由此派生出来的世纪、星期、小时等,能够满足人的生命长度与生命活动的需要,使用方便。可是在地质计时中,这些天文周期都显得太短,动不动就要用几亿甚至几十亿年来表示,既不科学又不方便。不科学是我们根本达不到"年"的分辨率,不方便是无缘无故用那么大的数字,就像平时生活中不用年只用秒,每人要数 3 千多万秒过一次生日,活到将近 19 亿秒才可以退休,那就非乱了套不行。

在地质科学产生至今差不多两百年的历程里,我们习惯于"推己及物",把自己计算年龄的单位加给地球。可是既然知道有"今人不见古时月"的尺度差异,我们能不能找一找:在日、月、年之上,还有没有更长一点的天文周期,适宜于地球和月亮使用? 回答是有的。这种周期确实有,而且已经开始使用,这就是地球在太阳系里运行轨道几何形态变化的周期,简称轨道周期。

地球绕太阳旋转,遵照牛顿定律是极其规则的运动。但是,太阳系里还有其他行星,地球身边还有月亮作伴。相互干扰的结果,地球的运行轨道,包括绕太阳公转的黄道和地球自转的赤道面,就会周期性地出现偏差。周期性变化的轨道参数有三种:岁差、斜率

---

⑨　Wells J.W., *Coral growth and geochronometry* [J]. Nature, 1963, 197:948-950.

⑩　余明,简明天文学教程[M].北京:科学出版社,2003:404.

与偏心率(图1)。地球自转轴呈陀螺般晃动,称为岁差;地球赤道和黄道之间的夹角称为斜率,也有周期性变化;黄道呈椭圆形,但有时正圆些,有时扁圆,这就是偏心率。轨道参数不断地在变,只不过我们不加注意罢了;但是,地球运行这种几何形态上的微小变化,都会影响太阳辐射量在地球表面的分布,通过地球气候系统的放大效应,最终可以导致冰期的重复发生。[⑪]

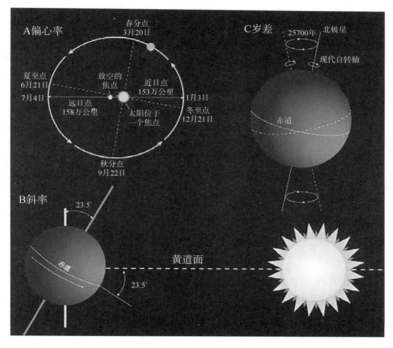

图1　地球轨道运动的三大参数:**A.** 偏心率;**B.** 斜率;**C.** 岁差[⑪]

　　三个参数中最先发现的是岁差:所谓"岁差"就是岁岁有差别,我国晋朝的虞喜就发现冬至点每年有所移动,50年沿黄道西移1°。现在知道这是 21 000 年的周期,具体表现是地球在黄道上到达近

---

　⑪　Ruddiman W.F., *Earth's Climate. Past and Future*［M］. Freeman & Co.,N.Y., 2001, 465 p.

日点的日期逐年变化。从气候角度说,如果地球在夏至到达近日点,冬至到达远日点,一年内季节的差异就会加强;相反,如果冬至到达近日点,夏至到达远日点,气候的冬夏差别就会减少。岁差周期影响气候季节性,所以季风强弱就会有两万年左右的周期。

地球的斜率也在变。现在回归线在 23.5°,这是今天地球的斜率;但是它在 22.2° 与 24.5° 之间变动,41 000 年一个周期。现在斜率每年减少 0.5″,所以北回归线正在南移。例如,台湾嘉义县 1908 年建造的北回归线标志,到 1996 年已经落在北回归线以北 1.27 千米,到 9 300 年后更要相差 90 千米。⑫ 斜率角度增大会使太阳辐射量在高纬区的份额加大,所以对高纬度的气候有重要影响;斜率一旦大于 54°,极地就会比赤道还热。

第三个轨道参数偏心率,它反映的是黄道圆不圆,随着黄道短轴的长度伸缩,椭圆形的黄道有接近 10 万年周期的变化,导致在不同季节中地球与太阳之间距离的不同,但由于这种变化幅度太小,对气候的直接影响可以忽略不计。偏心率影响气候,主要依靠调控气候岁差变化的幅度,偏心率越大,岁差造成的气候变化越大。道理很简单:假如偏心率小到为零,黄道成了圆形,也就谈不上什么近日点、远日点和岁差的气候效应了。

这样,2 万年的岁差,4 万年的斜率和 10 万年的偏心率周期,通过太阳辐射量的时空分布变化影响着地球上的气候。但是与日、月、年不同,这类天文周期时间长、变化小,只有靠地质时期里的长期积累才会有显著的效果。果然,这类天文周期的发现,是在近几十万年来的冰期记录里。

地球轨道和冰期旋回

地质学界会对轨道周期发生兴趣,原因就在于大冰期。2 万年

⑫　Chao B. F., "Concrete" testimony to Milankovitch cycle in earth's changing obliquity [J]. EOS, 1996, 77: 433.

前,世界大陆有三分之一压在几千米厚的冰盖下面,而且这种大冰期曾经在最近 100 多万年来的第四纪里重复出现,什么原因却并不清楚。经过长期争论,终于发现原因在于地球运行轨道的周期性变化。20 世纪早期,塞尔维亚的米兰克维奇(**Milutin Milankovitch**)以北纬 65°N 的高纬区为标准,计算夏季接受太阳辐射量的周期性变化,如果夏季辐射量不太大,北半球高纬区的积雪不会融化,就可以逐渐堆积而形成大冰盖。这项假设提出后遭到几十年的冷遇,直到半世纪之后的 20 世纪 70 年代,深海沉积物的氧同位素分析证明冰期旋回与轨道周期相符,方才得到学术界的承认,这就是所谓"米兰克维奇理论":冰期旋回的原因在于地球轨道参数的变化。[13]

　　既然冰期按轨道周期发生,就可以通过冰期找到计时的标准。全球冰盖的大小反映在海水的氧同位素上,因此深海沉积的地层年代就采用氧同位素分期(**MIS**)来表达,今天属于 **MIS** 1 期,2 万年前的大冰期是 **MIS** 2 期,一直数到 100 多期。但是每次冰期旋回的长度并不一致:早先的旋回 4 万年,是斜率周期;最近六七十万年以来又变为 10 万年一次冰期(图 2)。更大的问题是在地质历史的长河里,极地有大冰盖、气候有冰期旋回的只是少数,多数时间里没有冰期。因此,依靠冰期旋回表达的轨道周期,只能有局部的应用价值。

　　好在地球轨道参数影响太阳辐射量的分布,并不限于高纬区。前面说过,岁差影响气候的季节性,当近日点在夏至的时候季节性加强,季风和季风雨也就特别强盛。在非洲,强大的季风雨可以造成尼罗河特大规模泛滥,洪水流到地中海引起浮游生物的勃发,海底形成富含有机质的"腐泥层"。[14] 季风洪水随着岁差变,所以 2 万年出现一次的"腐泥层",就是岁差的标记。岁差 2 万年一个周期

　　⑬　Hays J.D., Imbrie J., Shackleton N.J., *Variations in the Earth's orbit*:*Pacemaker of the ice age* [J]. Science, 1976, 194:1121 - 1132.

　　⑭　Rossignol-Stick M., Nesteroff V., Olive, P., et al. *After the deluge*:*Mediterranean stagnation and sapropel formation* [J]. Nature, 1982, 295:105 - 110.

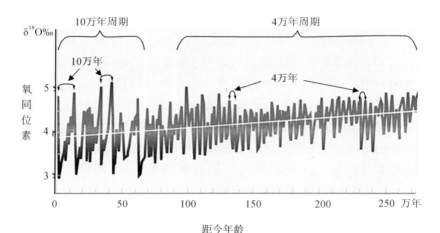

图 2　最近 250 万年来的冰期旋回

可以编号,现在近日点靠近冬至,是岁差的高峰,编为 1 号;1 万年前近日点在夏至前后,是岁差的低谷,编作 2 号。这样从现在向古代上推,一个岁差周期编两个号(岁差高峰单号,低谷双号),大约 180 万年前的第四纪开始就编到 176 号,此前的上新世就从 176 号编到 530 号,相当于 180.6 万年到 533.3 万年以前的一段历史。[⑮] 今天意大利南方的地层,从前就是地中海海底的沉积,里面保留着这些"腐泥层",上面说的编号就是在那里应用,成为地质年代天文计时的一个样板。

　　但是,2 万年的岁差周期,只是近几百万年来的事;由于地球受潮汐磨擦的原因,岁差周期是在变长的。据计算,今天平均 21 000 年的岁差周期,在 5 亿年前只有 17 000 多年。斜率也一样,今天 41 000 年的斜率周期当时也只有 29 000 年。[⑯] 即便在近几百万年,

　　⑮　Lourens L. J., Antonarakou, A., Hilgen, F. J., et al. *Evaluation of the Plio-Pleistocene. astronomical timescale* [J]. Paleoceanography, 1996, 11: 391 – 413.

　　⑯　Berger A., Loutre M. F., Laskar J., *Stability of the astronomical frequencies over the Earth's history for paleoclimate studies* [J]. Science , 1992, 255: 560 – 566.

由于冰期时地球受冰盖载荷的影响,岁差和斜率周期的长度也会受到影响。[⑰] 上面说的用岁差周期作为地质计时单位,只能适用于最近几百万年。由于其时间长度不稳定,岁差和斜率难以成为整个地质时代计年的"钟摆";这种"钟摆"得靠第三个轨道参数——偏心率。

地质计时的"钟摆"——40 万年偏心率长周期

前面介绍地球轨道参数时只说有 10 万年的偏心率,其实偏心率还有 40 万年的长周期,它们都不受潮汐影响,具有稳定性;尤其是 40 万年的偏心率长周期,是天文上最为稳定的轨道参数。[⑱] 上面说过,偏心率主要通过调控岁差的变化幅度影响气候,而岁差变化幅度越大,气候的季节性变化越强。所以偏心率增大,就会加强气候的季节性变化;假如偏心率等于零,岁差对季节性的影响也就等于零。这种作用在低纬度区最为明显,如地中海按岁差周期出现的"腐泥层",偏心率最小的时期不能形成,只有石灰岩的连续沉积[⑲],因此从远处就可以看出地层的轨道周期来。谓予不信,请到西西里岛一游。那是意大利著名的旅游点,崖岸上石灰岩和腐泥层的韵律,就是轨道周期的记录,其中游泳之后享用日光浴的厚层灰岩,就是 40 万年周期偏心率最小时候的产物(图 3)。

在较老的地质年代里,最容易辨认的是 40 万年长周期,一方面这种长周期造成的气候变化幅度大,便于识别;另一方面时间长度大,对时间分辨率的要求低,容易确定。因此在不同年代的地质记

⑰ Lourens L.J., Wehausen R., Brumsack H.J., *Geological constraints on tidal dissipation and dynamical ellipticity of the Earth over the past three million years* [J]. Nature, 2001, 409: 1029 – 1033.

⑱ Laskar J., *The limits of Earth orbital calculations for geological time-scale use* [J]. Philos. Trans. Royal Soc. London, 1999, A1757: 1735 – 1759.

⑲ Hilgen F.J., *Astronomical calibration of Gauss to Matuyama sapropels in the Mediterranean and implication for the Geomagnetic Polarity Time Scale* [J]. Earth and Planetary Science Letters, 1991, 104: 226 – 244.

图 3　地中海西西里岛崖岸上的 40 万年偏心率长周期

录里都可以适用,被誉为地质计时的最佳"音叉"。[20] 现在,40 万年长周期不仅在 3 亿多年前美国东北的湖泊[21],或者 1 000 多万年来的贝加尔湖[22]沉积中有发现,而且世界大洋的碳储库普遍存在 40 万年的长周期。[23][24] 学术界终于开始明白:这 40 万年周期,是地球

　　[20]　Matthews R.K. and Froelich C., *Maximum flooding surfaces and sequence boundaries: comparisons between observations and orbital forcing in the Cretaceous and Jurassic (65 - 190 Ma)* [J]. GeoArabia, Middle East Petroleum Geosciences, 2002, 7(3): 503 - 538.

　　[21]　Olsen P.E., *Periodicity of lake-level cycles in the Late Triassic Lochatong Formation of the Newark Basin (Newark Supergroup, New Jersey and Pennsylvania)* [J]. In: Berger, A., Imbrie, J., Hays,J., et al.(Eds.), Milankovitch and Climate. NATO ASI, 1984, C126: 129 - 146.

　　[22]　Kashiwaya K., Ochiai S., Sakai H., Kawai T., *Orbit-related long-term climate cycles revealed in a 12-Myr continental record from Lake Baikal* [J]. Nature, 2001, 410: 71 - 74.

　　[23]　汪品先,田军,成鑫荣等,探索大洋碳储库的演变周期[J].科学通报,2003:48,(21):2216 - 2227.

　　[24]　Wang Pinxian, Tian J., Cheng X., et al. *Major Pleistocene stages in a carbon perspective: The South China Sea record and its global comparison* [J]. Paleoceanography, 2004, 19, PA 4005, doi.10.1029/2003PA000991.

上气候变化中一种最基本的"节律"。地球上大部分时间没有大冰盖,那时候气候变化主要受低纬度区控制,因此岁差和调谐岁差变幅的偏心率周期,就显得格外重要。过去轨道周期的研究大多局限于第四纪晚期的冰期旋回,那是地球历史上非常特殊的时期,而且总共只有几十万年,当然看不到长周期。

于是,有人建议将地质时期按 40 万年偏心率周期编年,具体说是用偏心率最低值作为一个 40 万年周期的标记,从新到老来编号排序。[25] 从最近一个偏心率最低值,也就是 1 万年前起算,编号为"1",那么往前数,北半球冰盖的形成应当在第"7"期,地中海变干发生在第"16"期,等等(图 4)。再往前,6 500 万年前白垩纪末恐龙灭绝,按偏心率长周期就是"162"期;距今 14 500 万年的侏罗纪末,就是"360"期。

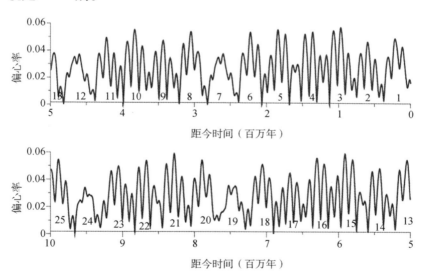

图 4　最近 1 000 万年内偏心率长周期的编号

㉕　Wade B.S. and Pälike H., *Oligocene climate dynamics* [J]. Paleoceanography, 2004, 19. PA 4019, doi: 10.1029/2004PA001042.

　　总之,地质界已经在日、月、年之上,提出更长的天文周期用于计时,一个是大体2万年的岁差,一个是40万年的偏心率。其中40万年周期适用于整个地质历史,是最有希望的地质计时单位。当然这里的计时全是指地质尺度,无论是人寿保险,还是工程设计都决不会采用这种计时单元,但是对地质历史和环境演变的研究说来,却是找到自己的"钟摆"。

结束语——翻开地球的"万年历"

　　就像现在,有了原子钟还要有历法一样,地质历史的同位素测年,无法替代天文周期的计时。因为同位素测年可以求出时间长度,却提供不了天文周期反映的环境变化韵律。不管短到日、年,还是长到岁差、偏心率,都是环境韵律的标志。古人"日出而作,日入而息",因为白天便于耕种,黑夜宜于睡眠。岁差低谷时地中海形成"腐泥层",偏心率低值时堆积石灰岩,这也是天文周期,只是你我寿命太短,不通过专家的研究看不出来,与"朝菌不知晦朔,蟪蛄不知春秋"是一个道理。因此,将天文周期引进地质年表,其意义不仅在于提高地质年代学的精度,还有助于理解地质过程的机理。

　　可以预见,未来的地质年表,既有同位素测年的数据,也有天文周期——主要是偏心率长周期排序的"年龄"。只有理清地质历史上的周期性,才能编制地球的"万年历"。而一旦掌握这种"万年历",其影响将远远超出地质学的范围,因为人类对大大超过自己生命长度的变化了解实在太少。今天面对"温室效应"疾呼"全球变暖"的学术界,30年前曾经鼓吹过"下次冰期"即将降临;直到现在,下次冰期究竟什么时候来,预测仍然大相径庭,有的说还得5万年,有的却说已经在来临。分歧的原因是不了解轨道变化究竟如何影响地球上的气候,尤其对如何影响碳储库,至今众说纷纭。[26]40万年偏心率既是季风的周期、风化作用的周期,又是大洋碳储库

　　㉖　汪品先,气候演变中的冰和碳[J].地学前缘,2002,9,(1):85-93.

的周期,很可能还是海平面升降的周期。今天的地球正在经历着 40 万年偏心率周期的低值期,大洋碳储库的反应也早已出现,当务之急是要去解读这种长周期变化的环境意义。[27] 不认识地质时期里冰期旋回、碳储库变化周期与轨道参数的关系,要对未来环境长期变化趋势作出科学的预测,是不现实的。

研究天文长周期,不单是地质学请教天文学;相反,天文学也会得益于地质学。天文周期的计算,在时间上有着一定的极限;[18] 过于古老的天文周期,天文学已经无能为力,只能将来从地质纪录里去寻找,靠地质学提供。利用地质纪录推测轨道周期的作法,不但有了初步尝试[28],而且还在地外星球的航天探测中使用。火星极地上发现有 2 500 米厚的冰盖(图 5),冰盖上的亮、暗条带表明有冰

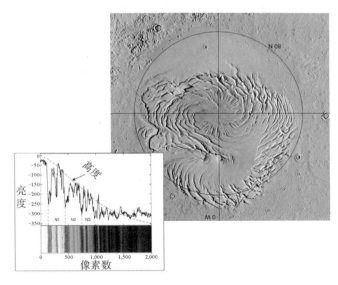

图 5　火星上的北极冰盖及其亮度条带显示的冰期旋回

　㉗　Wang Pinxian, Tian J., Cheng X., et al. *Carbon reservoir change preceded major ice-sheet expansion at the Mid-Brunhes event* [J]. Geology, 2003, 31: 239－242.

　㉘　Pälike H., Laskar J. and Shackleton N.J., *Geologic constraints on the chaotic diffusion of the solar system* [J]. Geology, 2004, 32: 929－932.

雪与尘埃的互层,应当和地球上一样是轨道驱动下冰期旋回的产物。经过计算,求出火星的轨道周期是:岁差 51 000 年,斜率120 000年,偏心率95 000 年至 99 000 年。[29] 至于这结论的准确程度将来如何验证,恐怕你我都不见得等得到。

　　进一步讲,计时和周期的问题同样存在于生物学。演化生物学本来和地质学一样探讨时间问题,而生物大分子进化速率稳定性的发现[30],为生物演化研究的计时提供了标准,为建立演化的"生物钟"创造了条件。[31] 对天文周期,生物界和地球气候系统一样,也会作出自己的反应。现在已经知道,生物个体内要有"生理节奏钟"响应昼夜与季节的变化[32],要有内在的"发育钟"机制协调个体发育的生长过程。[33] 那么,在生物界的高层次上,是不是也会有生物圈对天文长周期的响应呢? 这样的问题也许提得过早,在基因层面上研究生物与天文周期的关系,目前还刚刚起步。可以肯定的是,地球"万年历"的编制,天文长周期在不同学科中的引入,必将开拓人类认识世界的时间范围,提高预测长期变化的能力。到那时,尽管还是"不见古时月"的"今人",却能够有声有色地开讲包括地球在内的"太阳系演义"。

（本文原载《自然杂志》2006 年,28 卷 1 期）

---

[29] Laskar J., Levrard B., Mustard J.F., *Orbital forcing of the martian polar layered deposits* [J]. Nature, 2002, 419:375－377.

[30] Kimura M., *Evolutionary rate at the molecular level* [J]. Nature, 1968, 217: 624－626.

[31] 张昀,生物进化[M].北京:北京大学出版社,1998:266.

[32] Schultz T.F. and Kay S.A., *Circadian clocks in daily and seasonal control of development* [J]. Science, 2003, 301: 326－328.

[33] Duboule D., *Time for chronomics?* [J]. Science, 2003, 301: 277.

北冰洋洋底就像一个正在打开的龙宫宝藏，石油、热液等种种资源，等待着人类的勘探与开发。

破冰之旅：北冰洋今昔谈

冰 海 惊 雷

2007 年 8 月 2 日，俄罗斯科考队员乘"和平—1"号深潜器，将一面约 1 米高的钛合金制俄罗斯国旗，插到 4 261 米深的北冰洋洋底（图 1）。这无疑是一次海洋科技的创举，人类第一次下潜到北冰洋的深海海底采样、观测，可惜没有发现肉眼可见的大型生物。应该说，此举的主要影响在于政治。航次由俄罗斯知名北极专家、现任国家杜马副主席奇林加罗夫带队，由"俄罗斯"号破冰船开路，两艘深潜器先后从冰封的海面下水，是一次货真价实的破冰之旅，然而远远超过航次的学术价值并引起举世瞩目的着眼点，在于北冰洋大片海域的国际归属。

事情要从 10 多年前说起。1997 年《联合国海洋法公约》通过之后，俄罗斯在北冰洋的权益局限在 200 海里的专属经济区里，比 20 世纪 20 年代苏联地图上的范围小了许多。2001 年俄罗斯提出：北冰洋海底的罗蒙诺索夫海脊并非国际海底，而是其西伯利亚大陆架的自然延伸，这就意味着以北极为顶点、东起楚科奇半岛、西抵科拉半岛的三角形海区的海底资源权应归属俄罗斯（图 2）。这块 120 万平方千米面积的海区，论面积与黄海、东海的总和相近，论

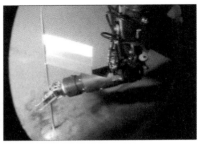

图 1　俄罗斯"和平—1"号深潜器将俄罗斯国旗插到北冰洋深海海底
左:"和平—1"号深潜器;右:北冰洋底的俄罗斯国旗

资源其石油储量估计可能有上百亿桶。

图 2　北冰洋海域归属之争

虚线为 200 海里专属经济区界限,实线为海上国界,深灰色为俄罗斯提出主权的三角形海区;左侧曲线为航海家探索的欧亚"西北通道"

俄罗斯此举,犹如平静的北冰洋上一声惊雷,引起周围各国的强烈反响。加拿大外长说得干脆:现在不是 15 世纪,你不能在世界上某处插上自己的国旗,就声称"我们拥有这片领土"。加拿大派遣巡逻舰并修建深水港,加强其在北冰洋的军事存在。北冰洋周围美、加、俄、丹麦和挪威五国外长加紧开会,磋商北冰洋资源的分享问题。德国提出最大破冰船的计划,建议由欧盟联合建造。虽然北冰洋在世界各大洋中最小、最浅,约 1 300 万平方千米的面积只相当于太平洋的 1/14,水深平均只有 1 201 米,大陆架占据面积 52.9%。[①] 但是,世界各国都不会小看北冰洋:预计它蕴藏着超过 90 亿吨的油气,大约占世界未开发油气储量的 25%,加上全球变暖带来的通航前景,一个繁荣的北冰洋可能正在逐渐向我们走近,而那里国际风暴的序幕可能正在拉开中。

海 冰 大 战

北冰洋规模更大的一次"破冰"壮举,发生在 4 年之前,这就是北极的深海钻探。深海钻探已经有 40 多年的历史,从 1968 年起,深海钻探(**DSDP**)、大洋钻探(**ODP**)和综合大洋钻探(**IODP**)三大计划先后在各大洋进行深海海底打钻,包括 1999 年在南海的 **ODP** 184 航次,揭示深海的奥秘,证实板块学说,引起地球科学革命,但是唯独没有能够到海面冰封的北冰洋底下打钻。2004 年 8 月至 9 月,综合大洋钻探 **IODP** 302 航次进军北冰洋,在水深约 1 300 米、离北极点 250 千米处钻井 4 口,最深一口钻入海底 428 米。这是海洋科技史上的一次创举,因为在深海打钻要求位置固定,而深海大洋无法抛锚,只能依靠动力定位的高技术;而北极周围的海面有 2 至 4 米厚的海冰,以 1/2 节的速度流动着,要顶住海冰的推力而保持位置固定,就成为难题。实现北极钻探的欧洲联合体,用 3 条破冰船协同作战:先由俄罗斯原子能破冰船"苏联"号把大片的海冰压破开路,再由瑞典破冰船"澳登"号把破开的大冰块进一步破碎,才能保证挪威破冰钻探船"维京"号保持原位进行钻探(图 3)。[②] 这场"海冰大战"在技术上是一项创新,在科学上是一个突破:钻探发现今天的北冰洋,原来 5 000 万年前是个生物繁茂温暖

① Jakobsson M., *Hypsometry and volume of the Arctic Ocean and its constituent seas* [J]. Geochemistry, Geophysics, Geosystems, 2002, 3, (5), doi: 10.1029/2001GC000302.

② Stoll M., *The Arctic tells its story* [J]. Nature, 2006, 441: 579 – 581.

宜"人"的湖泊。

图 3　俄罗斯原子能破冰船"苏联"号（上）、瑞典破冰船"澳登"号（中）和挪威破冰钻探船
"维京"号（下）2004 年在北冰洋大洋钻探中大战海冰

　　北极钻探的位置是打在罗蒙诺索夫海脊上，这条穿越北极点
的海脊水深 800 至 1 300 米、延绵 2 000 千米，大体沿着 45°W 至
135°E 一线把北冰洋分成两半，钻井就在 88°N 的北极点附近（图
4）。③ 钻井打穿沉积层进入大陆壳的基岩，取得 5 600 万年到 4 450
万年以及 1 820 万年至今的两段沉积记录，可惜中间有 2 600 多万
年的地层缺失，这是因为罗蒙诺索夫海脊当时水深过浅，由于接近
海平面而遭受剥蚀的结果。④ 在这沉积间断之上的地层，记录了

　　③　Moran K., B J., Brinkhuis H., et al. *The Cenozoic palaeoenvironment of the Arctic Ocean*
[J]. Nature, 411：601－605

　　④　Sangiorgi F., Brumsack H.J., Willard D.A., et al. *26 million year gap in the central
Arctic record at the greenhouse-icehouse transition：Looking for clues* [J]. Paleoceanography, 2008,
23, PA1S04, doi：10.1029/2007PA001477

1 800万年来北冰洋的历史;而间断面之下,4 500 万年前的地层则完全是另一回事:那时北冰洋还没有形成,这段地层的发现就是北极钻探最大的亮点……

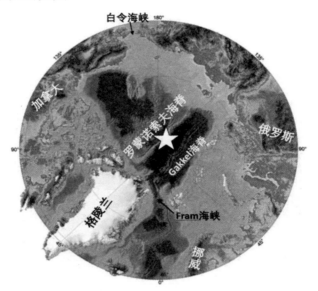

图4　北冰洋海底地形与大洋钻探站位图(图中五角星示 **IODP** 302 航次钻井位置)

北 极 古 湖

原来 5 000 万年前,北冰洋竟是个淡水湖泊。间断面之下的地层基本上都是半咸水的沉积。化石表明:在 5 000 万年前大约长达 80 万年的时期里,水面大量生长满江红(**Azolla**)。⑤ 满江红是一种水生蕨类植物,现在分布在热带、亚热带的淡水里,而满江红的孢子化石居然在北极出现,岂不惊人? 的确,有机地球化学的标志显示当时表层水温总在10℃以上,约 5 500 万年前曾经高达 23℃,简直是

⑤　Brinkhuis H., Schouten S., Collinson M.E., et al. *Episodic fresh surface waters in the Eocene Arctic Ocean* [J]. Nature, 2006, 411: 606 – 609.

亚热带环境。⑥ 当时北冰洋还没有形成，只是一个封闭性的水盆，由图尔盖海、北海等与外海相通。而满江红是淡水植物，最多只能容忍1‰至1.6‰的盐度，其孢子在罗蒙诺索夫海脊钻井中的大量出现，并且有淡水藻类伴生，说明当时极地因大量降水而水体变淡，变成一个暖水的湖泊，理应叫成"北极湖"。满江红孢子也在同时期周围海区发现（图5），推想就是从这个北极湖搬运而来。格外令人注意的是当时北极湖的生产力极高，沉积物中有机碳常在5%以上，甚至高达14%，这种非凡的生油潜力具有极大的政治和经济吸引力。可以猜想，2007年北冰洋海底的插旗之举，与2004年这番破冰之旅的发现不无关系。

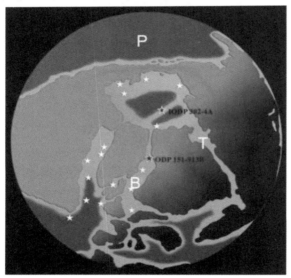

图5　5千万年前的北冰洋和满江红孢子的发现站位（☆）

当时北极是一个湖泊型的封闭盆地，还没有形成大洋型的北冰洋。中灰色示陆地，浅灰色示浅水，深灰色示深水，**T**表示欧亚之间的图尔盖海，**B**表示北海的前身，**P**表示太平洋⑤

　　北冰洋从封闭型的盆地变为开放，从"湖泊"型变为"大洋"型，

---

　　⑥　Sluijs A., Schouten S., Pagani M., et al. *Subtropical Arctic Ocean temperatures during the Palaeocene/Eocene thermal maximum* [J]. Nature, 411: 610–613.

那是后来的事。从今天的地图上看，北冰洋的"前门"开向大西洋，"后门"开在太平洋。与大西洋的通道宽，仅弗拉姆海峡（**Fram Strait**）便有 450 千米宽，海槛深达 2 500 米；而通向太平洋的白令海峡只有 85 千米宽、55 米深（图 4），而且在地质历史上长期关闭。从地质构造上讲，北冰洋三条海脊，只有一条加克海脊（**Gakkel Ridge**）才是活动中的大洋中脊，而它正是北大西洋洋中脊的北段，穿过冰岛之后向北伸入北冰洋的。从水文上讲，格陵兰与斯瓦尔巴德群岛之间的弗拉姆海峡就是北大西洋与北冰洋的深水通道，也是北冰洋的咽喉（图 4）。距今 1 750 万年前的构造运动导致弗拉姆海峡开放，使北冰洋深层水终于摆脱封闭盆地特有的低氧条件，变为大洋型的富氧环境⑦，这时候北冰洋才能晋级而跻身于世界大洋之列。

冰 盖 溯 源

今天的地球，两极都有冰盖。虽然北极现在仅存格陵兰冰盖，与南极大陆冰盖相比显得过于寒碜，但 2 万年前大冰期时大半个北美和西欧都压在几千米厚的大陆冰盖底下，北极与南极的冰盖难分伯仲。其实地球历史大部分时间里并没有极地的大冰盖，现在这种两极都顶个大冰盖的时期不过二三百万年，五六亿年中只有一次，恐怕人类之所以能够演化产生，也正是"得益"于这种特殊条件。然而长期困惑学术界的一个问题，是南、北两极冰盖的产生时间相差为什么如此悬殊：南极冰盖在三四千万年前已经出现，北极冰盖长期以来认为是 300 来万年前方才出现。现在北极的钻探根据岩芯证据，纠正了以往的认识。道理很简单：如果北极有冰盖发育，就会有大小不规则的冰积物，随着冰盖破碎产生的冰筏带到海里。北冰洋的冰筏沉积最早出现在 4 500 万年前，与南极冰盖的出现基本上同时；到 1 400 万年前，北冰洋钻孔中的冰积物显著增加，

---

⑦ Jakobsson M., Backman J., Rudels B., *The early Miocene onset of a ventilated circulation regime in the Arctic Ocean* [J]. 2007, Nature, 447: 986–990.

这又与南极东冰盖在 1 450 万年前的迅速扩大相对应。这样,北冰洋的新发现澄清了南、北极冰盖的历史:虽然南极位居陆上、北极处在海里,两者发育冰盖的条件不同,冰盖历史也不会一样,但是重大的变化期相互对应,说明有共同的原因在起作用,如大气中 CO_2 浓度的下降,可以使两极同时降温。关于南北极差别的另外一项长期来的误会,是以为只有北极冰盖才有反复的消融和增长,而南极冰盖一旦形成就不再融化。可是最近南极罗斯海冰架的钻探,发现三四百万年前北半球气候暖湿时,西南极冰盖也一度融化[8],进一步强调"两极相通"的道理。这些新认识,对我们在"全球变暖"条件下预测两极冰盖的命运,至关重要。

应当承认,关于当代地球上为什么形成极地冰盖,其原因至今还有种种猜想,是没有公认的理论。有的说是因为高原隆升;有的说是温室气体减少;还有的说是高原隆升使得温室气体减少;也有的说原因在于银河系的大周期——"宇宙的冬天"。其中有一种说法是南、北美之间的巴拿马海道关闭,使墨西哥湾湾流加强,于是由大西洋向欧亚输送的水汽增加,因而西伯利亚河流注入北冰洋的淡水增多,终于导致北冰洋结冰,而海冰形成后提高反照率,促成大陆冰盖。[9] 换句话说,美洲的通道和大西洋的洋流,决定北冰洋和北极冰盖的历史。但是,北冰洋边上有着世界最大的大陆和最大的大洋,亚洲和太平洋对北极冰盖的演化难道就不起作用吗? 当然不是。

白 令 断 桥

北极冰盖的出现,的确与淡水注入北冰洋相关,因为盐度降低会提高海水的冰点,使北冰洋容易结冰,当代北冰洋上层 150 米海水偏淡,是大片海冰形成的前提。现在进入北冰洋的淡水一半靠河流,

---

⑧　Schoof C.. *Ice sheet grounding line dynamics-Steady states stability*, *and hysteresis* [J]. Journal of Geophysical Research, 2007, 112, F03S28, doi: 10.1029/2006JF000664.

⑨　Driscoll N. W., Haug G. H., *A short circuit in thermohaline circulation*; *A cause for Northern Hemisphere glaciation*? [J]. Science, 1998, 282; 436 – 438.

1/4 靠通过白令海峡进来的太平洋水,而来自大西洋的水盐度偏高。北冰洋周围河流入海流量 3 300 立方千米,占全球河流总流量的 10%,但是主要来自亚洲,来自美洲的不足 1/5。[10] 因此,西伯利亚大河注入北冰洋的淡水,对北极冰盖的形成起着关键作用。但是西伯利亚的大河都是河床老、河口新,更大的可能是蒙古、青藏高原的隆升导致河系改组,原来向西、向南的西伯利亚大河改向北流注入北冰洋,因而是亚洲形变的结果[11],不一定都取决于美洲的地理变化。另一个因素是白令海峡,有人假设一旦白令海峡关闭、北冰洋淡水层消失,就会破坏北冰洋海水分层的稳定性,加剧大西洋水上层水的注入而使海冰融化[12],因此白令海峡在冰期旋回中可能起着关键作用。

　　说到白令海峡,就不能绕开白令先生(**Vitus Bering**, 1681—1741)。直到 300 年前,亚洲和美洲是否在北冰洋南岸相联并不清楚。彼得大帝派遣俄籍丹麦航海家白令先生去探查,1728 年发现两者中间确有个海峡相隔,后来就被称为白令海峡,是北冰洋连接太平洋的唯一通道。太平洋水从白令海峡进入北冰洋的流量虽然不大,只相当于从大西洋流入水量的 1/10,但是由于北太平洋水盐度低、温度高,对于北冰洋海冰的形成至关重要。然而从地质历史的长河看来,太平洋水进入北冰洋是一种短暂现象,大部分时间里亚洲与美洲在这里相互连接,这就是白令陆桥。北冰洋的早期向太平洋一侧并不开口(图 5),白令海峡要到大约 500 万年前方才出现(图 4)[13],但是此后并不稳定,至少在冰期旋回中会随着海平面

---

　　⑩　Stein R. (Ed.). *Circum Arctic river discharge and its geological record* [J]. International Journal of Earth Sciences, 2000, 89: 447 – 616.

　　⑪　Wang P., *Cenozoic deformation and the history of sea-land interactions in Asia* [J]. In: P.Clift, P. Wang, W. Kuhnt, D. Hayes (Eds.), *Continent-Ocean Interactions in the East Asian Marginal Seas* [J]. Geophysical Monograph, 2004, 149, AGU, 1 – 22.

　　⑫　Martinson D.G., Pitman W.C., *The Arctic as a trigger for glacial terminations* [J]. Climate Change, 2007, 80: 253 – 263.

　　⑬　Gladenkov A.Y., Oleinik A.E., Marincovich L. Jr., et al., *A refined age for the earliest opening of Bering Strait* [M]. Palaeogeography, Palaeoclimatology, Palaleoecology, 2002, 183: 321 – 328.

下降而出露,成为时隐时现的"断桥"。

白令海峡很浅,今天只有55米深,但在冰期时出露形成的陆地却不小,这是一条南北宽达千余千米的地带,为两大洲动物和人类的迁徙提供了通道。如此规模的大片陆地,称为"桥"有点委屈,叫"白令古陆(**Beringia**)"更确切些;但在生物地理和人类文明的历史上,它确实起过"桥梁"的作用,而且对北美尤其重要,因为这是美洲原著民的由来。据现在考察,白令陆桥的最后出现大约始于75 000年前,到11 000年前随着冰盖的融化、白令海峡的贯通,再度切"断"。[14] 同样,冰期时白令海峡的关闭,对白令海、对北太平洋边界流与中层水都会产生影响[15],这些都是有待新的大洋钻探加以揭示的新题目。通过白令海峡研究北冰洋与太平洋的关系,也是我国极地科学的一个重要命题。

极 地 春 光

当世界各地为温室气体和全球变暖担忧时,北冰洋却别具前景,因为升温正可以解除百万年来的冰封雪罩,重返春光。果然,北冰洋海冰融化,是当代全球增温最显著的证据之一。北冰洋海冰的分布范围历来冬进夏退,有着强烈的季节变化,近几十年来冬季海冰面积比较稳定,夏季海冰退缩明显,每10年面积减少10%左右。[16] 到了近几年海冰融化进一步加速,甚至连冬季海冰面积和厚度也都在急剧减少:2007年夏季海冰面积竟然比2005年缩小23%[17],海冰减少的面积和西藏差不多大,减少的速率远远超过以

⑭ Keigwin L. D., Donnelly J. P., Cook M. S., et al., *Rapid sea-level rise and Holocene climate in the Chukchi Sea* [J]. Geology, 2006, 34(10): 861−864.

⑮ Tanaka S., Takahashi K., *Late Quaternary paleoceanographic changes in the Bering Sea and the western subarctic Pacific based on radiolarian assemblages* [J]. Deep-Sea Research II, 2005, 52: 2131−2149.

⑯ Comiso J.C., *Abrupt decline in the Arctic winter sea ice cover* [J]. Geophysical Research Letters, 2006, 33, L18504, doi: 10.1029/2006GL027341.

⑰ Stroeve J., Serreze M., Brobot S., et al. *Arctic sea ice extent plummets in* 2007 [J]. 2008, EOS, 89,(2): 13−14.

往的估计。如果这种趋势继续下去,北冰洋的开发利用就不再是在遥远的未来,而摆在眼前的首先是航运和矿产资源。

开辟穿越北冰洋的航道,是西方世界 500 多年来的梦想。哥伦布发现新大陆不是他的本意,他在西班牙女王面前许下的愿是寻找捷径,开辟去亚洲的新航道,以致到中美洲还以为是印度,这才闹出"东印度群岛"的名字来。500 年过去了,从西欧到亚洲之间的短线航道始终没有开辟,其实最短的路线是穿越北冰洋(图6)。具体有两种走法:一种是沿西伯利亚北岸走的"东北航道",但这条航线几乎全在俄罗斯的辖区之内;另一条是从加拿大东北穿过一系列深水海峡通到美国阿拉斯加,称为"西北航道",全长才 1 500 千米。商船从欧洲到亚洲的 3 条主要航线,无论是经过苏伊士运河、巴拿马运河或非洲好望角到达太平洋,航程都在 2 万千米以上,而走"西北航道"就可望缩短 9 000 千米的航程。

图6　西欧到东亚的两种海路:通过北冰洋的(黑线)途径,比通过地中海、印度洋和南海的(白线)近得多

为了开辟"西北航道",历史上早就付出过血的代价。1845 年

英国海军派遣两艘船探索西北航道,第二年被海面结冰围困,全部队员丧生。1903 年挪威探险家罗尔德·亚孟森率领 6 人乘小船从大西洋进入西北航道,3 年后到达阿拉斯加,成为第一位探险成功的人,但这反过来也证明西北航道只能探险、不能商用。现在随着全球变暖的"天赐"良机,500 年来"西北航道"的梦想可望实现。原来估算到 21 世纪中才可以通航的"西北航道",现在看来有望大大超前,已经成为航运界的热门话题。

北 极 探 宝

一旦海冰减少到通航成功,北冰洋就不再是个宁静世界,一个北极探宝的高潮必将兴起。这里首先是海底的油气资源,早就估计北冰洋海底蕴藏的油气资源当占全球储量的 1/4,而极地深钻井揭示富含有机质的地层,又进一步展示北冰洋能源宝库的前景。除了石油之外,最近的海底探测,又揭示北冰洋新的资源潜力:洋中脊的热液系统。

世界洋底连绵伸展着 6 万千米的大洋中脊,这是大洋的板块分界,是新生大洋壳形成的地方,也是地球深部的物质和能量通过热液活动进入地球表层系统的窗口。北冰洋底现在还活动的洋中脊,就是前面说到的加克海脊(**Gakkel Ridge**,图 4)。大洋中脊产生新洋壳,也就是海底扩张的过程,但是扩张有快慢之别:快的如东太平洋,每年扩张 10 至 20 厘米,是深海热液首次发现的地方;而北冰洋的加克海脊扩张特别慢,一年不过 0.6 至 1.3 厘米,但是这个"超慢速扩张"的中脊也有热液活动的迹象。[18] 2008 年 8 月初,瑞士科学家在北冰洋 73°**N** 处水深 2 400 米的洋中脊,发现热液活动形成的"黑烟囱",有 300℃高温的热液喷出。这是世界上最高纬度海

---

⑱ Edmonds H.N., Michael P.J., Baker E.T., et al., *Discovery of abundant hydrothermal venting on the ultraslow-spreading Gakkel ridge in the Arctic Ocean* [J]. Nature, 2003, 421: 252 – 256.

底发现的热液喷出口，也是从"超慢速扩张"洋中脊第一次找到黑烟囱。

　　热液口的"黑烟囱"附近，是金属硫化物大型矿床的形成地，其中有铁、铜、锌、铅、汞、钡、锰、银等硫化物矿产，甚至还有原生的自然金。热液口附近还是特殊的"黑暗食物链"发育地，其中的生物依靠的能源不是太阳光，而是地球内部能量，是新一代生物资源、基因资源的探索对象。北冰洋洋底就像一个正在打开的龙宫宝藏，石油、热液等种种资源，等待着人类的勘探与开发。与几百年前不同，今天海上的国际之争通常以科技竞争的形式出现。北冰洋的前景，正在吸引不少国家提出科技计划，而 2007 至 2008 年的第四次国际极地年，更将北极的探测推向高潮。一个实例是德国提出的"北极之光（**Aurora Borealis**）"号超大型破冰钻探船，该船长 190 米，可以在水深 5 000 米处钻进海底 1 000 米，专门用来探测北冰洋海底资源，建议由欧盟联合建造，2007—2011 年准备，2012 年建造，2014 年使用。

　　可以设想：一个汽笛争鸣、商机盎然的北冰洋，有可能在一二十年里出现。无论北冰洋周围的国家如何在海上划界，总会有一大片国际海底留出来归全人类所有，供世界共同开发。自从 1999 年以来，我国已经多次组织北冰洋考察，2004 年又在斯瓦尔巴德地区建立北极科考站——黄河站，我们的"雪龙"号现在也正在北冰洋执行第三次北极考察。正在"振兴华夏"声中的中华儿女，能不能大幅度加强北极探测，在人类开发北冰洋的历史性壮举中作出自己的贡献，这是当代中国面临的挑战之一。

（本文原载《自然杂志》2008 年，30 卷 5 期）

如果有一批有志之士，能够怀着
好奇心去钻研科学，去追求创新，那么
我们的国家一定大有希望。

大科学要有大视野

视野大小决定认知宽度

我们看世界，一个是视野的大小，还有一个是视角的位置。苏东坡写庐山："横看成岭侧成峰，远近高低各不同。"原因在于视角的不同。杜甫登泰山："会当凌绝顶，一览众山小。"原因在于视野的扩大。例如，地图，不知道从什么时候开始，大家看地图的习惯都是上北下南。可是，澳大利亚一个艺术家偏偏把地图倒过来画，南极朝上，北极朝下。这幅画还申请了专利，实际上就是视角的差别。

中国人到英国，发现邮筒是红的，觉得奇怪，因为我们的邮筒和"邮差"的衣服都是绿的。其实，这是我们自己的视野太狭所致。人们认识世界都是从自己的眼耳口鼻手等开始的。例如，我们现在为什么都用十进位？因为人有十个手指头，如果是八个或十二个手指头，说不定现在用的就是八进位或十二进位。这就是我今天要跟大家重点讲的——科学与视野。

实际上，一部科学史就是人类不断扩展自己视野、改变自己视野的历史。日本有一位名叫本川达雄的著名动物生理学家，他写了一本书《老鼠的时间，大象的时间》，书中写道：大象的寿命是70

年左右,老鼠只有 2 年,但是老鼠的心跳快,大象的心跳慢,所以它们一生中的心跳总数是差不多的。也就是说,不同大小的生物它们的时间尺度是两样的。他还发现,老鼠虽小,但 4 天就能吃下和自己体重相等的食物;牛个头大,但要吃完相当于自己体重的食物要花一个月时间。究其原因,动物的体型不同,它们的时间和空间的尺度也就不同。所以人要了解世界,也应当知道自己时空尺度的局限性,就不能只从自己的视野和视角出发。

深海生物中有很多"大家伙"。例如,法国作家凡尔纳《海底两万里》中描写的巨型章鱼,可以把船掀翻。深海里确实有许多体型大到难以想象的生物,有的就是传说中的"海怪"。例如,一条鱿鱼可以长达 14 米,一只螃蟹能长得跟卫生间那么大,还有生活在 1 000米深海中有 10 来米长的皇带鱼,也就是传说中的"海蛇"。另外一个极端是小,深海里也有许多微生物小到用一般显微镜都看不见。但是,你别小看它们,这些被称为"原核生物"的海洋细菌才是地球生态系统的基础。小小一滴海水中,就有上千个细菌,至于更小的海洋病毒数目就更多了。有人比喻,全大洋中的病毒如果排队,长度将超过 60 个银河系,不知道要排到哪里。

每种生物都有它自己的生态世界体系,如果单从自己的视角出发,很多事物就难以理解。前面我说,人类认识世界是从自己的手、脚、眼睛、鼻子、耳朵、嘴巴开始的,所以总以为自己是中心,总以为自己最伟大。实际上,人类在世界上是非常渺小的,时间尺度非常短,空间尺度也非常小。一部科学史只不过是人类不断纠正认识错误、克服人类中心观的历史。

最早的人类,中国的也罢,希腊的也罢,都认为世界像一个圆盘子,外面是海洋,中间有一些陆地,自己就是世界的中心。例如,苏东坡当年到了海南三亚,就认为那里是世界的天涯海角。欧洲也是这样,像英国西南方的地角(**Land's End**)、西班牙的耶罗岛(**El Hierro**)等,都曾被认为是"世界的尽头"。哥伦布到了巴哈马群岛,以为是到了印度,把土著民称为印第安人,因为那时候的地图上没有太平洋,也没有美洲(图1)。人类用眼睛来看世界,看到的东西是很有限的。光谱里面,人类看到的可见光就那么一点点,这一点还不如很多别的生物。论运动能力,刘翔算跑得快了,1秒也只能跑几米。论声音,20个赫兹和2 000个赫兹之间我们能听得见,但别的频率的声波你都听不见。论寿命,人活到100岁就很神奇了,但与整个宇宙的历史相比,100年实在太微不足道。

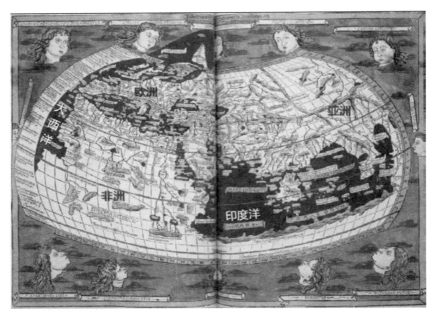

图1 15世纪流传的世界地图——托勒密地图(据1482年雕版印刷)

18世纪人类发明了蒸汽机,20世纪发明了火箭,现在可以克服地心引力到太空去了。应该说,到今天为止,人类上天的能力很好,空间穿越的能力很强。但是,从整个人类的认知水平来讲,还是非常有限的。大家知道,在哥白尼用望远镜观测星球之前,人们都以为地球是中心,太阳是围绕地球转动的,哥白尼改变了那个时代人们对宇宙的理解,这被称为"哥白尼革命"。到了20世纪60年代,因为现代遥测、遥感技术的应用,可以从空间看到整个地球,有人说发生了"第二次哥白尼革命"。相对于"第一次哥白尼革命",人们用望远镜看到地球外面的宇宙,"第二次哥白尼革命"是指人类离开地球,从太空的视角回过头来审视地球,这才获得全球的视野,才谈得上"全球变化"的研究。

细细想来,地球上的很多事都是有周期性的。人的心跳是一种周期;白天、晚上、潮汐是一种周期;春夏秋冬是一种周期;地球轨道变化有万年等级的周期;地球上大陆的联合和分解,也是一种几亿年的周期;一百几十亿年前的宇宙大爆发,现在有人怀疑这也是一种周期性现象。若这样分析的话,整个宇宙就是一个无穷无尽的不断旋回,今天的地球其实就是一系列不同尺度、不同空间中的东西,掺杂叠加在一起的奇妙组合体,这是很复杂、但也很有意思的。所以,我们说科学好玩就是在这里。当你从一大堆现象中找出一点头绪来,你会兴奋得不得了,这是一种洞察、省悟的乐趣。

我们要不断扩展自己的眼光,大的科学要有大的视野和大的实验。例如,我们现在研究中微子,要追踪中微子在宇宙中的来源,实验室放在哪里好呢?欧盟就选择在地中海的深海中建立实验室,在两三千米水深的地方安放检测器,称为"中微子望远镜"。这就是用"大尺度"来研究"小问题"。

各个生物体除了空间尺度不同,时间尺度也各异。不同的生物有不同的生命,也有不同的乐趣,人类不能只从自己的时间尺度去看待。庄子说,"朝菌不知晦朔,蟪蛄不知春秋",可怜的小生命,有的不到一天、有的不到一年就死了。但是"今人不见古时月,今月曾经照古人",李白的话提醒我们:人类的寿命与月亮比,岂不是羞愧得无地自容吗?

关于地球形成的时间,也有一个认识的过程,也存在争论。古代西方认为只有几千年,当年有大主教考证,上帝创造世界是在纪元前4004年10月23日,星期天早上9点。后来地质证明完全不是这样,太阳系是差不多同时形成的,距今大约46亿年。人类自古以来用天文记时,年、月、日都是天文周期,而"年"以上还有更长的天文周期,但是几万年的周期太长,一般人用不上,可地质学家有用。例如,现在地球的倾角23度半,这就是回归线的纬度。但是,地倾角、回归线是在变的,1908年台湾嘉义县造的回归线纪念碑,到1996年就不在回归线上了,差了1.2千米。这是因为地倾角有4万年的周期,这种周期可以用作地质纪年。例如,"生命大爆发"发生在5.3亿年前,用"年"作单位实在太小,就像你说每过3 000多万秒过一次生日一样别扭。

认识世界不能光看表象

人类历来相信海洋是世界的尽头,什么东西掉到海里了,就是"泥牛入海无消息",就没了。其实,这是错的。海底热闹得很,海底有很多东西在往上拱,只是你不知道而已。你不知道的不等于不存在。

上面,我讲的是看问题的视野要大,空间视野、时间视野都要大。下面,我要讲的不光是大小问题,还有角度问题。

我们认识地球,认识世界一般都是从表面来看,其实背后还有很多看不见的东西。例如,从物理学角度分析有暗能量、暗物质,地质学角度分析也是这样,我们能看到的如能量流、物质流,都是表面的"流",下面的很多东西是看不见的。

美国有一位科学家10年前写了一篇文章,简述海洋中的浮游植物(也就是藻类),其实就是一座看不见的森林。为什么?这么多的浮游植物,虽然它们小到肉眼看不见,但它吸收二氧化碳的量跟地球上森林一样多!这是因为陆地植物生活的周期是30年,而海洋生物只要几天就可以传宗接代,虽然生物量少,但周转快。地球上的水,大家再熟悉不过了。但你知道吗?你看到的"滔滔江河水"其实只是地球上水的一小点。地球上的水,97%都是在海洋里的,只有3%是在陆地上。而陆地上的水,80%又都冻结在南极的冰盖里,剩下的20%主要是地下水,地面的水只有很小的一部分。也就是说,我们平时看到的河流里的水与湖泊里的水,只占地表水资源的百万分之一。还有些河流湖泊你是看不见的。南极冰盖几千米厚,冰盖底下还有河网和湖泊,最大的叫东方湖,论容积在全世界淡水湖里排行第七(图2)。

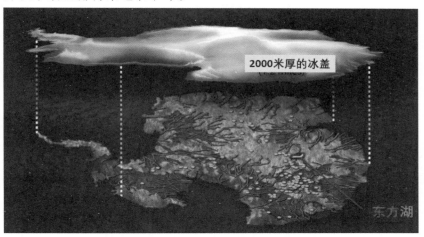

2000米厚的冰盖

东方湖

图2   南极冰盖下面有200多个冰下湖泊,并有冰下河道相互连通成网,水量超过全球淡水湖水总量的8%,其中最大的"东方湖"的面积为14 000平方千米,水深800米

　　我想说的是,我们眼睛看不见的东西太多了。例如,世界上最大的山脉在海底,有6万千米长,海底的起伏比陆地上的起伏要大得多。另外,海底到底有多少山,人们到今天都没有搞清楚。大家可能不相信,人们对海底地形的了解还比不上对月球表面、比不上对火星的了解。这是因为我们现在调查地形都是靠卫星、靠遥感,全球海水平均深度将近3 700米,隔了3 700米的水,什么遥感都派不上用场。所以,到现在我们都不明白海底到底有多少火山。有人估计大概100米高的火山有100万个,约1 000米高的火山有10万个。

　　我在这里跟大家强调一个概念:海洋的运动实际上是双向的。有从上往下的运动,也有从下往上的运动。人类历来相信海洋是世界的尽头,什么东西掉到海里就没了,其实这是错的,海底有很多东西在往上拱,只是你不知道而已。你不知道的不等于不存在。我要告诉大家,海底是"漏"的。所谓"漏",是说水可以"掉"下去,也有东西可以"冒"上来。无论是下去的,还是上来的,都有价值。

上来的很多东西是矿产,是可以开发的。例如,著名的"黑烟囱",其实就是海水从大洋中脊边上渗下去碰到岩浆,再涌出来所造成的。这种像黑烟的东西其实并不是烟,而是海里面的一股黑水。为什么会有这样的水?为什么会往上冒?因为海水碰到岩浆升温,从海底出口的温度就有三四百摄氏度,热的水"轻"(指密度小),"轻"的水就会往上冒。为什么黑呢?因为海水碰到岩浆带上了很多细小的硫化物颗粒,冒出海底冷却后变成"烟囱"。这种"烟囱"站不了很久,倒下去就形成了我们说的矿藏。

我们大家都知道一句话:万物生长靠太阳。其实,深海里的很多生物是不靠太阳的,靠的是地球内部的热能,它们就能生长。我们吃的食物靠光合作用,靠有光食物链,而深海里的"黑暗食物链"见不得太阳,也不靠氧气和叶绿素,靠的是地热和硫细菌。再进一步说,海底下面有大量生物在生活。海底的玄武岩,在电子显微镜下可以看到岩石里面有许多小球状的细菌。玄武岩也好,沉积物里面也好,都有细菌在生活,而且数量极大。有人说大概占地球上生物量的十分之一,有人说要占30%,到底是多少呢,我也不知道。反正这个数量是很可观的。这就告诉我们:海底里面有另外一个生物圈,它的能量不是来自外面,不是来自太阳,而是来自海底,来自地球内部,这是一个极重要的信息。

近几十年来的深海探测,发现了海底下的许多故事。我们今天研究碳循环、研究全球变化,主要都集中于地球表面的部分,地球内部的循环没考虑。我刚才讲海底是"漏"的,这其实就有碳循环。有人把地球比作鸡蛋,若按比例讲,地壳还远不如鸡蛋壳,蛋黄算是地核,最大的部分是蛋白,蛋白就是我们的地幔。地幔实际上是地球的主体,而地幔里是有水的,这个水你看不见,因为是结合在矿物里面,达到一定条件是可以出来的,但到底水量有多少,我们并不知道。有人说相当于1个半的大洋,有人说是5个大洋,有人说是几十个大洋。地球上的水会跑到地底下的俯冲带里去,在地幔里面转一圈需要大约16亿年的时间。当然也有从地幔或者洋底生出来的水,但总体来说,今天地球上面的水是在减少。有人说,前面6亿年估计已经有6%至10%的水资源流失了,漏到地球内部去了。碳也是这样的,地球上有很多碳,有的你没法用,有的你想用却拿不着。有人估计地球总质量的1.5%或0.07%是碳,这类估计本身就差了20倍。地核里的碳是和铁结合在一起,是碳化铁。地幔里的碳就有意思了,压力小的为石墨,压力大的为金刚石。金刚石实际上在上、下地幔之间有一个富集层,可惜只有随着岩浆才会冒上来,这就是火山口含金刚石的金伯利岩。总之,关于地球内部的事,人们知道的还太少,所以我们需要进一步扩大研究视野。

科学好玩,源自好奇心

科学很好玩,但它要求你有好奇心、有兴趣。如果你没有好奇心,那么最好不要去做科学家,因为这不是挣钱的捷径。科学的本质首先是一种精神,一种对奇妙宇宙探索的渴望。

最后我想说的是,科学是很好玩的。我研究的科学问题对别人有用,我非常高兴。不过,即使我研究的科学问题你觉得没有用,我还是要研究,因为这是我的爱好。我认为科学研究是人生中最有趣的事。

我们国家最近这些年来对科学的投入非常大,对科学非常重视。我们常说"科学技术是第一生产力",这句话是非常好的,但是科学不仅仅是生产力,科学更是文化,因为科学是从兴趣开始的,是从觉得好玩开始的。有用固然很重要,但是好奇心更重要。很多重大的发现,特别是原创性的发明,都不是冲着目的性、冲着需要去的。例如,达尔文研究进化论就是出于兴趣,他一辈子没有上过班,就是参加环球航行,在自己的庄园里做各种实验,而且他的进化论是足足等了20多年才发表的。可是,我们现在有很多研究成果,有的连实验都没有做成就发表了。

那么,自然界有趣在哪里呢?前面我说过,我们的地球实际上是一个奇妙的混合体,今天地球上既有一百几十亿年前宇宙大爆发的残留微波,也有十分钟就要繁殖一次的细菌。这是一个复杂的系统。一旦你从这错综复杂的系统里找到某种头绪、发现某种机制,那就是一种精神升华的乐趣。阿基米德会从浴缸里跳出来,大呼"尤里卡!尤里卡!"也就是这个道理。

宇宙万物是神奇的。例如,夜晚的星空非常美丽,但是你知道吗,星空是不同时期的星球所发出的光,传到地球上来的。有的星球距离地球很多光年,有的星球你看到它在那里,说不定它已经消失了。又如,岩石是有年龄的,地质学家的一项工作就是把不同时期岩石的年龄标示出来,地质图就是不同年龄的岩石在地面上的分布图。不仅岩石有年龄,海水也有年龄。我们现在运用碳-14的方法可以将海水的年龄测算出来。

这实际上是一种时空的转化:空间上的差异,是时间上差异的投影。如果你去追索时间里的演变过程,就会发现很多非常有意思的事。例如,五六亿年前地球上是没有这么多细胞生物的,海底还没有钻泥打洞的底栖生物,所以当时海底也是硬的,里面也没有那么多的水。更有趣的是大气的演变,起初地球上是还原环境,随着生物演化,二氧化碳逐渐减少,氧气逐渐增多,到了距今3亿多年时,大气中的氧气含量太多,占35%左右(现在占21%),结果蜻蜓可以有75厘米长,比鸟还大,树木也长得特别高大,有的高达45米,世界上许多煤炭就是那时候形成的。

说到这里,你就可以感到科学与艺术是相通的,只有科学家才能洞察自然界的美。又如,微生物在游泳时居然是相互配合的,如果把它们的运动轨迹画出来,那就像是在"跳舞"。最先发现细菌的列文虎克,在1676年就描写过在显微镜下看微生物游泳的舞姿,他说"我的眼睛从未见过这样有趣的景象"。

很多艺术家同时也是科学家。大家知道达·芬奇不光是一名画家,他还是发明家。达·芬奇的画跟我们国画最大的区别就是,他有科学的功底,他画的波浪有水力学的功底,他画的动物有解剖学的功底。这就是艺术与科学的结合。我们眼前的例子是电影《阿凡达》的导演卡梅隆,他的职业是艺术家,但他的爱好是海洋,他潜入海里拍摄了许多珍贵的片子。2012 年 3 月,卡梅隆坐深潜器在马里亚纳海沟下潜到 10 898 米,创造了单人深潜的纪录。当然,科学和艺术相结合在我国是受到鼓励的,不过有时候有点误会,以为科学家会唱戏、艺术家为院士画肖像就是结合。其实,科学和艺术的交点是创造,是一种创造的意境。

我绕了很大的圈子,本意在于告诉大家,科学是很好玩的,但是它要求你有好奇心,要求你有兴趣。刚才说过,如果你没有好奇心,那么最好不要去做科学家,因为这不是挣钱的捷径。科学的本质首先是一种精神,一种对奇妙宇宙探索的渴望。如果有一批有志之士,能够怀着好奇心去钻研科学,去追求创新,那么我们的国家一定大有希望。

(本文是 2012 年 9 月 12 日在上海大学"东方讲坛"的演讲,整理删节的记录稿曾发表于 2012 年 9 月 29 日《解放日报》和《中国青年》2012 年第 21 期)

"柳暗花明又一村",在陆地上苦于资源枯竭的人类,终于在占地球表面71%面积的大海里,看到了新的前景。

《十万个为什么(海洋卷)》选载

人与大海——主编的话

你见过大海吗?

是的,你到过海边,看见过溅浪的白花,听到过海涛的吼声;也许你还曾经跨海航行,在船上欣赏海上日出的红霞,赞叹海天一色的辽阔。但是,我敢打赌:其实你并不了解海洋。你看到的只是海洋外面的边岸、海洋出露的表面,你并没有看到浩瀚大海的内部。海洋太大了,不光是你,我们整个人类其实都不大了解海洋。

长时期来,人类并不知道海洋有多大,哥伦布就不知道有个太平洋。更不知道海洋有多深,人类进入深海只有几十年的历史。世界大洋平均就有3 700米深,隔了巨厚的水层,人类对深海海底地形的了解,还赶不上月球表面,甚至赶不上火星。现在我们知道,山高不如水深:陆地最高的珠穆朗玛峰8 800多米,海洋最深处的马里亚纳海沟却有11 000米。到现在为止,有3 000多人登顶珠峰,400多人进入太空,12个人登上月球,但是成功下潜到马里亚纳海沟最深处的,至今只有3个人。

可是，不必着急，随着技术的进步，人与海洋的关系也在发生变化。自古以来，海洋开发无非是"渔盐之利，舟楫之便"，都是在海洋的表面利用海洋。当代探索海洋的趋势，却是进入海洋内部、深入到海底去开发海洋。第一次世界大战后，发明了用声波探测海水深度；第二次世界大战后，又学会用机器人和载人深潜器进入深海。到了今天，海底观测网能够将实验室送到深海海底，海洋钻探船能够穿透海水和海底上万米。"柳暗花明又一村"，在陆地上苦于资源枯竭的人类，终于在占地球表面71%面积的大海里，看到了新的前景。

现在我们知道，深海海底绝不是个没有运动、没有生命的死寂世界，那里不但有"热液"和"冷泉"喷出，繁衍着不靠光合作用的"黑暗食物链"，甚至在海底下面有"黑暗生物圈"生存，还有被喻为"海底下海洋"的水体，预示着不可估量的资源和能源的潜力。今天已经感受到的，那就是深海的石油天然气。现在全世界开采的石油1/3以上来自海底，在价值上占据一半以上的世界海洋经济。

海底资源的发现，催生了海上的国际之争。1994年生效的《联合国海洋法公约》，规定200海里的"专属经济区"，海上的一个小岛，就意味着一大片海洋资源的归属权。在报上经常看到海岛权益之争，根子就出在海洋资源，首当其冲争夺的对象就是海底的油气资源。一部近代史告诉你：中国在海上的国际斗争中不占优势，一两百年前中国的落后就是从海上开始的。1840年鸦片战争、1894年甲午战争、1900年八国联军的战役，都是首先败在海上，连1937年淞沪之战也是在金山卫海上失守，最后导致南京大屠杀的惨剧。

但是，在历史上，中国曾经有过海上的辉煌；对中国古代的航海能力，也是国外的评价要比国内高。18世纪就有英国人推论，说是周武王伐商纣的时候，一大批殷人渡海逃亡，途中被暴风吹到美洲，很可能就是玛雅人的祖先；21世纪又有一位英国人说发现"新大陆"的不是哥伦布而是中国人，因为他判断郑和的船队1421年就到过美洲。当然，传说和猜想都不见得靠谱，可是不久前出土的800年前远洋商船"南海一号",雄辩地证明南宋在国际航海中的领先地位,600年前"郑和下西洋"的壮举,无疑地标志着当时世界航海史的顶峰。拥有世界最强水师的中国,后来怎么会沦为海上的败兵呢?

历史的转折点发生在 15 世纪。郑和下西洋虽然比哥伦布发现新大陆早了 90 年,但是郑和之后中国自毁水师,明清两朝 500 年的"海禁"使中国的船只在大海上几乎绝迹。从哥伦布开始的"地理大发现",却带来了一批西欧国家的"大国崛起",从此改变了世界历史行程的轨迹。固然这里有当时的历史原因,但是更重要的是文化根源:起源于黄河中游农耕社会的华夏文明,属于大陆文化;西欧文明的源头,却是爱琴海的海洋文化。我国几千年来的主流文化,海洋始终不在视野之内。中国的古训是"父母在,不远行",远闯天涯去海外干什么?

大陆文明和海洋文明各有长处,在 15 世纪以前无所谓优劣。但是,500 年来的历史表明海洋的作用越来越大,海洋文明的优势越来越强。当年产生现代科学的是海洋文明,今天统领国际潮流的也是海洋文明。华夏文明有着自己的种种优势,然而大陆文化重陆轻海的传统,长期以来一直影响着我们,从政府决策到学校教育的各个层面,直到今天还在为此付出代价。就以教育来说,无论学生教材还是学科设置,海洋都不是重点,我国青少年对海洋的知识和兴趣,都远比不上发达国家。

值得庆幸的是近年来的变化。郑和之后 600 年来,第一次出现了全面重视海洋的势头,第一回吹响起了建设"海洋强国"的号角。海洋太重要了,振兴华夏必须站稳海上,发展经济必须立足海洋。甚至在精神和认知层面上,也亟待将弘扬传统的大陆文化与引进新兴海洋文化结合起来,争取成为世界创新文化中的浴火凤凰。

说到这里,我要真诚地向你祝贺:祝贺你打开了我们这本书。因为这本书的使命,就像是进军海洋乐队里的一支小笛,用它低微而淡雅的声音唤起你对海洋的恋情。书中提出的一个又一个问题,将要带你进入海洋世界,领着你探索海洋深处的奥秘,陪伴你寻求海洋奇闻的谜底。对于你看见过不知道多少遍却不知道其原因的现象,它试图告诉你答案;对于你从来没有到过甚至没有听到过的地方,它给你的可能是难忘的故事和迷人的美丽。

好吧,再见! 祝你在这本书里找到快乐,找到启迪!

为什么哥伦布会把美洲当作印度

1492 年 10 月 12 日凌晨,哥伦布带领三艘西班牙帆船,经过 70 昼夜的艰苦航行,终于跨越大洋,登上了中美洲巴哈马群岛的陆地。可是,他以为是印度的岛屿,把当地的土著居民当作印度人。所以,直到今天美洲原住民还被称为印第安人,这一带的岛屿,也都被称为西印度群岛。哥伦布活了 55 岁,直到 1506 年去世,也没有明白自己到达的是什么"新大陆"。为什么这位伟大的航海家,会犯低级错误,把西半球的美洲,说成是东半球的印度呢?

请先不要责备古人,埋怨孔夫子不懂相对论。其实,哥伦布的航行本来就不是去发现新大陆。15 世纪中期东罗马帝国灭亡,土耳其人和阿拉伯人控制了通往东方的商路,切断了欧洲人香料和丝绸的来源。哥伦布奉了西班牙国王之命去开拓新航路,目的地是印度和中国。哥伦布相信地球是圆的,但是不知道地球有多大。当时大家都相信地球上陆地大、海洋小,"上帝造那么多海洋干什么"。哥伦布当时航行用的 1474 年大西洋地图本身就是错的:欧洲对面就是亚洲,从西班牙往西走就可以到达日本和中国,根本想不到中间还有一个太平洋和美洲。后人说,假如哥伦布当年知道地理真相,大概是不敢去冒这个险的。

从 1492 年到 1504 年,哥伦布一共去了 4 次美洲(图 1),却从来没有怀疑过这里不是亚洲。其实也难怪,他到的主要是美洲中部的一些岛屿,最后一次才到了南美大陆的一角,并没有到过北美洲,更没有看到太平洋。真正发现和穿越太平洋的,是 16 世纪的航海家麦哲伦。

麦哲伦也是奉了西班牙国王之命,1519 年率领探险队横渡大西洋,沿着巴西东海岸南下,绕过南美大陆南端与火地岛之间狭窄的海峡(后来称为麦哲伦海峡)进入太平洋,1521 年 3 月到达菲律宾群岛,成功地穿越了太平洋。虽然麦哲伦最后死于跟菲律宾土著人的战斗,但他的同伴继续航行,终于到达目的地——现在属于印尼的"香料群岛"。在载满香料之后继续向西,穿过印度洋,绕过好望角,于 1522 年回到西班牙,完成了人类历史上第一次环球航行。有趣的是,为西班牙开拓海外领地的两位历史人物都不是西班牙人:哥伦布是意大利人,麦哲伦是葡萄牙人。

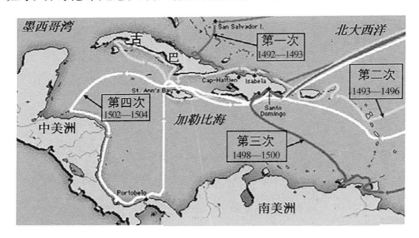

图 1　哥伦布四次远航美洲的路线:主要到达的是岛屿,不是大陆

美洲真的是哥伦布发现的吗

"哥伦布发现新大陆"这句话,是典型的欧洲人口气。美洲早在 4 万年前就有人类居住,为什么要等别人去"发现"呢? 无非是欧洲人原来不知道有美洲,所以是"新发现"的大陆。上面说过,哥伦布以为到的是亚洲,真的发现美洲是一个大陆的人是哥伦布的同胞,另一位意大利航海家亚美利加(**Amerigo Vespucci**,1454—1512)。他在 1502 年提出这里并不是亚洲,而是一片原来不知道的"新大陆",后来这片新大陆也就用他的名字命名为"美洲

(**America**)"。假如当年哥伦布没有搞错,那么美洲就应该称为"哥洲",今天的美国也就成为"哥国"。

那么,哥伦布是不是第一个到达美洲的欧洲人呢?看来也不是。考古发现:北欧的维京人早在11世纪就到过加拿大的纽芬兰,比哥伦布早了500年。但这还不算早,还有一种观点认为更早到达美洲的是中国人。5世纪南北朝时候,有位慧深和尚因为佛教受排挤而出海寻找净土,到过的"扶桑国"在"大汉国东两万余里",法国学者认为这就是美洲。19世纪时,有位英国人提出"殷人东渡"的假设,说是公元前11世纪武王伐纣时,一支纣王的部队后来到了美洲,这就是纪元前10世纪墨西哥奥尔梅克(**Olmec**)文明的来源,奥尔梅克文明后来又演化成"玛雅文化"。不信你看奥尔梅克的巨石头像,长得真像亚洲人(图2)。最新的说法也来自英国人:一位退休的潜艇船长孟席斯发表《1421年中国人发现美洲》一书,干脆说美洲是郑和船队发现的。这本书10年前曾畅销各国,虽然缺乏立论根据,却从侧面反映中国古代水师的国际评价是很高的。

图2　墨西哥奥尔梅克古文明的标志:巨石头像,重20多吨

"泰坦尼克"号的遗骸是怎样发现的

20世纪初最豪华的英国皇家邮轮"泰坦尼克"号,1912年4月10日中午从英国南安普顿出发前往纽约,4天多后的4月15日凌晨2点20分沉没,船上2 224人有1 514人葬身海底,造成了和平时期空前的海上悲剧。"泰坦尼克"号长270米、重46 000吨,是当时最大、最先进的邮轮,船身巨大,设备精良,舱里的豪华设备完全是宫廷气派,这次又是其处女航。这样隆重的航次,这样高档的巨轮,怎么说沉就沉了呢?

祸根是海冰。14日晚上11点40分,"泰坦尼克"号撞上北极漂来的冰山。先是船身在水下撞破,船舱逐个进水,船头开始下沉。2小时40分钟后,船身折断,沉没海底,掉入-2℃的冰冷海水中的人全部遇难。事后才意识到,在海冰出没的海区不可以如此高速航行,对海冰的监测也不能如此大意……

"泰坦尼克"号出事后,有过许多次的探险队去寻找船体残骸,但均告失败,原因是海水太深——船骸躺在水深3 784米的海底。直到73年以后,才由美国和法国联合组建的探测队,在北大西洋海底找到其残骸,其中的主角是美国伍兹霍尔海洋研究所的巴拉德(**Robert Ballard**)教授。那么,巴拉德是怎样找到"泰坦尼克"号的呢?

他们的方法是先用"旁侧声纳",通过声波对海底的地形进行扫描,然后用水下机器人装上摄像头进行寻找。可是要在几千米海底找沉船,就像是"水底捞针",希望十分渺茫。这里起作用的是巴拉德的科学头脑:先找碎屑后找船。当船体突然沉到几千米海底时,会因压强剧变而发生爆炸,爆炸碎片随着海流散落在海底,可以延伸几千米长,找到碎片也就能找到船身。果然,1985年9月1日清早,巴拉德先在平坦的海底发现了麻坑,说明有东西掉落过;接着发现了碎片,然后再看到锅炉,最后找到的船身已经"身首异处":船头还比较完整(图3),而600米外的船尾已经完全散架。后来,巴拉德又多次到别的海区发现了多艘沉船。这门学问,属于"海底考古学"。

图 3　沉在海底 3 700 多米深处的"泰坦尼克"号船头

为什么要花巨额经费打捞"南海一号"沉船

2007 年 12 月 21 日,南宋沉船"南海一号"从广东阳江附近的海底打捞出水。这艘古船沉没在水深 23 米的海底,上面覆盖着一两米厚的淤泥,这次采用的是整体打捞的方法:连船带泥在钢制的沉箱里整体捞上来(图 4),总质量超过 4 000 吨。一周以后,"南海一号"搬进了阳江海陵岛上专门为其建造的"水晶宫",一边开放陈列,一边继续挖掘。这样的打捞挖掘,费用昂贵,光打捞费就花去 1 亿多元,建"水晶宫"又花了 1 亿多元。为了一条沉船花那么多钱,值得吗?

这就要从 20 多年前"南海一号"的发现说起。这艘沉船是在 1987 年发现的,同时打捞出一批珍贵文物。由于经费和技术条件的限制,直到 2001 年才进行制图调查,2002 年又打捞出文物 4 000 多件。原来"南海一号"是 800 年前的大型远洋货船,船体长 30 米、宽近 10 米,载重量将近 800 吨。发现时甲板已经腐烂,但是船身其他部分尚保存完好,船体的木质仍然坚硬如新,是迄今发现的最大也是保存最好的宋代沉船,对了解我国古代造船工艺、航海技术都有极其珍贵的价值。船载货物以瓷器和铁器为主,初步估计有6万至8万件之多,其中包括价值连城的国宝级文物。对这项国宝的发现,采用整体打捞,室内挖掘的新技术,以保证船身和物品的有效挖掘和保存,是完全值得的。

"南海一号"的挖掘,也为我国古代"海上丝绸之路"的研究,提供了无法估量的宝贵资料。我国古代的国际贸易航线秦汉时期已经出现,唐宋年间更为繁荣,宋代时中国的航海技术在国际遥遥领先。隋唐年间海上运送的主要是丝绸,到了宋元时期,瓷器的出口渐渐成为主要货物,"南海一号"就是见证。国际海底考古学历史表明,沉船可以是古文物的宝藏。例如,1982年打捞起的英国"玛丽·罗斯号(**Mary Rose**)"军舰是在1545年沉没的,从中发现的26 000多件文物不但有航运和军事上的价值,还包括医疗、木匠、宗教用品和乐器等,对了解英国都铎王朝的历史与生活,具有极大的历史价值。可以预计,"南海一号"也将揭示海上丝绸之路的细节,为重建800年前南宋的面貌,作出无价的贡献。

图4 "南海一号"打捞出水时的情景

瓦萨博物馆为什么出名

世界上沉船陈列最为有名的,要数瑞典的瓦萨(Vasa)博物馆。它坐落在斯德哥尔摩东郊的岛上,展示着 17 世纪瑞典最强大的军舰"瓦萨号"(图 5),船上数百尊饰用的雕像,绝大部分完好如初,可以让你大饱眼福,领教将近 4 百年前欧洲战舰的雄威。不过其沉没的历史却不值得宣扬:这艘战舰就在 1628 年 8 月 10 日盛大的下水首航仪式后,刚离开码头不久遇上强风,就沉入海底,直到 1956 年重新发现,1961 年被打捞出水。

你想知道该船为什么沉没吗? 最好是去问当时的瑞典国王古斯塔夫二世。"瓦萨号"是按造他的主意造的,设计时是一艘单层炮舰,后来国王嫌炮太少,下令要改成双层炮舰,总共 5 层甲板、64 门炮,结果是头重脚轻,大风一来就倒了。所以权力太大,不见得就是好事。

图 5　斯德哥尔摩的瓦萨博物馆

为什么加勒比海盗名气那么大

你见过海盗吗? 是在电影或在动漫里见过吧? 那十有八九是加勒比海盗。其实,你所熟悉的海盗装和骷髅海盗旗,最早也是起源于加勒比海盗。要知道为什么加勒比海盗这么有名呢? 那就得回到 500 年前。

15 至 17 世纪的"地理大发现",带来了航海事业的大发展。满载着商品、黑奴和金银财宝的欧洲船只，是海盗抢劫的理想猎物。

　　没有人生下来就做海盗的，最早的海盗其实就是水手。例如，船触礁了或者被处罚丢在荒岛上了，为了活命，想办法把别人的船引过来抢夺，这就成了海盗。不过，海盗能在加勒比海如此猖獗，一个重要的原因是有官方的支持。哥伦布发现的新大陆，就是加勒比海的一群岛屿，从此西班牙就掌握了通往美洲的航线，英国、法国、荷兰的政府要想竞争，就鼓励海盗去抢劫西班牙船只，但是不准侵犯本国的商船。17 和 18 世纪之交，加勒比海区出现了 30 年的海盗"黄金时代"，当时使用短火枪和水手弯刀的海盗群里，出现了一批"名人"，如由富商到海军英雄最后成海盗被绞死的"海盗王子"基德船长，一年里抢劫了 50 多艘船舰、28 岁就葬身海底的"黑山姆"贝拉米，用四艘海盗船攻击海港的"黑胡子"蒂奇（图 6），一生抢劫过 470 条船的"准男爵"罗伯茨……一个个都是当时的传奇人物，也是现在许多小说、电影和动漫的主人公。

图 6　"最残暴的"加勒比海盗："黑胡子"蒂奇

　　其实，海盗古来就有，可以说有了商船就有了海盗。最早的海盗记录来自地中海，记载在纪元前 14 年的黏土碑文上。后来到罗马帝国时期，庞培将军率战船 5 000 艘、士兵 12 万出征，方才摧毁了海盗的老窝，给了地中海一段时间的平静。与加勒比海盗一样，许多地方海盗的猖獗往往有政府支持的背景。例如，16 至 19 世纪来自北非的穆斯林海盗，在政府支持下专门抢劫基督教船只。有些欧洲国家居然给海盗发放许可证去攻击别国的商船，作为国家海军的补充。因此，在欧洲历史上，海盗、国王和探险家往往不容易区分。10 世纪丹麦国王"蓝牙"哈拉尔德（**Harald "Bluetooth"**）就是海盗出身；19 世纪的海上霸主、"日不落帝国"英国，当初也是靠海盗起家。在科学探险上，对南半球考察和海洋气象学作出巨大贡献的英国人威廉·丹彼尔，曾经就是一名加勒比海盗；命名于南极和南美洲之间的"德雷克海峡"的弗朗西斯·德雷克，既是击败西班牙"无敌舰队"被封为英格兰勋爵的海上英雄，又是一名以凶恶著称的海盗。

当然，海盗也不只是西方才有。例如，明朝潮州人陈祖义，洪武年间全家逃到南洋入海为盗。在马来半岛的马六甲十几年，建立了世界上最大的海盗集团，最多时人数上万、战船近百，活动在日本、台湾、南海、印度洋等地，劫掠万艘以上船只、攻陷 50 多座城镇，在郑和下西洋时，还想假投降、真抢劫，被郑和活捉押回后镇压。直到今天，东南亚马来西亚海区仍然有海盗出没。

北欧中世纪的维京人都是海盗吗

维京人（**Viking**）是 8 世纪到 11 世纪时期北欧人对海盗的概称，他们侵扰欧洲沿海和英伦诸岛，也到达北极广阔疆域，欧洲这一时期被称为"维京时期"（图 7）。维京人与加勒比海盗不同，他们抢劫的对象主要是陆上目标，而不是过往船只。这是一个强悍的海洋民族，公元 4 世纪开始，他们进行过多次劫掠性的航海活动，公元 8 世纪在丹麦、挪威和瑞典定居下来，形成多个王国，并且把造船技术发展到较高的水平。维京探险者不仅到达格陵兰，而且是最先到达美洲的欧洲人，当然我们不能简单地说维京人就是一群海盗，但是维京人的抢劫是很可怕的，是一批狂热的杀手。他们先在远距离上投掷长矛和发射火箭，然后用剑和战斧做近距离的攻击，要么将对方统统杀光，要么自己战死。二次世界大战中，希特勒的党卫军有个第五"维京"装甲师，就是要弘扬这种"海盗精神"。

中世纪维京海盗对欧洲沿海和英国的抢劫，很像中国北方游牧民族入侵中原地区。不过这不是说东方就没有维京式的海盗。

图 7　奥斯陆海盗博物馆陈列的维京船

明朝的日本倭寇,也是一种立足海岛以城市为抢掠目标的海盗,在
14 至 16 世纪侵扰劫掠我国和朝鲜沿海。明朝实行"海禁"政策,
"片板不许入海",结果非但不能消除倭寇的威胁,反而断绝了整个
海上贸易的产业链,逼迫海商变成海盗。因此,倭寇并不都是日本
人,其中也有不少中国人和朝鲜人,有的是"亦商亦盗"。嘉靖年
间,徽州的王直就是这种人,他作为倭寇的头领希望朝廷招安,希
望海上贸易合法化,结果被诱捕杀害。但是明清两朝的几百年"海
禁",使中国古代的海上优势丧失殆尽。

深海真的有水怪吗

　　欧洲 500 年前的地图比现在的好看:图面上不但标出海陆山
河,还有许多图画,陆上画的是人和野兽,海里是船和鱼类——这
可不是普通的鱼,而是水怪(图 8)。这类水怪是当时的"时尚",常
常出现在欧洲旅游景点的古典雕塑上。

中国神话传说中的水怪与欧洲的不同，从龙王爷到虾兵蟹将，多数是江河湖泊里淡水动物的人格化。欧洲的水怪却大都来自航海水手的传闻，最精彩的是深海水怪：有的长着狮子般的头和发光的眼睛，有的像是中国"龙"的海外版。如果要比哪种传说最多，恐怕就是超巨型的章鱼和所谓的"海蛇"。

从 13 世纪起，就传说挪威海深水里有种极大的水怪叫"克拉肯（**Kraken**）"，它偶尔上升到水面，不动的时候像座岛屿，一动起来引起的巨浪就会把船掀翻，有时候还会把整艘船只抓起来。"克拉肯"指的就是巨型章鱼，出现在各种传说和科幻作品中，《海底两万里》也不例外。深海确实有巨大的头足类，包括章鱼和鱿鱼，不过到现在为止，已发现的鱿鱼最大 14 米长，章鱼最大 7 米长，离"克拉肯"的传说还差得很远。神话和传说当然是捕风捉影、牵强附会，如冰岛海底火山活动突然引起的急流和气泡，也被说成是"海怪"现身；有些"看到的"巨型海怪，其实是鲸的尸骸或者漂浮的海藻堆。

图 8 16 世纪中叶一幅著名北欧地图上出现的各种水怪

还有一类"海怪"是指巨型的"海蛇"。18世纪传说在格陵兰海上出现过比桅杆还高、比船身还长的"海蛇",而在古代北欧的传说里,"海蛇"大得居然被错认为是一串群岛。其实,被误认为"海蛇"的常常是皇带鱼———一种生活在温暖海区上千米处的深水硬骨鱼,最长记录有17米(图9)。但是,不能说传说中的"海蛇"都是皇带鱼,因为我们对深海生物还了解太少,不能排除深海有更长、更大的动物。美国在太平洋里设置的监听装置,曾发现强大而奇怪的声波,不知道是来自比鲸还大的海洋动物,还是来自海冰崩塌之类的自然现象。

图9　皇带鱼

海洋巨型生物在中国古代传说里也出现过,但只是比较空洞的想象。例如,庄子《逍遥游》里讲的"鲲",个头大得"不知其几千里也",还可以"化而为鸟"变成大鹏,只是究竟什么模样并不具体。而欧洲的海怪传说来自航海,由于深海的神秘性,有时候科学和神话的界限不大清楚。例如,18世纪林奈建立生物命名法时,就为"克拉肯"取了学名,归入头足类,后来才被取消;19世纪末佛罗里达海岸上发现几十吨重的"海怪"尸体,后来的分析证明无非是一堆鲸鱼的脂肪。

为什么深海动物长得特别大

深海"水怪"的传说,并不都是空穴来风。许多动物,生活在深海里的种类往往比浅水里的大得多,除了皇带鱼和巨型的章鱼、鱿鱼之外,还有近 4 米长、将近 20 千克重的螃蟹,2.7 米长、1.5 米宽的魔鬼鱼,等等。连深海的虫子也大得惊人,蚯蚓之类的蠕虫通常有一二十厘米长,而深海热液口的"管状蠕虫"长的可以达到两三米;我们熟悉的潮虫在地上只有一厘米大小,而深海类型潮虫居然有 76 厘米大、1.75 千克重!

为什么深海动物特别大呢? 这是个还没有完全弄清楚的问题。一种说法是温度。同类动物的个体大小,往往随着温度下降而增大,海水越深温度越低,所以个体也越大。但是,这些深海"巨型"动物体积增大几十倍,就很难拿温度差别来解释。另一种说法是食性。除了热液、冷泉,深海海底动物的食物来源依靠上层海洋,掉到海底的生物骸体或者排泄物,就是其"粮食",如果一条鲸鱼尸体掉下来,那就是天赐的美餐。不过这种机会不多,只有个体大的动物才能够一次大量进食后经受长时间的饥饿,而且能够长距离转移,去寻找食物。深海"巨型"动物,是不是就是对这种"食性"的适应呢?

> 我们这代老人，年轻时忙工作，没有养成留到退休以后从事的"爱好"，社会上又缺乏相互交往的社团之类，退休后还真的没什么事干，这在知识分子中尤其突出。

老　年

带着文件包坐上出租车，好事的司机会问："老先生还没退休啊？"于是我立即语塞，感到一种窘态，反正再问"老人家多少岁啊"时我决不回答。其实老人忌讳讲年龄，我是从母亲那里懂得的。母亲从来不过生日，主要不是怕"折寿"，而是怕"露穷"，但是忌讳讲年龄则是到了老年以后。相信这并非"国粹"，而是一种国际现象。

10年前回莫斯科大学，到当年的俄文老师家里拜访，老太太兴高采烈地回顾40多年前的往事，接着也抱怨随着岁月而来的疾病，但当我顺着她的话讲了句俄国谚语"老年不是福分"时，老太太几乎要跟我翻脸。恭维老年人的诀窍，恰恰是要"避老就轻"。"70多啊？你骗谁？哪像啊？顶多60！"那就对了。

但是再怎么恭维，千万不要设年龄上限，那又是忌讳。传说胡适先生说话向来谨慎，但有一回恭维齐如山身体好，说："您老一定可以活到90岁。"不料齐老大发雷霆："我又不吃你的饭，凭什么规定我活多少岁？"其实后来他在台湾去世时，离90岁还差3年。

大凡叹息"余生也晚"的人，都是上了岁数的。可不，甭说孔夫子，连孙中山也没见上，当然"晚"了。在历史的长河里，活着的都是年轻人。其实,历史上"老年"的标准也是变的:苏东坡说"老夫聊发少年狂",陶渊明"策扶老以流憩""聊乘化以归尽"的时候,都不过40上下,摆在今天还可以申报"杰出青年",而在宋、晋朝代已经属"老"年范畴。今天的标准全变了,上海人说"九十弗稀奇,八十多来兮,七十小弟弟"。

长寿也有长寿的问题。路上碰到一位退休老同事,问他:"近来做些什么?""等死!"他虎着脸回答。退了休干什么,成了当前一个社会问题。我们这代老人,年轻时忙工作,没有养成留到退休以后从事的"爱好",社会上又缺乏相互交往的社团之类。没有家庭负担的老人,除了"太极拳""大妈舞",还真的没什么事干。这种现象在知识分子中尤其突出,退了还能再返聘几年后"软着陆"的人,终究是少数。尤其是做科研的,有人干了一辈子,到退休时才弄明白应该怎样研究。智力劳动和体力劳动不同,智慧与年龄的相关系数并不清楚,成果与上班也没有固定的关系,达尔文就一辈子没上过班——当然今天不是19世纪,但是能不能开辟一些渠道,如设个"夕阳基金"提供小额研究经费,让退休的科学家把题目做完? 更多的人可以用其他途径发挥余热、退而不休? 如已经出现的各种志愿者讲解员、辅导员,但是这些也需要在社会上提倡,制造舆论、创造条件。

当前中国的退休一族,尤其是最可能读我这篇文字的老人,是非常特殊的——放在古今中外,都是特殊的。他们经历得实在太多了,很少有一代人,能亲身经历过如此不同的时代;很少有一个国家,会在人的一生中发生如此频繁的价值观翻盘。这里每一个人的经历,都够得上一部小说,留给嫌生活太平淡的后人看,或者留给对这一片世界无法理解的外国人看。可惜没有那么多的出版社,但是我奉劝各位学计算机。你没有明星的人气和财气,出不了"回忆录",但你也着实憋了一肚子的"才气"或者什么气,不妨通过"博客"之类在网络世界里"出气"。例如,巴金提倡的"文革博物馆",也许就可以通过电子版来实现。

（本文原载《今晚报》,2015 年 7 月 22 日）

> 长城内外、大江南北，在大好景色
> 底下蕴含许许多多地球科学的发现，
> 却很少为行外人知晓。

华夏山水的由来
——引　言

大　哉我中华！
　　大哉我中华！
　　东水西山，
　　南石北土，真足夸。
　　泰山五台国基固，
　　震旦水陆已萌芽。
　　……

　　　　　——中国地质学会会歌（尹赞勋、杨钟健）

　　这是一首由尹赞勋、杨钟健①两位地学泰斗，在 1940 年作词的中国地质学会会歌，唱的就是华夏山水及其由来。华夏大地的锦绣山河，从何而来？"东水西山，南石北土"的地势，何时形成？回答这些问题，既是科学，又是文化。地球科学在探索自然规律的同时，也应该为社会提供丰富多采的文化产品。

---

　　① 杨钟健（1897—1979），地质学家和古生物学家，中国古脊椎动物学的开拓者和奠基人。

长城内外、大江南北,在大好景色底下蕴含许许多多地球科学的发现,却很少为行外人知晓。例如,你知道原来中国的地形曾经东高西低,后来才是"一江春水向东流"吗? 你知道今天的江南沃土也曾经是当初的荒漠,西北的沙漠也是后来才有的吗? 你知道 600 多万年前并没有宝岛台湾,而 2 万年前从上海可以步行走到东京吗? 你知道为什么会有 3 000 里秦岭将中国分为南北,成为华夏文明的龙脉吗?

图1　中国地质学会会徽,主题为"东水西山,南石北土"

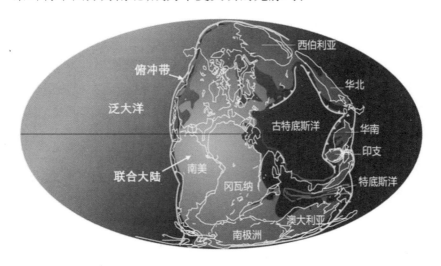

图2　2.5 亿年前世界上的海陆分布,华南、华北都在联合大陆之外

本专辑就是一次尝试,试图由战斗在科学第一线的专家,撰文揭示隐藏在山水背后的自然之谜,试图通过普通的语言,从学术角度来讨论炎黄子孙普遍关心的问题。从长江到秦岭,从东海、台湾到沙漠,我们选了五大主题,由五位专家在 2016 年上海的"地球系统科学大会"作专题报告,构成"华夏山水的由来"专题会。这些报

告在会上激起了出乎意料的学术热潮,有必要将这些报告作为专辑发表,以便与广大读者分享。

地理变迁既是科学、也是个社会命题。梁启超在 1901 年曾经感叹:"吾人所最惭愧者,莫如我国无国名之一事。"因为唐、宋、明、清都不是国名。等到辛亥革命后才叫中国,但是"曰中国,曰中华,又未免自尊自大,贻讥旁观"。其实,在古地理演变中,全球的大陆曾经几度聚合为联合大陆,而中国从来不在世界大陆的中央,却是屈居超级大陆与超级大洋的边缘。

可这并不见得是件坏事,人类至今也并不聚集在大陆的中央。今天的中国位于最大的大陆和最大的大洋之间,从喜马拉雅山到马尼拉海沟,4 000 千米的水平距离垂直落差 2 万米,因此沉积物的物流最强。[②] 几亿年来,西太平洋边缘一直是大洋板块俯冲的终点,3 万千米长的俯冲板片埋在下面的地幔里,好比是个板块的"坟场",因而构造上格外活跃,世界 70% 的边缘海盆地都在西太平洋,是世界上地质变迁最为剧烈的地区之一。不过从现在板块运动的方向看,亚洲正在与美洲靠拢,2.5 亿年后新版的超级大陆里,中国的位置倒是比较靠近中央。[③]

当然,人生苦短。"今人不见古时月,今月曾经照古人",与大自然相比,我们每个人都只是过眼烟云里的一颗云滴。你我今天看到的大自然,也只能算影片中的一个镜头,但只有知道今天的山水从哪里来,才能更好地呵护她、用好她,了解她今后的走向。

因此,"华夏山水的由来"将是个长久的主题。一来是大好河山蕴含太多的精彩选题,二来是随着研究深入,理解的深度并无止

---

② Pinxian Wang. *Cenozoic deformation and the history of sea-land interactions in Asia*. In: P.Clift, P. Wang, W. Kuhnt, D. Hayes (Eds.), Continent-Ocean Interactions in the East Asian Marginal Seas [C]. Geophysical Monograph 2004, 149, AGU, 1 - 22.

③ Maruyama S., Santosh M., Zhao, D., 2007. *Superplume, supercontinent, and postperovskite: mantle dynamics and anti-plate tectonics on the core-mantle boundary* [J]. Gondwana Research 11 (1 - 2), 7 - 37.

境。但愿本专辑将成为引玉之砖,希望很快会有更多、更好的作品问世。

　　科学与文化的结合,是振兴华夏软实力的必由之路,"山水"主题就是切入点之一,"山水画"就是华夏文化的一朵奇葩。中国古代学者,从郦道元到徐霞客,用脚踏实地的考察探索神州的山川。面对锦绣山河,又有多少文人墨客吟诗作赋,留下千古绝唱。我们的责任,是在前沿科学的基础上,让华夏山水的文化重现光芒。作为一项科学主题,希望"华夏山水的由来"有助于在当代科学和华夏文化之间架筑桥梁,还自然科学以文化本色,赋传统文化以科学精神。

　　　　　　(本文原载《中国科学·地球科学》,2017 年,47 卷 4 期)

现在社会把院士捧得如此之高是站不住的,总要掉下去。院士是人选出来的,少一票落选就回家抱孙子去,多一票就什么都有了,什么评审会都少不了,都要发言,人家都洗耳恭听。有这样的人吗? 你什么都会?

·作者　于达维　郑　焰·

科学界检讨院士制度

《瞭望东方周刊》2005 年 12 月 9 日

2005 年 11 月 17 日,91 岁的中国科学院资深院士裘法祖在《参考消息》上看到了一则让他激动的新闻。

他马上把这则报道复印了好多份,给朋友们看。报道说,以周光召、汪品先为首的一批科学家,批评了过度炒作院士权威现象,提出需要改革。

2005 年 11 月 15 日,在 13 名两院院士、100 多名企业家与科技人士参加的"院士圆桌会议"上,中国科学院院士、同济大学海洋地质系教授汪品先,在发言中提出,中国现行的院士制度不利于科技创新。

汪品先原定宣读一篇学术论文,但是后来他转而谈论科技创新问题。"这与大会主题一致,而且我的学术论文在这样的场合也过于专业。"汪品先解释道。

"这不是自己给自己捣乱,现在社会把院士捧得如此之高是站不住的,总要掉下去。院士是人选出来的,少一票落选就回家抱孙子去,多一票就什么都有了,什么评审会都少不了,都要发言,人家都洗耳恭听。有这样的人吗?你什么都会?"

汪品先认为,现行的院士制度不可持续,必须进行改革。其后,会议议程正常进行。院士们从各自的专业领域出发对大会主题展开讨论。

中国科协主席周光召院士在总结发言中,支持汪品先的看法。周光召院士批评了当前过分炒作院士权威的现象,以及科学界中的官本位现象。

周光召院士对与会的 13 名院士建议,如果大家都同意,可以在适当时候共同提一个议案。

几天后,当汪品先从外地出差回到上海时,他惊讶地发现,关于建议院士制度改革的消息,已经在业内传开了。

裴法祖在第一时间打电话给汪品先表示支持,说:"我对周光召和汪品先的发言深有共鸣,对中国现行院士制度改革的建议坚决支持。"

"我相信,中国有良知有正义感的科学家都会支持这件事。"裴法祖对《瞭望东方周刊》表示。

《瞭望东方周刊》采访的 8 名两

裴法祖院士(1914—2008)

院院士都从自己的亲身经历出发,对现行院士制度提出不同层面的批评,并对院士制度改革的说法表示支持。

所有信息显示,在中国"最有学问"的科学家群体中,潜规则也很盛行,而一场深刻的反思也在进行。

"我现在关心改革什么时候能提上议程,具体的议案如何讨论。"中国科学院一位不愿意透露姓名的院士表示。

推荐院士的潜规则

中国工程物理研究院王研究员两次被推荐参加院士评选,每次都是进入第一轮后被刷下去。现在老王的年龄过了,单位不能再继续推荐他,而如果自己申请,需要找同学科的 6 名院士推荐,老王不想去找人,只好算了。

他说,他认识很多在本学科水平很高的前辈都是因为年龄过线,又不想找人推荐,而与院士无缘。"旧知识分子比较清高,实在拉不下脸去活动托人。"

"院士应该是种荣誉,是别人授予的。而不是到处活动去要的。"汪品先说。

一位刚刚参加完院士增选投票的北京大学医学部的院士对《瞭望东方周刊》表示,评审过程中,他很看不惯到处送材料,送东西的风气,"院士们也很怕人找"。

"我对在评审中上门活动的人说,你来了肯定就减分了。"汪品先说。不过也有挡不住的时候,有好几次,不请自来的活动者已经在家门口了。

复杂的评审制度与增选前四处出击的公关活动,已经成为中国院士增选的一大特色。

根据现行的院士增选制度,候选人除了由院士推荐外,还可由单位推荐,国务院各部委、直属机构、办事机构、直属事业单位、部委管理的国家局,中国人民解放军四总部,各省、自治区、直辖市,中国科协均有权推荐。被推荐人年龄不得超过 65 周岁。

"部门越多,层级越复杂,活动的余地就越大。"汪品先说,"譬如你所在的大学推荐之后,还要上报教育部。这其中就有很多关节要疏通。而且有的环节未必能够对候选人的科学研究深入了解。"

"不知为什么会走到这一步,可能是我们把院士制度复杂化了。"中科院地质所朱日祥院士对《瞭望东方周刊》表示。

"我所理解的院士制度,是对过去工作的认可,是别人给予的荣誉。而不是跟学科以外的东西联系起来,跟经济利益挂钩。中国的院士制度走到今天变形了。"朱日祥说。

裘法祖还是香港外科医师学院的院士,"这里完全没有复杂的东西,学院内部选好之后通知我,事先都不知情。"

院 士 含 金 量

关于院士的含金量,是个冗长而复杂的话题。"院士这么热门,同他背后所联系的利益与整个社会评价体系有关。"汪品先说。

在汪品先当选院士的 1991 年,院士福利还比较少,国家每月提供 200 多元的补贴。

"后来花样就渐渐多了起来,而且与行政级别挂上了钩。"现在很多学校通行的做法是:一名院士一年给 10 万元的津贴,有些地方还分房子,配车,配私人医生。而与此同时,汪品先工资单上的收入却一直是 2 000 多元。

"这当然不能反映我的收入水平。但有的地方,你评上院士就什么都有了,评不上可能就只有这点死工资。"汪品先说。

对老王而言,他申请院士的一部分原因也是家庭比较困难。基础研究没什么油水,2004 年刚刚买了房子,已经花光了所有积蓄。他儿子在外地工作,到了结婚年龄还没有找到合适的对象,他觉得自己没有给儿子提供更好的条件。

"如果能够当选院士的话,不仅可以分房子,在某些城市,如上海、广州,每月还有一万元的津贴,这可以给生活带来很大的改善。"

当然,这些利益还远远不是全部。如今,院士人数成为大学排名的标准之一,而学校排名又与招生质量直接相连。一些学校为了提高名次,到处"挖"院士。湖南某大学开出的条件是,一次性支付100万元人才使用费,100万元科研启动费,安排200平方米左右的住房,并安排配偶工作。而院士可以只担任荣誉头衔,甚至都不需要到当地工作。

另一方面,作为中国科技界的最高头衔,名目繁多的项目评审需要院士参与。"其实很多时候,我们并不是对什么都懂,但好像没有院士,就不能提升会议规格。而且规格越低的会议,出场费越高,像一些地方性会议,红包很多。"汪品先说。有些人当上院士之后,就到处开会,成了专职的"会议院士"。

在重大课题与博士点评审方面,也少不了院士的身影。某大学在博士点评审之前找汪品先说情,如果不能通过此次的评审他们就会失去很多项目经费,影响很多的人饭碗。"这样的事情,让我很为难。"汪品先说。

正因为有这样重大的利益关联,一位不愿意透露姓名的院士对《瞭望东方周刊》表示,各大学基本上都有专门申请院士的公关费,每当评审要开始的时候,他们就早早四处活动。

当然产生一个院士所带来的好处远远超过当初的这笔公关费用。

"院士制度和部门利益牵扯到了一起,某个部门、某个省市、某个学校就用尽各种办法增加本单位的院士人数,一旦本单位多了一个院士,申请项目有院士牵头就比较有分量,容易过。"两院院士、美国国家工程科学院外籍院士、81岁高龄的中科院力学所的郑哲敏对《瞭望东方周刊》表示。

"因为科研经费可以提成,这让很多人想方设法申请大项目,到最后搞不出什么成果也不用负责任。而国家给的钱是搞科研的,不是拿来分的。"郑老说起这些现象痛心疾首,"灰色的东西太多,把风气都弄坏了。"

西部某省在省会举行隆重的给院士配车仪式,给12位在该省工作的两院院士配备了国产的别克专用小汽车,配车仪式锣鼓喧天,鼓号齐鸣,少先队献花,记者云集。在更多地方,为院士塑像,造院士馆也成了时髦行为。

汪品先的母校曾经对他发出邀请,提议为他塑像。"我吓了一跳,赶忙写信给母校。院士也不过是做科学研究工作,把院士抬这么高是要不得的。我说,要是有一天我出问题了,你们把我的塑像怎么办呢,他们说,这个塑像是可以活动的。"汪品先说到这里,忍不住笑了。

"院士评的是过去,不是未来。不能因为是院士就可以占有更多资源。"中科院地质所朱日祥院士对《瞭望东方周刊》表示。

权力左右科研

"现在有种奇怪的现象,当了官还要当院士,而评了院士能当更大的官。官员与院士有什么必然联系吗?"裘法祖反问。

裘法祖的一位好友是国内非常著名的医学专家,但他没有参加院士评选。"他觉得现在中国的院士头衔并不光荣,甚至引人误会,有些丢脸。"他说,"这种局面必须改,不然再过几年中国的科学界真要坏掉了。"

中国科技协会主席周光召在2005年8月与新疆老科技工作者座谈时,批评了科学界存在的官本位现象。一些老科技工作者提出:"一线科技工作者实际待遇无法落实,往往是担任了行政职务后才能真正享受到相关待遇。"因此,"大量科研工作者千方百计要混个官当当",一些单位和部门的领导也乐于给那些有成就的科技人员委以大大小小的官衔,似乎只有封官才能体现对科技工作者成绩和学识的肯定。

周光召说:"目前有许多人既做官又搞科研,严重影响科研事业发展。"

在 2005 年 11 月 15 日的"院士圆桌会议"上,周光召认为,现在把所有东西都分成等级,学术界也是如此。如院长、所长,以"长"来决定权威,这在某种程度上是官本位的复制,是阻碍学术创新的因素。

"我非常赞同这一说法。科学界是个最要不得权威的领域。现在把院士抬得这么高,塑造成权威,对研究不利,对年轻人不利。"裴法祖说。

一位不愿意透露姓名的院士对《瞭望东方周刊》表示,在国内的科研项目评审过程中,有很多潜规则,大家常常要去揣测领导的意图,而不是完全根据科研规律来办事。"越小的项目就有越多的民主,而大的项目则常常不透明。评上院士当然对申报课题有好处,因为你也进入这样一个评审的圈子。"

"中国社会曾长期处在封建等级制度的禁锢之下,'官本位'及排座次的思想仍然在各领域存在,包括学术领域。"中国人民大学国民经济管理系教授顾海兵这样对《瞭望东方周刊》评述。

他在 2003 年至 2004 年曾带领课题组对中国的院士制度做了专题研究,在与美、英、俄、法、日的院士制度进行对比研究后,顾海兵的结论是中国现行院士制度必须改革。

北京大学医学部的一位院士这样对《瞭望东方周刊》说:"我们看一个院士怎么看,要看他选上院士之后是在第一线兢兢业业地工作,还是当官了,出名了,下海了。"

改革还是废除

2001 年,中国科学院学部道德建设委员会公布了《中国科学院院士科学道德自律准则》。此项准则被外界称为中国科学院"十诫",准则要求院士抵制科技界的腐败和违规行为。

"自律准则有些作用,但总是治标不治本。"一位不愿透露姓名的院士说。

事实上,在历年的两院院士增选中,关于院士制度改革的呼声一直不断。"这么多年过去了,我们还在沿用 20 世纪 50 年代的学部委员推选制度,而外界环境发生了天翻地覆的变化。"汪品先说。

据介绍,在汪所在的地学部,每次开会,大家都对现行的制度问题有所讨论。"有些都已达成共识,方案也做了好几套,但不知为什么,最后总是不了了之。"

汪品先觉得,首先需要改革的是院士推荐办法,减少推荐层级,增加透明度,使院士与候选人之间有面对面的交流机会。

他的这一看法与郑哲敏不谋而合。郑曾是钱学森在加州理工学院的学生,他回忆道,有时别人问钱老,你们在美国怎么选教授,他说:"就是大家坐下来,比一比大家都做了什么就行了。不像我们比那么多轮,看起来很公平,其实问题很多。"

另一个在采访中几乎被所有人提及的话题,就是把院士头衔与物质利益脱钩,让它成为一种纯粹的荣誉,而从工资层面,厘清科技工作者的待遇。

相对而言,顾海兵在他的报告中所提出的结论比较极端,顾海兵认为最优对策是从现在开始,不再增选院士,使院士逐步减少直至消失;将现有院士全部改称为"中国科学学会会员""中国工程学会会员""中国医学学会会员";学会及其会员独立于中国科学院;学会除了内部的交流与活动之外,一是为政府与社会提供咨询,二是资助青年研究人员、主持科研颁奖仪式。

中国工程物理研究院老王觉得,院士制度的问题不是孤立的,与中国处于社会转型期,规则不甚明确,名重于实,人们的心态比较浮躁有关。另一方面,中国人固有的文化陋习,如拉帮结派,官本位等在这一制度里也有体现。所以,他对改革的前景不甚乐观。

"随着社会逐渐成熟,到我们下一代也许会好一点,他们比我们聪明,会想出好办法来,毕竟不真实的东西总不会长久。"郑哲敏说。

中国院士制度由来

中国的院士制度最早可追溯至 1928 年成立的中央研究院,开始时其成员称为"评议员"。1946 年,中央研究院决定建立院士制度。当时规定入选院士的资格有两条:一是在专业上有特殊著作、发现或贡献,二是主持学术机关在 5 年以上而且成绩卓著者。

中华人民共和国成立后,中国科学院在原中央研究院和北平研究院的部分研究所的基础上建立,是国家设立的科学技术方面最高学术机构和全国自然科学与高新技术综合研究发展中心。

1953 年中国科学院访苏代表团回国后即酝酿学习苏联经验,建立学部制以加强学术领导和管理,并拟待条件成熟时选举院士(当时称为学部委员)。

1954 年中科院开始筹备建立物理学数学化学、生物学地学、技术科学和哲学社会科学四个学部,向全国自然科学家发信,请他们推荐学部委员人选。1955 年 6 月,中国科学院学部成立大会在京召开,正式宣布成立学部,参会的学部委员有 199 人。

20 世纪 50 年代开始的中科院学部委员制度,把有能力的人选为院士,并给他们良好的待遇。学者们对中国各行各业的发展起了很大作用。

学部委员在 1956 年选举后中止了增选。1980 年,中国科学院恢复了学部委员选举。1993 年 10 月,国务院第十一次常务会议决定中国科学院学部委员改称中国科学院院士,同时决定成立中国工程院。

1994 年 6 月中科院第七次院士大会选举产生了首批 96 名中国工程院院士,中国工程院正式成立,它是我国工程技术界的最高荣誉性、咨询性学术机构。

增选院士每两年进行一次,每次增选名额,由院士大会的常设领导机构确定。中国科学院现有院士 657 人,中国工程院现有院士 654 人。

　　经过多年的不懈努力，汪品先在促进中国海洋科学研究计划的拓展中，起了重要作用。

·胡昭阳/编译·

锲而不舍的中国海洋科学家①

《世界科学》2011 年第 3 期

汪品先是在极其简陋的条件下开始他的科学生涯的。在上海一个没有暖气的废弃车间里，他度过了漫漫寒冬。他曾经用饭碗淘洗海底沉积样品，还且只有一台很难对焦的显微镜。书架上最重要的书是一本俄罗斯古生物学大全，汪品先就是借助这本书，鉴定从中国近海取出的微体化石。

关 注 深 海

　　"这是一种开启海洋学事业的异乎寻常的方式。"汪品先笑着回忆起半个世纪前的那些日子。他深深地迷上这些微小的化石，它们是通往地球远古的窗户。他梦想着通过对这些化石的研究，能有助于提高中国的科研实力。

　　汪品先，上海同济大学海洋地质学家，已年届七旬，1991 年当

---

　　① 原文发表于 2011 年 1 月 27 日 *Nature* 学报，原来的标题是"China's unsinkable scientist"，直译"一位沉没不了的中国科学家"，作者 Jane Qiu。标题模仿 1964 年的美国著名电影："沉没不了的莫莉·布朗(The unsinkable Molly Brown)"，讲述"泰坦尼克"号沉没时幸存并救人的女英雄。

选中国科学院院士,并担任多届全国人大代表和政协委员,其学术
地位和影响力不断提升。几十年来,这位科学家一直敢于直言,利
用各种机会建议国家增加对海洋科学研究的投入。之前,这些建
议都石沉大海。但是,随着中国对能源和矿产的需求与日俱增,对
深海的兴趣也随之增长。未来5年,中国将增加对海洋科学,特别
是海洋勘探和深海技术等领域的投入。

这一浪潮改变了汪品先的境遇。2010年7月,国家自然科学
基金委员会设立了"南海深部计划",历时8年,研究经费总额1.5
亿元,汪品先出任专家指导组组长,领导中国南海的地质和生物学
研究。前不久,该项目在上海正式开会启动。②

"中国南海是海洋学家和气候学家的天堂,"汪品先说。南海
位于亚洲和太平洋之间,是多种水流的交汇处,对全球气候产生影
响。与此相关的亚洲季风气候,带来亚洲大陆数10亿人所需的水
资源。南海项目将挖掘史前气候的相关信息,探索海洋盆地是如
何形成的。同时,该项目也将研究深海的微生物群落,在储存于沉
积物到释放至海洋和大气的碳循环过程中,这些微生物群落发挥
重要的作用。

成 长 历 程

1936年,汪品先出生在上海,成长于中国历史上的战乱时期。
中华人民共和国成立后,年轻的政府开始派遣有培养前途的学生
到苏联学习。1955年,汪品先获得赴莫斯科国立大学学习的机会,
主攻地质学,这门学科对寻找矿产资源和石油具有实用价值,需要
优先发展。

---

② 该项目是指中国国家自然科学基金委员会,于2011年元旦启动的重大研究计
划——"南海深部过程演变"。从海盆形成、沉积响应和生物地球化学三方面入手,通过现
代深海过程与地质演变相结合,揭示边缘海演变的"生命史"及其对海底资源和宏观环境的
影响。这是我国首次大规模的深海基础研究计划,2011年1月26日至27日在上海举行学
术研讨和研究计划启动会议。

　　这段经历对汪品先影响深远。他在苏联表现优异，在莫斯科的科学训练中茁壮成长。相对于祖国正经历的严峻经济形势和社会风暴而言，那里相当安全。1960 年回国后，他因敢于直言受到批判。他表示对中国大范围饥荒的关注，然而当时的"大跃进"经济政策正被广泛描绘成一个巨大的成功。"在我看来，这完全没有道理。"汪品先说。

　　由于当时的经济极端困难，最初汪品先所学的本事在中国似乎无关紧要，特别是在"文化大革命"时期。出于国家对化石燃料储备的需求，1972 年，汪品先被政府召唤，分析海洋样本中的微体化石，以探明石油储藏状况。

　　在那个车间中，汪品先只有一些基础设备，尽管如此，他仍坚持工作，并最终于 1980 年出版《中国海洋微体古生物》，该书后被翻译成英文出版。汪品先参与书中 17 篇文章的撰写，他的学术成就也开始赢得国际声誉。在当时中国的海洋地质科学还几乎不为人知的情况下，这本书加强了中国海洋科学和国外研究的沟通。

南　海　钻　探

　　这项工作也引起国际对中国海洋区域的兴趣。汪品先说服大洋钻探计划（**ODP**）这一国际研究活动在南海进行了第一次深海科学钻探，并联合主持了 1999 年的 **ODP** 第 184 航次，在南海南北大陆坡钻孔 17 口，探寻东亚季风的历史。[③]

　　中国的南海位于世界最高山脉喜马拉雅山和地球最深的西太平洋马里亚纳海沟之间。周围山脉的侵蚀导致沉积物在海底迅速

────────────

　　③　大洋钻探（ODP）是地球科学迄今为止规模最大、延续最长、也最为成功的大型国际合作科学计划，由各国科学家提出钻探建议，通过国际评审择优实施钻探航次。以汪品先为首的我国科学家提出的"东亚季风是在南海的记录及其全球气候意义"钻探建议书，在 1997 年全球评比中获第一名。于是，在 1999 年 2 月 11 日到 4 月 12 日执行大洋钻探第 184 航次，汪品先和美国教授共任首席科学家，取得岩芯 5 千多米，成功实施了中国海区首次的深海科学钻探。

堆积,保存了过去4 500万年间区域气候的详细记录,在此期间,印度板块和亚洲板块相撞,形成了喜马拉雅山。

"中国南海中可能会有地球上最迷人的地质记录,"法国气候与环境科学实验室的古海洋学家卡罗·拉伊(**Carlo Laj**)说。拉伊在 **ODP** 航次期间结识了汪品先,两人此后在中法对南海的古海洋学联合考察中开展了合作。

全 球 季 风

ODP 的钻探活动是汪品先研究生涯中的一个转折点。通过对南海记录的研究,他和同事们发现,该地区的化学特征在过去的160万年中有过显著的变化。海底沉积物岩芯中包含着许多浮游生物化石,可用于测量古海水中碳-13和碳-12同位素的比率。由此推断多种碳库的相关信息,包括大气二氧化碳碳库和海洋中的有机物质碳库。汪品先发现,碳比例的波动同地球轨道的变化——如公转轨道的偏心率的变化规律保持一致。这个比例在两极冰盖扩张之前达到峰值,说明其中可能确有联系。

这些轨道周期是地球气候的起搏器,人们通常认为它通过减少北部高纬度地区的夏季日照量,触发冰期的来临。但是,汪品先的研究促使人们将注意力集中在热带地区,他提出轨道周期对地面温度下降的作用,可能是通过对低纬度地区一些地质过程,如岩石风化实现的,并且反过来又导致对碳系统的重大改变。

汪品先还对东亚季风及其相关领域进行研究。他与其他的研究人员已经从南海和世界其他地方的季风记录中发现轨道周期的痕迹。汪品先等人并不认为季风是孤立的区域现象,而是强调"全球季风"的概念。"全球季风"是指大气在热带和亚热带地区大规模的扰动。在古气候研究领域中,"品先是第一个把古季风放在全球尺度中进行研究的,"拉伊说,"这极具独创性和洞察力"。汪品先对长期气候的研究使他获得2007年欧洲地球科学联合会的"米兰科维奇奖"。

期 待 未 来

随着中国政府对海洋研究的关注和资金投入的增加,汪品先对未来有了更深远的设想。除了为期 8 年的南海计划外,在政府的支持下,他的团队在上海东南的小岛小衢山附近建立海底观测站。这个观测站会记录海洋的重要特征,包括温度、盐度和沉积速率。他希望,最终能在南海海底建立一个类似于美国和加拿大的海底观测网。他说:"只有这样我们才能真正了解海洋。"

回首往事,能在一个并不宽松的政治体制下获得成功,汪品先也感到有些惊讶。最近,他公开批评中国社会中的一些固有权利。3 年前,他曾炮轰中科院院士的评选并非完全基于学术成就。同时,院士们享有与自身不相称的特权。他的言论对中国科学界产生了很大的冲击,甚至连几个朋友都与他反目。

然而,汪品先并没有减少对科学家的批评。作为 1986 年到 1992 年中国最高立法机关——全国人民代表大会的代表,他曾对一些政治决议的程序提出质疑。

虽然事业已硕果累累,汪品先仍然很关注在这个曾有过多次政治风波的社会中,科学未来的命运会如何。他指出,过度的商业化和道德价值赤字已导致学术不端行为的猖獗。他说,中国"需要做出一些艰难的决定,进行进一步的改革,特别是对科学体制而言"。

不过从长远来看,汪品先承认,与他在上海那个寒冷的车间里的辛劳相比,祖国已经取得了巨大的进步。"事物会随着时间而改变,"他说,"让我们期待吧。"

海底之诱人，就在于人类对它还有太多未知。

·记者　许琦敏·

中国版"老人与海"

《文汇报》2012 年 5 月 21 日

美国作家海明威笔下有一位老人，独自在远离海岸的湾流中整整坚持了 3 天，终于捕回了一条无与伦比的大鱼。如果《老人与海》的故事有中国版，那么同济大学海洋学院教授、中科院院士汪品先，一定就是那位老人，而中国的南海，就是他想捕捉"大鱼"的地方。

汪品先院士

他心中的"大鱼"，是与中国未来发展命运休戚相关的深海奥秘、海底资源，是关系到整个地球过去与未来的自然规律。

为此，他坚持不懈地努力着。1998 年，汪品先带领团队争取到"国际大洋钻探计划"184 航次，他出任该航次的首席科学家，在南海海底取回了第一批深海岩芯。2011 年 1 月，国家自然基金委立项的"南海深海过程演变"重大研究计划启动，他担任指导专家组组长。

中国的文明植根于大陆,我们习惯性地忽视海洋,这令汪品先着急。因为这条"大鱼"只靠他一个"渔夫"是钓不上来的,必须有涉及各个学科的更多科研技术人员一起来完成。"我们要有自己的深潜器,要造自己的大洋钻探船,还要建立自己的海底观测网……"

近十几年,国家对海洋越来越重视,而且支持重心逐步从"舟楫之便,渔盐之利"拓展到海底,转向深海钻探、海底观测等海洋科学的前沿。汪品先说,我国海洋科学的春天来到了! 2012 年,他又在积极争取"国际大洋钻探计划"新一轮的航次。

他说,如今的海洋之争已日趋白热化,我们今天所做的一切,是为了在 10 年后,中国的深海科学有希望走到世界前列。

海平面2 000 米以下有太多未知

汪品先办公室的墙上,悬挂着一幅全球地图,深蓝色所代表的水深超过 2 000 米的深海,占据 60%的视野。可是,人类对深海海底的了解,还不如对月球、火星表面来得多。

那里曾被认为是一个黑暗、寒冷、高压、了无生机的世界。人类直到"二战"之后的半个世纪,才慢慢对这个巨大而神奇的世界有所了解:先是发现地球上最大的山脉在海底,这才弄明白地球表面的板块构造——生成板块的海底山脉上会喷出热液,板块消失在海沟底下时会发生地震。后来,人类又在深海和海底发现了与地球上依靠氧气和光合作用的生物圈完全不同的"暗能量生物圈",这个海底下的生命世界竟占了地球总生物量的 30%。

汪品先说,海平面2 000 米以下的精彩,真是说不尽,道不完。

热液是从海底火山活动频繁的大洋中脊山顶喷涌而出的高温液体,通常温度高达两三百摄氏度。这种液体中含有大量丰富的化学物质,可以为其他生物提供养料。在黑暗、寒冷如荒漠的海底,它就像一个个绿洲,形成蔚为壮观的热液生物群。

丁抗教授是汪品先的同事,他是潜入千米以下深海的第一位中国人,他曾这样描述热液生物群——海底世界不仅宁静,而且很干净,看不到水草,绝大多数情况下看不到鱼和任何生物,偶尔会看到海绵,而当你看到有生命迹象,如螃蟹等时,就离热液很近了,看到热液时就是另一个世界了,非常壮观。

"在热液口,经常看到长长的管状蠕虫,它们一无口腔,二无肛门,就靠一肚子硫细菌共生,提供营养。"汪品先翻出几张图,那是国外深潜器拍摄的热液生物群的实物照片。他说,在海底之下的岩层中,还有数量更为庞大的原核生物,它们早已埋在地下,有的已享有数百万年以上的高寿,是地球上真正的"寿星"。它们为了适应"水深火热"的环境,在暗无天日的岩石狭缝中长期"休眠",只有岩浆活动带来热量与挥发物,它们才会突然活跃起来重返"青春",甚至从热液口喷出,造成海底微生物的"雪花"奇观。

这些热液区就是地球深部的"窗口"。海水下渗到海底以下两三千米与岩浆相互作用,将金属元素带上来,形成富含硫化物的黑色热液从海底喷发出来,这些热液渗入周围岩层或裂隙中冷却后,其矿物金属化合物释出并沉积,便逐步形成金属硫化物的矿脉。

"20世纪六七十年代以前,科学家就在海底发现了锰结核,后来又发现了钴结壳,再后来是大洋中脊热液口的金属硫化物。每一个发现都引起一阵热潮。"汪品先说,现在最引人注目的是新发现的天然气水合物"可燃冰"。据估计"可燃冰"中碳的储量超过目前全部矿物燃料的总和,有希望成为未来能源的主体。同时,在天然气水合物释放区的周围,又形成了依靠甲烷细菌释放能量而生存的"冷泉生物群"。

最近,日本在太平洋海底发现了稀土资源,其可采储量超过陆地1 000倍。汪品先说,海底之诱人,就在于人类对它还有太多未知。

要发现更多深藏在海底的"未知",就必须从根本上去了解海底在整个地球各种圈层中所处的位置、发挥什么样的作用,现在的海底究竟是怎样形成的。

已有很多发现,打破人们的惯常想法。例如,海底是"漏"的。以前,我们总认为江河湖水流到大海便是终点,但汪品先告诉记者,在俯冲带,大洋板块带着水下沉到地幔深处。实验表明,玄武岩和安山岩的大洋壳可以含1%—2%的水,深入到俯冲带200千米以下。地质历史上带入地幔的水,可能相当于现在大洋海水总量的四分之一。

"纵观地球史,最早形成地球的物质中有2%的质量是水,而今天表层系统中的水只占地球质量的0.02%,除去逸失者外,其余应当留在地球的深部。"他说,"这一发现改变了人们以前对水循环的认识,除了地表水循环,大洋底部也在进行着水循环。"后来,对东太平洋胡安·德富卡中脊的钻井观测发现,海底之下还有地下水,宛如地下的"海洋",从洋中脊到俯冲带,每年至少流动30米。

"海底地下水经常会溢出,在岸边可能是淡水,大洋底的可能是咸水。"他介绍,有人研究后提出,大西洋的海底地下水输入量与河流的输入量相当。根据推算,全大洋海水每隔500万年到1 100万年都会到海底热液系统中循环一周,如果把洋中脊两翼的扩散对流也算上,循环周期则减为100万年。地球内部产生的热通量,25%—30%由大洋热液系统向外输送,"这些都是影响海水成分、地球环境的大事"。

除了水循环,大洋海底在全球碳循环中扮演的角色同样举足轻重——碳在土壤中停留的时间以百千年计,那它在海洋中停留的时间则以万年、10万年为尺度。多年前汪品先就提出,地球系统科学的研究必须将表层系统与地球深部结合起来。"由表及里"是认识的规律,越来越多的证据表明,地球表层看到的现象,根子在深部;缺了深部,地球系统就无法理解,越是大范围、长尺度,越是如此。这也是他为何要极力推动"南海大计划"的原因。

建海底观测网,"蹲点"了解原生态世界

在同济海洋地质国家重点实验室有一块大屏幕,每隔十几秒,地图上代表东海小衢山位置的灯亮起,就代表有数据从东海海底传到实验室。

2009 年,汪品先率领的团队,建立起我国第一个海底综合观测小型试验系统——东海海底观测小衢山试验站,至今已经运行 3 年多时间。在此基础上,投资 4 000 万元的"东海海底观测网"已开始建设,该观测网将建在舟山群岛以东的内陆架上,深度在 50 米左右,海缆长度达到 20 千米。

这也只是一个初步积累,汪品先最想做的是在南海建立深海海底观测网。

他认为,到海底观测深海是人类视域的第三次突破。第一次是在 17 世纪,显微镜的发明使人类第一次看到微观世界,包括微生物、细胞,后来随着技术进步,又看到分子、原子、电子……第二次是在 20 世纪,航天技术使人克服地球引力进入太空,第一次看到地球的全貌,开始将地球看作一个整体,使地球系统科学产生,也对海洋有了整体认识。

然而,通过遥感技术观测海洋,"视力"仅仅局限在表面,无法穿透千百米厚的水层达到大洋底部。因此,科学家开始思考能否把观测平台建在海底,从海底向上看海水,向下看地球内部:在地球表面,深海海底是离地球内部最近的地方。

根据这个设想,一些发达国家将海洋科考的"触角"伸到海底,在那里架设仪器进行长期观测。2009 年,加拿大建成世界上最大的海底观测网"海王星"。美国、欧盟、日本也在积极推进该领域的研究和建设。

2010 年,同济大学联合兄弟院校,把自己研制的一套能在水下1 000 米作业的观测设备运到美国,接在 900 米深的"玛尔斯"海底观测网上做性能测试,历时半年。"这套设备就是为南海海底观测

网做准备的。"汪品先说,尽管设备远在大洋彼岸的海底,但所有海底数据能够实时传送到在上海的实验室——虽然只是设备测试,但利用这些数据,足可以发表不错的论文。

汪品先把大洋船出海科考比作"视察",而海底观测网则是"蹲点"。"偶尔去看一次,和每天在那里盯着,观察到的东西肯定大不相同。"他说,如海上台风的形成、运动,对海洋有什么影响,这都需要长时期观测,但一旦遇到台风,考察船避之不及,还怎么观测呢?

20 世纪 80 年代,美国在赤道太平洋放置了 70 个深水锚系,经过两三年的观测,找到了"厄尔尼诺"形成的原因——西太平洋温暖的海水流到了东太平洋,造成东太平洋冷水域海水温度异常升高。如今,美国可以依据这些数据,提前半年预报"厄尔尼诺"的发生。

类似的结果只有长期、连续、原位地观测才能得到——这就是海底观测网无可替代的作用。他说,这个建议是丁抗教授等最早提出的,他们从 2006 年开始推动。目前,小衢山的东海观测网尽管规模不大,但 2010 年 2 月底智利发生 8.8 级地震后,居然测到了来自智利的海水波动。

海底观测系统什么样?建设"海底观测网"相当于在海底设置"气象站"和"实验室",将各种观测仪器放入深海底、通过光电缆连接上岸,对海底进行长时期的实时原位观测。例如,要观察海底热液,通过深潜器只能"到此一游"式地进行,而海底观测网则可在热液口旁搭起一个如同摄影棚一般的实验室:安置上光源,再架起立体摄像机、声纳成像仪拍摄实景,同时机器手在一旁取样,放置到旁边的生化实验装置中进行各种实验,最终,数据、图像再通过光电缆传回岸上。

汪品先说,就像刚从海里打捞上来的鲜活海鲜,吃起来就比远距离运输的冰冻海鲜要美味一样,离开深海环境,很多生物没上岸就已经死了,很多样本也会在上浮过程中性质有所改变,而"海底实验室"正可以让科学家了解更多原生态东西。

建造深海观测网,挑战巨大。仪器要想在寒冷、黑暗、高压的海底长期稳定工作,要求非常高,首先要有这样一个研发基地。汪品先认为,上海应该为中国的海洋事业担当起这个重任。

"在发展海洋科技上,上海占据了天时、地利、人和。"他认为,上海作为我国国际航运中心,本身已经是我国海洋经济的发展基地之一,如能以深海大洋为目标,从海洋高科技入手,将能为未来海洋经济的发展奠定基础。

无论是海洋产业,还是海洋科研力量,上海都有着相当强大的实力,造船、航运、水产、海上油气、海洋药业、海洋仪器……在为深海科技提供研发力量的同时,深海探测项目本身也能为拉动这些产业的发展、升级、辐射,提供强劲动力。

上海在海洋方面有三个国家重点实验室,分别是上海交大的海洋工程国家重点实验室、华东师范大学的河口海岸国家重点实验室,以及同济大学的海洋地质国家重点实验室;东海分局之外,更有海事大学、海洋大学、极地中心等机构。他认为,这些科研机构与高校各有所长,一旦联合起来,将发挥巨大能量。

2009 年,汪品先曾给时任上海市委书记俞正声写信,希望上海能带头,率先从长江口走向深海,为我国的海洋科技发展闯出一条道路。当年,一家联合上海多家海洋相关的科研单位的"上海海洋科技中心"开始筹建。2011 年 4 月,俞正声在市委常委学习会上表示,将力争早日建成这一中心。

2011 年已经 75 岁的汪品先担任这个中心的筹备主任,他希望能探索一种新机制,更有效地推动中国海洋科技的发展。

"南海大计划",有利于处理诸多纠纷

2011 年 1 月,国家自然基金委启动"南海深海过程演变"重大研究计划,支持经费 1.5 亿元,由汪品先牵头主持。2011 年 1 月英国《自然》杂志刊发对汪品先的专访,2011 年 1 月美国《科学》杂志也就"南海大计划"采访了汪品先。

深入研究南海，汪品先向往了很多年。他一直强调要从根本上认识海洋，而弄清楚海洋的生命史，是认识海洋的一个关键。

1936年出生于上海的汪品先，年轻时代曾赴莫斯科大学学习地质。20世纪70年代，出于寻找化石能源的需求，国家要求他从事海洋微生物化石方面的研究。当时，他和同事们从招收工农兵大学生开始，依靠简陋的设备，建立起同济大学海洋地质系。尽管条件艰苦，但他们在1980年就出版了《中国海洋微体古生物》文集，后来又出了英文版。

"华夏文明是一个大陆文明，天生对海洋缺乏探索的欲望。"汪品先说，多年来中国海洋科学的研究经费一直相当紧张，但同济的海洋地质系一直坚持在做研究。"美国1968年就开始了深海钻探，当时我们还在'文化革命'；后来是从一位老院士翻译的文章中，才听到这个名词，继而知道了板块学说。"

美国科学家发起的深海钻探计划由于成果显著，于1985年发展为"国际大洋钻探计划"（**ODP**），由美国科学基金会和各成员国共同出资，采取由各成员国科学家提出科学问题、大家投票的办法，来决定不同航次的实施方案。

加入**ODP**，用国际科学设备解决由中国科学家提出的问题，成了汪品先当时最想做成的一件事。几经周折，中国于1998年春加入了**ODP**。与此同时，汪品先提交了"东亚季风历史在南海的记录及其全球气候影响"的建议书。这份建议书在1997年全球排序中名列第一，并作为**ODP**第184航次于1999年春天在南海实施，汪品先成为该航次的两位首席科学家之一。

作为中国海的首次大洋钻探，184航次是根据中国学者的思路、在中国学者主持下、以中国人占优势的情况下实现，标志我国走进世界海洋科学的前沿——

南海的**ODP**第184航次在南海南北6个深水站位钻孔17口，取得高质量的连续岩芯共计5 500米。航次后经过几年艰苦的分析研究，取得了数10万个古生物学、地球化学、沉积学等方面高质量数据,建立起西太平洋 3 200 万年以来的最佳古环境和地层剖面,为揭示高原隆升、季风变迁的历史,了解中国宏观环境变迁的机制提供了条件,推进我国地质科学进入海陆结合的新阶段。

我国的海洋科学紧接着进入一个快速发展期,相关设备的研发也陆续启动。2002 年,7 000 米载人深潜器"蛟龙号"列入 863 重大专项,2012 年夏天将挑战终极目标;2005 年,改造一新的"大洋一号"科考船,开始了全球考察的航行;我国学术界还在推动自主设计制造的大洋钻探船……

汪品先回忆,当时他提出的建议恰好击中了国际海洋科学领域的要害:当时,东亚、东南亚地区的经济正处于上升势头,东亚季风对该区域经济的影响越来越显著,取得东亚季风的深海证据,对研究东亚季风活动至关重要。而此前,该领域的研究尚属空白。

但这还不是汪品先的最终目的,他还要更深入地研究南海。

南海面积 350 万平方千米,最大水深 5 500 多米,既是全球低纬度,也是西太平洋最大的边缘海(位于大陆边缘,一侧以大陆为界,另一侧以半岛、岛弧与大洋分隔的海域)。它的海底沉积物里保留着碳酸钙,记录着从它形成以来的丰富历史,而这类沉积记录在西太平洋是很难找到的。与大洋相比,南海就像一只"五脏俱全"的麻雀,"解剖"这只麻雀,就可能在崭新的水平上认识海洋变迁及其对海底资源和宏观环境的影响。

"就在南海北部陆坡,2006 年发现深海天然气,2007 年找到'可燃冰'。"汪品先说。南海海底还有丰富的石油资源,这些矿藏是怎样形成的? 形成的地点可能在哪里? 如果不能透彻细致地了解南海,茫茫洋面上我们又如何知道该从哪里入手钻探呢?

然而,目前我们连南海的年龄都还不清楚。现在南海的年龄只是根据 30 年前美国的船测资料,即根据海底地磁异常获得的模糊结果,认为南海形成于距今 3 200 万到 1 600 万年前。1999 年南海大洋钻探取得了 3 300 万年来的沉积记录,但是地层记录中最重大构造事件发生在 2 500 万年前后——这是南海"发育"的重要时期,也与矿藏的形成密切相关。搞清楚了这些,中国才能在南海资源的开发与保护中,占据有利位置。

"为什么现在国际纷争很多发生在一些偏远的海上小岛,有的甚至是无人岛?"他说,因为根据"国际海洋法公约",拥有一个岛屿就意味着拥有周围 200 海里的专属经济区——哪怕这个小岛只有立锥之地,一样有 40 万平方海里的辽阔海域划为专属经济区。

"南海的西沙、南沙、中沙群岛,共有 200 多个岛屿,其主权是我国的核心利益,开发利用是我国海洋科学服务的天职。从科学上细致地了解南海,将有利于我国处理南海的诸多纷争。"他说。

在汪品先眼中,南海的生命史如同一个鲜活的生命,有血有肉有骨架。南海生命史的"骨架"是岩石的构造,从海底扩张到板块俯冲的地质构造演化;它的"肉"则是泥巴,来自陆地的泥沙、各种海洋生物遗体在深海沉积,并填充进海底盆地,储藏了油气、记录了历史;它的"血"则是充盈其中的流体,从海水到热液、冷泉,包括海底上、下的海洋,也支撑着庞大的暗能量生物圈。

"1999 年我们的钻头深入水下 3 300 米,穿过 850 米的沉积物。我们要争取把钻头深入海底地壳的岩石里至少 100 米。"汪品先说,根据专家意见,只有打穿几十米十分坚硬的玄武岩,才能保证取到标准的岩芯,来实现预定的科学目标。任务十分艰巨。

2012 年春节,汪品先很忙碌,因为他和同事们正在准备南海 **ODP** 新航次的建议书。就在年初八,30 多位国际专家聚首上海讨论新建议,汪品先希望国际大洋钻探船在 2014 年再来南海,实现我国设计、主导的第二次大洋钻探。

深海观测有三大手段,深潜器、大洋钻探,还有海底观测网。谈到这里,汪品先说,三大手段我们已经接触了两个,唯独还缺建立深海海底观测网,长期、实时地"蹲点"观测海底变化。

汪品先说:"我总觉得,现在这么好的条件,完全可以冷静下来,想想究竟哪些是对的,哪些是错的。"

·作者　王　庆·

深海守望者

《中国科学报》2013 年 12 月 6 日

那是 1959 年的夏天,一辆从高加索山上下来的卡车底朝天翻倒在黑海岸边,被压在底下的莫斯科大学地质队员里,有位名叫汪品先的中国学生。当他苏醒过来时绝没有想到,等待他的,是要比翻车更糟糕的"折腾"。

1960 年回国前后的"重点批判"以及"困难时期"的政治运动,汪品先遭遇的是精神上的巨大冲击。"文革"期间,他和很多知识分子一样,几乎绝望地以为将来的生存环境"就那样了"。

但是,这位推动中国深海研究的先行者、国际大洋钻探首位中国首席科学家,更没想到会在退休年龄迎来学术上的黄金期。对汪品先来说,"年轻想做的时候做不成,老了该谢幕的时候反而要登场"。他开玩笑说:"别人是博士后,我是院士后。"因为他自认为"有点分量"的工作,都是在 20 世纪 90 年代以后做的。"到了晚年,才挖到深海研究的学术富矿。"

《老人与海》的故事曾感动了无数读者,而汪品先对大海,不是征服,不是挑战,而是永恒的探究和深情的守望。

"中国觉醒了"

如果说距离产生美,神秘激发兴趣的话,那么"深不可测"的海底世界则对汪品先散发着持久的迷人魅力。

人类进入深海只有几十年历史,而海洋平均有 3 700 米深。由于隔了巨厚的水层,人类对深海海底地形的了解,还赶不上月球表面,甚至赶不上火星。

正所谓"山高不如水深"——陆地最高的珠穆朗玛峰 8 800 多米,而海洋最深的马里亚纳海沟却有 11 000 米。到目前为止,有 3 000多人登顶珠峰,400 多人进入太空,12 个人登上月球,但是成功下潜到马里亚纳海沟最深处的,至今只有 3 人。

自古以来,海洋开发无非是"渔盐之利,舟楫之便",都是从外部利用海洋。当代的趋势,却是进入海洋内部,深入海底去开发。现在全世界开采的石油 1/3 以上来自海底,其经济价值占据一半以上的世界海洋经济产值。

各国对海洋资源开发的重视甚至争夺日益激烈。要想获取,必须先搞清楚深海底部"有什么,怎么办"。汪品先探究和守望的,正是这片蕴藏着无尽宝藏的战略领域。

直到近几年,深海研究在我国才提上日程。为海洋科学呼吁 20 多年的汪品先,现在才感到如鱼得水,"海洋事业迎来郑和下西洋 600 年以来的最好时机"。

其实,学古生物学出身的汪品先本来对海洋的了解也很有限,真正让他大开眼界,看到国际海洋科学前沿的,是 20 世纪 70 年代末 80 年代初在西方的考察和进修。

1978 年,汪品先随团访问法国和美国。刚刚改革开放的中国,对外部世界的很多认知需要重新建立。两个月在 10 多座城市与学术机构的访问,以及接下来获得"洪堡奖学金"在德国 1 年半的研究,使他懂得了什么是当代科学,特别是海洋深处的研究。"如果苏联的 5 年学习获得的是扎实的基础,那么从德国学到的则是活跃的学术思想。"

　　而那段时期,国内在海洋研究的很多领域还处于落后和空白状态。汪品先和同事们就是依靠简陋的设备,建立起同济大学海洋地质系。他们住的宿舍以前是个肝炎病房,工作的实验室是个蚊蝇成群的废旧车间,用于研究微体化石的是两眼对不上焦的显微镜。

　　尽管如此,汪品先和同事们还是在 1980 年完成出版《中国海洋微体古生物》文集,后来又翻译为英文版。这本书引起国际学术界的重视,十几个国际学报纷纷报道。"中国觉醒了。"法国一本学术期刊在对该文集的评论开头这样写道。

"能活着回来就算赢"

　　事实上,从历史的角度来讲,近代中国在世界上的落后,正是从海洋开始的。

　　1840 年的鸦片战争、1894 年的甲午战争、1900 年与八国联军的战役,都是首先败在海上。汪品先则希望通过自己在科研方面的努力,为国家重新在海洋找回自信的道路上起到实质性的推动作用。

　　1991 年汪品先当选中科院学部委员的时候,"够分量的"机会依然没有到来。直到 20 世纪 90 年代末,汪品先终于迎来了中国参与"国际大洋钻探计划(**ODP**)"的机会。

　　而这种深海游戏,只有在经济和科技上都具备相当实力的国家才玩得起——20 世纪地球科学规模最大的深海钻探计划,是在 20 世纪 80 年代才发展为由 10 多个国家共同出资的"国际大洋钻探计划",每个耗资逾 700 万美元的钻探航次,由国际专家组根据各成员国科学家提供的建议书投票产生。

　　1995 年,汪品先提交了《东亚季风在南海的记录及其全球气候意义》建议书。1997 年,该建议书位列全球排序第一,被正式列为 **ODP** 184 航次。有的建议书提了 10 多年都未被采纳。

1999 年，该航次在南海实施，汪品先是首席科学家。"走的时候，我跟老伴说，能活着回来就算赢。"这位当时已年过六旬的科学家承受着极大的压力，"我连大洋钻探的小兵都没当过，现在一下子要当首席，压力很大。"

海上工作本来就有风险，何况深海海底的钻探。海盗警报还没过去，又遇到雷达失灵……不过，对担任首席科学家的汪品先而言，最大的压力来自工作本身。在海上工作的两个月里，汪品先的生物钟彻底被打乱，每天只敢睡一会儿。"大洋钻探是需要砸钱进去的，每天的成本超过 10 万美元，一旦哪个环节出问题，造成的损失也将非常巨大。"

一番劈风破浪之后，汪品先终于完成了第一次由中国人设计和主持的大洋钻探航次，不仅实现了中国海区深海科学钻探零的突破，而且取得了一系列成果：在南海的南沙和东沙深水区 6 个站位钻井 17 口，取得高质量的连续岩芯 5 500 米，还为南海演变和东亚古气候研究取得了 3 200 万年前的深海记录。

大洋钻探是国际合作项目，钻探船是美国的，船长也是当年打过越战的美国老兵。汪品先至今记得在南沙海域，当第一口井开钻的时候，船长下令升起中国国旗时的场景。"那个意义，超出了科学的范畴"。

钟 情 南 海

在深海研究中，汪品先对南海情有独钟。

法国的古海洋学家卡罗·拉伊曾描述，中国南海中可能会有地球上最迷人的地质记录。

在汪品先看来，要从根子上了解边缘海的资源和环境，最好是解剖一只"麻雀"。南海作为边缘海，正好是一只"五脏俱全"的麻雀。他进一步解释道，与大西洋相比，南海海域规模小、年龄小，便于掌握深部演变的全过程；与太平洋相比，南海沉积速率和碳酸盐含量高，正好弥补西太平洋的不足。

经过汪品先和学界同道的共同呼吁,"南海深海过程演变"重大研究计划于 2010 年 7 月正式立项,是我国海洋领域第一个大型基础研究计划,预计执行期为 8 年(2011—2018),总经费至少 1.5 亿元。

这项计划的目标在"深部",采用一系列新技术探测海盆,揭示南海的深海过程和演变历史,再造边缘海的"生命史",争取为国际边缘海研究树立典范。

作为指导专家组组长的汪品先介绍说,南海深部计划的立项经过了多年的酝酿和研讨,主线是解剖南海这只"麻雀"的生命史,包括三大方面内容:从海底扩张到板块俯冲的构造演化,是这只麻雀的"骨架";深海沉积过程和盆地充填,是它的"肉";深海生物地球化学过程,是它的"血"。

目前,全国 40 多个实验室、300 多位科学家,正在从不同学科共同探索南海的深部。将近 3 年来他们完成了几十个航次和航段,正向纵深推进。南海的第二次大洋钻探,将在即将到来的春节前从香港起航,钻探南海的大洋地壳,两位首席和多位航行科学家都是"南海深部计划"的研究骨干。我国 7 000 米载人深潜器"蛟龙"号首个试验性应用航次,也已经在 2013 年 6 月下潜南海北部探索冷泉和海山……

布局海底观测网

在完成和推动上述深海科研项目后,如今在汪品先推动深海科技的目标清单中,列在第一项的便是建立海底观测网。

据他介绍,人类认识世界的过程,是一部不断拓宽视野的历史。假如把地面与海面看作地球科学的第一个观测平台,把空中的遥测遥感看作第二个观测平台,那么在海底建立的将是第三个观测平台。

"人类历来习惯从海洋外面研究海洋,而海底观测网是在海底建造气象台、实验室,从海洋内部研究海洋。"汪品先说,如果在海底布设观测网,用光电缆供应能量并传输信息,就可以长期连续进行原位观测,随时提供实时信息,这将从根本上改变人类认识海洋的途径,所有相关的研究课题都会为之一新。

他进一步解释说,这是人类和海洋关系的改变。2009年,加拿大建成了世界最大的海底观测网,2014年美国将建成更大的观测系统。美国人说,若干年以后,人们在家通过电视直播就可以观看到海底火山喷发的壮观场景。

在这场被视为海洋科学新革命的进程中,汪品先希望中国不再"迟到","只有尽早介入,才能在相关国际规则的制定中取得话语权"。

多年来,汪品先是呼吁者,也是践行者,为推动建立海底观测系统而奔忙。

《国际海底观测系统调查研究报告》这个由他牵头完成的内部报告,经多次修改于2011年形成最终版本《海底观测——科学与技术的结合》。

2009年,在汪品先领衔下,中国第一个海底综合观测试验系统——东海海底观测小衢山试验站建成并投入运行。2011年,中国的深海观测装置在美国加州900米水深的试验站对接成功。

同年,由汪品先所在的同济大学牵头,提出在我国东海和南海建设国家海底观测系统。2013年,这项建议已经正式列入"十二五"国家大科学工程。

采访手记

赤子心　家国情　无止境

《中国科学报》记者　王　庆

除去出差以外,办公室是汪先生的大半个家。

两次采访中的一次是在周六晚上8点多,平日的那个时候本是他的工作时间。"不过我一般在晚上11点之前回到家,不然老伴会生我的气。"他笑着解释自己的工作时间也不算"太长"。

为了避免被外界过多打扰,除了叫车的时候,他从不用手机。1936 年出生的汪品先有着那个时代鲜明的赤诚和信仰。

家国情怀和振兴祖国的强烈愿望在他的心里留下了深深的烙印。经常从专业领域考虑国家海洋战略的他会自然而然地把自己和国家联系在一起。

20 世纪 60 年代的饥荒时期,他觉得国家困难,从苏联回来坚持不用"糕饼票"之类的票证,后来犯了浮肿。

从上海"十里洋场"长大的他,在念书的岁月里总觉得有"原罪",真心诚意地想批判掉"个人主义"。他甚至曾深深地怀疑和批判过自己的"自私"——1959 年车祸醒来后,为什么首先想到的是"自己还活着",而不是先想到他人。

后来的经历,尤其是"文革"的洗礼,才让他反思当年接受的教育是否正确。

在国外的考察和进修期间,他慢慢领悟到科学的创造需要自由的空气。从学成回国到如今接近"杖朝"之年,他也一直没有停止科学的思考和反省。

在他看来,近些年来,虽然我国对科学研究的投入巨大,发展速度也令世界瞩目,但管理层面的急功近利和文化层面的沉沦,"也许使问题比成绩长得更快"。

"我们的做法偏了,总的来说,我们是拿抓工程的方法来抓自然科学的基础研究,目标过于明确,过于强调物质化的结果,这样不利于形成健康的科学研究风气,也出不了真正大的成果。"汪品先不无忧虑地表示。他认为,改革开放 30 多年,强调物质为主,精神的东西就放松了,而且缺乏对历史的反思。"我总觉得,现在这么好的条件,完全可以冷静下来,想想究竟哪些是对的,哪些是错的。"

研究海洋的汪品先已经历过人生的风浪,他明知道说的不见得符合主流观点,期望中的改变也不会立刻发生。"但是如果连不同的声音都没有了,那才是真的糟糕。"

　　增强海洋意识，弘扬海洋文化，应当从教科书和文化艺术做起，要引起全社会而不只是少数人的注意。

·记者　程　绩·

海洋强国，从"绿色"迈向"深蓝"

《新民晚报》2014 年 7 月 25 日

"**海**就是洋，洋就是海吗？"

　　　　"地球上是山高，还是水深？"

　　"为什么海水是咸的，海冰却是淡的？"

　　翻开 2013 新版《十万个为什么》，海洋篇的主编是中科院院士汪品先。

　　堂堂大院士为小朋友编书，汪品先说："要建设海洋强国，海洋教育和全民的海洋意识很重要。"

　　1936 年出生，研究了一辈子深海大洋的汪品先，在晚年迎来了最佳的工作环境，"中国的海洋事业迎来了郑和下西洋 600 年以来的最好时机"。

　　2012 年 11 月，十八大报告中明确提出："提高海洋资源开发能力，发展海洋经济，保护海洋生态环境，坚决维护国家海洋权益，建设海洋强国。"2013 年全国两会，国家海洋局重组方案获得通过。

　　"这让我很兴奋，不想浪费一分钟的时间。"

　　如何建设海洋强国？在汪品先看来，核心就是从"绿色"（浅海）迈向"深蓝"（深海）。

当前好时机"百年一遇"

记者：回顾过去，你认为我国的海洋开发最突出的成绩有哪些？

汪：概括起来说主要有两点：一是从"绿色海洋"到"蓝色海洋"；第二是从过去不重视海洋到重视海洋。10多年前，我找领导谈海洋工作，回应一般是"你的主张很好，但中国不是美国，也不是日本，这不是我们的国策"。现在不同了，建设海洋强国目标的提出，体现了党中央对海洋工作的高度重视和充分肯定，说明海洋在党和国家工作大局中的地位进一步提升。

此外，老百姓对海洋问题的认识也有了很大提升，互联网上网友关于海洋问题的讨论非常热烈。全民都重视海洋问题，你看现在中国各所大学成立了多少个海洋学院。所以我说，中国的海洋事业迎来了郑和下西洋600年以来的最好时机。

记者：对海洋从不重视到重视，你认为最主要的原因是什么？

汪：2005年，我曾用两个"急切需要"来呼吁：我国急切需要确定海洋国策；急切需要在国家一级统筹海洋政策和海洋发展。十八大报告中关于建设海洋强国的这句话，算是对此最好的回答。我觉得主要的原因，除了政府层面的重视之外，最重要的就是经济因素，一个是石油的开采，另一个是石油的运输。（我国的石油进口85%是从印度洋经过马六甲海峡运输到中国在太平洋的沿海港口。从印度洋到太平洋的海上交通线，实际上是中国的海上生命线。）而未来20年，我国对能源的需求更大，所以必须要重视海洋问题。

记者：深海里到底有哪些宝贝？你预计未来的海洋开发会如何影响我们普通人的生活？

汪：深海海底有油气资源，这已经深入人心（在很多国家，海洋油气产值已占海洋经济总量的50%，而我国尚不到10%）。此外，海底还有可燃冰、热液硫化物矿床和深海的生物资源等。

我们都知道稀土矿很珍贵，现在日本宣称在海底找到的是在陆地上的 1 000 倍，已经着手开采。韩国人从海水里提炼锂（可充电电池中最重要的金属），这些都已经和我们的生活直接相关。

其实，更有意思的是海底的生物资源，这主要不是指的鱼虾，而是微生物。深海里面没有氧气也见不到阳光，我们靠光合作用，深海里的微生物存活是靠硫细菌。这就形成了地球上的两个生物圈，一个是靠太阳能，另一个是靠地热能。海底的生物圈直到 20 世纪七八十年代才被发现，所以目前的研究只能说是刚刚起步。深海里的微生物的寿命极长、新陈代谢极慢，繁殖都是以千年计算的。有几十万年甚至上百万年的年龄。这些微生物一定是有非常大的价值的。

年近八旬怀三件"心事"

记者：在 79 岁这样的一个年纪，作为一名科学家，你还有哪些目标？

汪：我现在的计划有三件心事，就是"南海大计划""海底观测网"和"深海钻探船"。可以说是一片海、一张网和一条船。是我在干不动之前想完成的三件事。

记者：能介绍一下"南海大计划"吗？

汪："南海深海过程演变"重大研究计划是在 2010 年 7 月正式立项，2011 年建立，是国家自然科学基金重大研究计划，也是我国海洋领域第一个大型基础研究计划。计划用 8 年时间，每年投入 3 000 万到 4 000 万元，研究南海形成的根本问题。通过这个项目，我最想让世界知道，对南海的基本认识是由中国人完成的，通过我们的努力，这两年在国际上形成了共识，"南海是由中国人为主在主持研究"。如果世界对南海的认知大多数由中国人或者中国人带头完成，这无疑是南海科学主权的象征。

记者：为了更好地认识南海，这些年你和你的同事做了哪些努力？

汪：1999 年我作为首席科学家在南海组织中国海区首次国际大洋深海科学钻探。我们在南海的南沙和东沙深水区 6 个站位钻井 17 口，取得高质量的连续岩芯 5 500 米，还为南海演变和东亚古气候研究取得了 3 200 万年前的深海记录。

2014 年 1 月底到 3 月底，我国刚刚完成第二次大洋钻探，1999 年那次研究的是南海 3 000 万年的气候变化，2014 年这次钻探研究的两三千万年前南海怎么形成的。我那次钻探深度 2 000 多米，这次深度达到 4 000 米，难度更大。

记者：由你领头建议的海底观测网已经正式列入"十二五"国家重大科学工程，这个观测网能做什么？

汪：海底观测网简而言之，就是把"气象站"放在海底，把"实验室"放在海底。过去人们开发和利用海洋都在海面和海边，现在发展到海底去了，在海底"蹲点"研究，这是人类研究海洋的一个大转折。

目前我们在大小洋山附近 15 米深的东海海底，一座小型实验室不分昼夜地对身边的"所见所闻"进行着"实况转播"，"观众"则坐在几十千米外的同济大学实验室里细看"海景"。

按照我的设想，这样的海底观测网，未来在南海和东海都要做，我们在上海建中心收集这些来自海底的数据进行研究。

记者：我国目前有没有能力建造自己的深海科学钻探船？

汪：大洋钻探船是深海研究里的"航空母舰"。现在世界上只有两艘，一艘是美国的，1978 年建造，至今翻新过两次。另一艘是日本的，那艘造价 6 亿美元，20 世纪 90 年代立项，2001 年下水，2007 年投入运作。

日本的船体积是美国的 5 倍，运行费用也是 5 倍。尽管更为先进，能在更深的海底打钻，但是笨重，效率比较低。

我的设想是要走第三条路，简单地说就是"美国船的大小，日本船的功能"。现在北欧在这方面的最新技术，让这个设想有了实现的可能。

如果中央能够在"十三五"立项，至少需要10年才能造成。也就是说，最早要等到2024年。这条船必须国际共同合作建造，因为有些技术我们没有，建成之后未来也应当为国际共同服务，成为一个国际性的研究平台，这能够大大改善我国在海洋上的国际形象，"你和别人合作与自己单干，国际反应是完全不同的。"如果能够实现，中国就一大步走到国际深海研究最前沿"司令部"。

科研合作担当"缓和剂"

记者："南海问题"很多老百姓都知道，但是对南海，我们目前的了解有多少？

汪：不仅是南海，放眼世界，人类对海洋的认识也才刚刚起步。20世纪80年代以后，海底钻探能够打到1 000米以上。在这之前，人类不知道海底到底有什么，知道你也开发不了。

目前我们连南海的年龄都不清楚。现在南海的年龄只是根据30年前美国的船测资料，认为南海形成于距今3 200万到1 600万年前。1999年南海大洋钻探取得了3 300万年来的沉积记录，但是地层记录中最重大构造事件发生在2 500万年前后，这是南海"发育"的重要时期，也与矿藏的形成密切相关。搞清楚这些，中国才能在南海资源的开发与保护中，占据有利位置。

记者：我国应该如何维护海洋权益？科学家在其中能起什么样作用？

汪：我觉得科学家在海洋争端上，应该起缓和作用。南海作为政治上一个敏感地带，并不妨碍全球科学家在此进行科研合作。我认为国际科研合作计划是国际政治争端的"缓和剂"。一方面，我们在南海的政治和经济问题上要全力维护自己的权益，但是在科学研究上,是可以主张合作的。事实上,我们与南海周边(包括越南)的专家关系都很好。

三个星期前,我主持成立了"南海大计划"的国际工作组,我把南海周边国家的科学家都请来,美国、德国等国的科学家也请来。不过明确一点,是由中国主持来做的国际合作。准备用3年的时间,做深海与周边岛屿的地质对比,每年与周边一个国家合作,第一个点已经确定,明年到马来西亚婆罗洲,由马来西亚的一位教授来做这个工作。

全民海洋意识待"激活"

记者: 甲午战争120周年,从科学家的角度,你如何看待这场战争?

汪: 我一直认为华夏文化是一个大陆文明,对海洋的认识一直是有缺失的,直到鸦片战争之后才觉醒过来。明治维新之后的日本,打败了想走洋务运动路线的清朝。清朝只是想通过洋务运动来提升军事实力,而日本的明治维新明确打出了海洋文明的旗号。日本过去一直学中国,明治维新则开始学习欧洲。

记者: 除了前沿的科学研究,你认为我国需要怎样的基础海洋教育?

汪: 作为海洋大国的国民,中国人必须"激活"海洋意识。

应该说,我们的海洋意识比较淡薄,过去几十年里,从政府到民众曾长期缺乏对海上权益的敏感,从研究计划到教科书,都存在偏重陆地、忽视海洋的意识。

中国人海洋意识淡薄,有着一定的历史根源,特别是我国从明朝起就实行海禁。

增强海洋意识,弘扬海洋文化,应当从教科书和文化艺术做起,要引起全社会而不只是少数人的注意。

> 语言是文化传承的主角，以汉语作为载体的中华文化，在科学创新中应当具有潜在的优势。

·记者　张建松·

我们可以用汉语开国际会议

《新华每日电讯》2016 年 7 月 29 日

两年一度的"地球系统科学大会"2016 年 7 月 4 日在上海光大会展中心拉开帷幕。来自海内外逾千名华人学者汇聚一堂，进行学科交叉、横跨地球各个圈层的学术交流。与一般国际会议不同，地球系统科学大会使用汉语辅以英语作为主要交流语言。

地球系统科学大会迄今已举办四届，会议规模一届比一届大。自 2010 年首次举办以来，中国科学院院士、同济大学海洋地质国家重点实验室汪品先教授是以汉语为主要会议语言的倡导者。

"近年来，随着中国科研经费投入大幅增加，中国科学成果在国际舞台上的亮度日益增强，举办地球系统科学大会是想打造一个以汉语为载体的国际学术交流平台。"汪品先在接受本报记者专访时说，"建设创新型国家，需要有创造性思考。这种深层次的思考，离不开文化的滋养。对不同学科的科研人员来说，只有用母语进行交流时，才最有可能带来创新的火花。"

毫无疑问，在当今科学界，英语是全球最通用的语言。中国改革开放 30 多年来的科学进展，很大程度上也得益于国际合作与交流，其载体也是英语。但随着经济发展，综合国力提升，中国科学家如何既跟国际接轨又保持自身相对的独立性,已成为亟待深思的问题。

汪品先认为,与经济发展一样,中国科学研究也面临从"外包"向高附加值的"深加工"和"中国原创"方向转型。与经济战线一样,科学界的这种转型要求在加强"外贸"的同时,也要扩大"内需",建成既有国际交流又能相对独立的"内贸市场"。他认为,中国科学的迅速发展,是世界华人科学家用汉语交流的原动力,打造以汉语为载体的国际学术交流平台有着相当广阔的空间。目前,国际顶级学术期刊上有不少华人科学家的名字,完全可以把他们请进来用汉语交流。经验表明,用汉语的直接交流,特别有利于不同学科的交叉,有利于新兴方向的引入,有利于青年学者视野的拓阔。地球系统科学大会的宗旨就在于跨学科交流,使用母语交流效率更高。

放眼历史,世界的"通用语言"也不是一成不变的,各个历史时期都有自己的"通用语"作为国际交流工具。科学界的交流语言,也是随着"通用语"而变化的。牛顿的论文是用拉丁文写的,爱因斯坦的论文是用德文写的。历史上,通用语言都是随着国家兴衰而变化,科学界同样如此。

汉语是世界上最大的语种,是超过 14 亿人的母语。"在科学局限于欧美的年代里,绝大多数中国人与科学无缘,汉语与科学很少发生关系。随着中国科学的发展和普及,随着世界科学力量布局的变化,为什么最多人使用的语言,就不能用作科学的载体?"汪品先说,"语言是文化传承的主角,以汉语作为载体的中华文化,在科学创新中应当具有潜在的优势"。

我们不能只满足于跟风做些分散性的小题目,在别人的刊物上发表几篇论文,要瞄准大目标、做大题目、解决大问题,做国际学术界的举旗者、领跑者。

· 记者 周 琳 ·

中国成为科技强国还缺什么

《新华每日电讯》2016 年 8 月 9 日

编者按:经过近 20 年的持续投入,中国科技创新成果开始陆续涌现。随着《国家创新驱动发展战略纲要》正式发布,科研创新被摆在国家发展全局的核心位置,可以期待未来更多令人"点赞"的科技创新成果。

但是必须看到,中国科技在投入和速度上赢得"点赞"固然不假,在创新的水平和质量上仍然有相当的不足。如何客观评价中国科技创新的现状,前瞻未来,中国成为科技强国还缺什么? 如何加快创新驱动? 近日,《新华每日电讯》第 16 期"议事厅"栏目记者就这些议题,采访了中国科学院院士、同济大学海洋与地球科学学院教授汪品先和北京大学教授饶毅。

- 我们被国际社会"点赞"最多的,是我们的科技投入和发展速度,而不是我们在科研方面的创新能力

- 论文数量并不是科学研究追求的目标,甚至不是

衡量科学发展水平的主要标志。论数量,中国论文已经占世界第二,但水平上却离"世界第二"还差很远

  ● 科学发展路上也有与"中等收入陷阱"类似的现象。如果科研创新不能转型,就会掉入陷阱,只不过这种危险仅仅从 **SCI** 数量上是看不出来的

获点赞的主要是速度,还不是创新能力

记者:英国《自然》杂志引用的数据显示,从 2005 年到 2015 年,中国发表的研究论文数量占全球总量的比例从 13% 增长到了 20%,这个比例在全世界仅次于美国;在全球范围内引用率较高的论文中,大约每 5 篇中就有一篇有中国研究者参与;不少中国顶尖的科研院校,已进入各种世界最佳科研机构排名榜单⋯⋯关于中国科技进步的积极评价,似乎越来越多,我们应该怎么看待这种变化?

汪品先:中国科技创新确实有很大进步,但让国际社会"点赞"的主要是"中国速度"。20 多年前,美国人还在问"谁来养活中国",但他们现在惊叹于中国的高效率,认为"集体主义的中国赢了个人主义的美国",甚至有人建议让中国模式在美国"试运行一天"。

被"点赞"的还有中国对科技教育的重视程度。中国科技投入的增长举世瞩目,在过去 30 多年中,国家自然科学基金投入增长了 300 倍,已成为世界各国科学家议论的热点。几十年前,中国一度是一个"白卷英雄"走红、"拿手术刀不如拿剃头刀"的国家,但现在是在校大学生 3 700 万、在外留学生 50 万,从政府到民众无不重视教育、尊重科学的科技大国。

从整体上来说,我们被国际社会"点赞"最多的是我们的科技投入和发展速度,而不是我们在科研方面的创新能力。这并不奇怪,因为我们和欧美国家处在不同的发展阶段,任何国家都是先有

数量的进步，后来才有质量的飞跃。

"创新"在中国还只是方向，尚未成为优势。譬如，在谈到中国科技进步时，很多人都会把中国 SCI（科学引文索引）论文数量居全球第二当作证据。我不反对 SCI 本身，但问题是有时候我们把它看得太重。实际上，SCI 反映的只是一个期刊的平均影响力，这与其中单篇论文的分量没有必然的相关性。

我非常反对公式化地用影响因子乘文章数量，更荒唐的是根据这个数值去发奖金。这是在试图量化一些无法量化的东西。做科研需要钱，但钱多并不能保证高质量的研究。如果每个人都忙着找钱、忙着发表论文，大部分人只不过是在重复已经做过的研究，也许他们根本什么都没有做成，但是大量经费就这样被花掉了。低质量的绩效评估，也和中国整体较低的科学评价标准有关。总体来说，有独立思维和优异专业能力的科学家数量还很有限。

记者：不可否认的是，虽然中国每年有大量论文发表，但具有高影响力的论文不多，重大和原始创新成果出现的比例还不够高，离全球科研创新的"风向标"之地还有些距离。出现这种局面，说明什么问题？

汪品先：如今的科学研究和经济一样，都已经全球化了。学术界也和世界经济一样，发生两极分化：许多国家只能输出"原料"，另一些国家对原料进行"深加工"，得出理论认识。后发展国家为原料能出口而高兴，科学家也为其数据能为国际所用而庆幸。

事实上，大部分论文只是科学史上的过眼烟云，并不会进入人类的知识宝库，而这恰恰就是智力生产与物质生产的重大区别。因此，论文数量并不是科学研究追求的目标，甚至不是衡量科学发展水平的主要标志。论数量，中国论文已经占世界第二，但水平上却离"世界第二"还差很远。不过，量变可以引起质变，当务之急是要抓住大好时机，促进科学转型。

科学转型也可以与经济转型进行类比。一些国家如墨西哥、马来西亚等,20世纪70年代就已进入中等收入国家的行列,但直到现在仍然停留在发展中国家的阶段,原因在于低端制造业转型失败,阻止发展高端制造、走向发达国家的通道。

科学发展路上也有与"中等收入陷阱"类似的现象。特别像地球科学和宏观生物学这类地域性强的科学,发展中国家的数据和发达国家一样重要,而且有些自然现象(如季风),主要分布在"第三世界",因而发展中国家也会拥有独特的"原料"优势,尤其是国土大、人口多的发展中国家,不但可以提供"原料"还可以输出劳务,做"劳动密集型"的分析工作,由此产生的文章数量相当可观。

这好比经济,低端制造业也可以带来中等收入,但污染、低质、低价等恶性循环伴随而来,不能转型的就会掉入"中等"陷阱。科学发展的道路与此类似,不能转型就会掉入陷阱,只不过这种危险仅仅从 **SCI** 数量上是看不出来的。

- 科学进步的评价难以量化,而在一个诚信不足的社会里似乎只有量化的评价才显得公平,不能量化也得量化。于是,很多科研机构都把论文数量作为评价标准

- 我们招聘到很多科学潜力很好的年轻科学家。但是,他们将在什么环境中工作,他们在竞争中提高科研水平的同时,是变成优雅的科学家还是变成狼,恐怕也是令人担忧的

- 我们不能只满足于跟风做些分散性的小题目,在别人的刊物上发表几篇论文,要瞄准大目标、做大题目、解决大问题,做国际学术界的举旗者、领跑者

要有原创性突破,不当科学上的"外包工"

记者:那是不是说,如果不转型,我们的科研也可能走上"重复"而非"创新"的道路?

汪品先:举例来说,我国做深海研究最早的是微体古生物学,对照图片在显微镜底下点化石,就可以研究深海沉积,中国、印度等国的深海研究就是这样起步的。这也是 30 年前我自己的亲身经历,只要有台显微镜,有个水龙头,就可以"向深海进军"。

这种"劳动密集型"的科研工种,比较费时费功,但在一没有条件出海采样,二没有仪器分析样品的发展中国家,可以说是唯一的选择。相反,发达国家则更多地采用精密仪器分析样品,不但好、多、快、省,而且产生的数据更能说明问题。两者的区别在于劳动层次不同,一些"劳动密集型"的工种要思考的成分不多,以至于有些学生喜欢边听音乐边看显微镜;而"深加工"则要求思考,是智力劳动密集的工种。

如今情况发生了变化,中国很多实验室的仪器比一些发达国家的还要好、还要新,但一些科研工作者的研究习惯、思考层次依然停留在"发展中国家"的水平上。就拿地球科学研究来说,经过两三百年的发展,正在整体进入转型期。从前为了现象描述而越分越细的地球科学,现在又回过头来相互结合,进入系统科学的高度,探索机理已经成为国际前沿的主旋律。各种文献里,"俯冲带工厂""降尘机器""微生物引擎"之类的关键词频频出现,汇总全球资料、跨越时间尺度的新型成果也纷纷呈现。即使是地方性研究,也带有"局部着手,全球着眼"的特色。然而,正当国际学术界在向地球系统科学的核心问题发起攻势时,我国学术界却在热衷于计算论文数量。

因此,就像需要依靠高科技实现经济转型一样,科学研究也需要转型。我国的出口商品已经从多年前的领带、打火机发展到手机、高铁,我国的科学研究也需要向学科的核心问题进军,需要有原创性的突破,这就是转型。现在我们处在"中等"状态,往往是从外国文献里找到题目,买来外国仪器进行分析,然后将取得的结果用外文在国外发表,这当然是我国科学的进步,但你也可以说这是一种科学上的"外包工"。想要成为创新型国家,就不能只注重"论文优势",应该在国际学术界有自己的特色,有自己的学派,有自己的题目。

记者:"论文优势"似乎是一把双刃剑,它让我们的科研人员迅速站在国际研究的巅峰位置,但这又容易掩盖数字背后的真实问题。这种"数字崇拜"为中国科研创新转型发展带来哪些障碍?

汪品先:阻碍转型的因素很多,但也可以用一句话概括,那就是"过于看重物质,忽视了精神"。当前,片面追求论文数量的偏向,就是这种导向的产物。如果这个问题不解决,科研转型就很难实现。

问题出在以论文数量为基础的评价标准和激励机制上。科学进步的评价难以量化,而在一个诚信不足的社会里似乎只有量化的评价才能显得公平,不能量化也得量化。于是,很多科研机构都把论文数量作为评价标准,反正三篇比两篇好。如果分辨率要提高一点,那就用论文发表刊物的影响指数加权,这就造成有些单位按论文数量乘以影响指数发奖金的后果。这类不合理的物质刺激办法,可以催生出大量的论文,却促进不了科学进步和创新,反倒客观上阻挠科学的转型。

更严重的问题,是学科发展中的经费投入的走向。对有些单位来说,发展科研无非是造房子、买设备、抢人才,而抢人才的力度与年薪的高度正相关。于是,在国企领导纷纷削减收入的背景下,某些地方科学人才的标价却一路飙升。这类"抢人才"的恶性举措,不但本身缺乏可持续性,而且对学风建设起着负面作用,是科学转型大潮中的逆流。

当然,这类问题只是发生在部分单位的部分学科,更普遍的问题在于我们科学发展中的精神支撑不足。我这里是指科学与文化的关系。长期以来,我们强调的是科学研究作为生产力的重要性,忽视科学研究的文化属性,而缺乏文化滋润的科研就会缺乏创新能力,成为转型的阻力。

科学具有两重性——科研的果实是生产力,而且是第一生产力;科研的土壤是文化,而且是先进文化。作为生产力,科学是有用的;作为文化,科学是有趣的。两者互为条件,一旦失衡就会产生偏差。假如科学家不考虑社会需求,只知道"自娱自乐",科技创新就必然萎缩;相反,失去文化滋养,缺乏探索驱动,那么科学研究也只能做一些技术改良,难有创新突破。

科学与文化的脱节,与我们的导向有关。中国历来偏重科学的应用价值,忽视科学的文化本质,洋务运动的"中学为体、西学为用"就是典型。其实,科学的创造性就寓于其文化内涵之中,失去文化本性的科研,可以为技术改良服务,却难以产生源头创新。现在,我国从科学院到高考,都有文科与理科分割的毛病,科学与文化之间形成深深的断层。科学与文化关系,是我国科学转型中一个重大题目,两者的脱节将是我国科研转型的重大障碍。

饶毅: 十几年来,中国有很多人提过科技体制改革的问题,但实质是,这一问题在全局层面一直没有彻底解决。在具体层面,有些单位解决得很好,有一些进步,但总体而言,科技体制改革不尽如人意。很多应该负责的人,对改革工作都拈轻怕重。所以,能否深化改革,不在于方向不明确,而在于缺乏推动的人。过去我国的研究资金比较少,问题不是特别严重。现在经费充足,问题反而越来越严重,导致大量浪费。

全社会的道德滑坡继续,也导致文化成为改革的阻力。以前大学生普遍因道德和面子而有所顾忌,现在的不少毕业生普遍追求利益而不顾颜面,道德更是对其他人的要求。申请经费从少数人打招呼到普遍打招呼,不打招呼被理解为不尊重评委,一位年纪轻轻的人可以因积极搞关系而连续几年影响部委的经费,这些都是以前不可想象的。我们招聘到很多科学潜力很好的年轻科学家。但是,他们将在什么环境中工作,他们在竞争中提高科研水平的同时,是变成优雅的科学家还是变成狼,恐怕也是令人担忧的。

转型:变"论文驱动"为"问题驱动"

记者: 目前,中国很多产业处于全球价值链的中低端,一些关键核心技术受制于人,发达国家在科学前沿和高技术领域仍占据明显领先优势,我国支撑产业升级、引领未来发展的科学技术储备亟待加强。我们应该如何通过转型去驱动创新发展?

汪品先: 中国要建成科学创新强国,避免"中等"发展陷阱,只有走转型之路。无论是研究者和研究课题,抑或研究途径,都有待转型。现在有很多人把科研等同于写论文,但学生写论文为了毕业,教师写论文是为了立项,研究者本人对这些问题缺乏兴趣,不知道这些论文有什么意义,也不关心究竟谁需要这些论文。

论文导向、评审驱动下的研究者,难以有宽阔的视野和宏大的胸怀。于是,研究课题小型化、研究组织分散化,成了学术界的主流,难以形成能在国际学术界"坐庄""问鼎"的研究力量。

我国具有世界上最大的科学研究队伍,早在 2011 年我国研发投入占全球比重的 13.1%,仅次于美国,照理应当进入"领跑""举旗"的行列,而不该继续为"跻身"国际而感到满足。但这就要求转型,要求研究者争取"自我解放",从论文驱动转化为问题驱动,从功利驱动拓展到求知欲驱动。论文要写,功利要有,但研究者首先需要有对科学问题的求知欲,而不是首先考虑一项研究会带来多少奖金。

研究途径转型,转的是研究方法和学术思路。这里的关键在于承担着引领责任的学科带头人,只有他们改变思路和方法,才能带动学生和同事。这首先体现在学科的战略研究和规划制定上,如果每个人想的都是"我的题目在哪里",而不是寻找整体的科学突破口,那么这种"战略""规划"可能比不订还坏,因为他们提前瓜分掉未来的经费。

科研工作者不能只满足于跟风做些分散性的小课题,或在别人的刊物上发表几篇论文,我们要瞄准大目标,做大题目,解决大问题,做国际学术界的举旗者、领跑者。积极参与乃至牵头组织国际大科学计划和大科学工程,也是促进中国科技转型的契机。

还需要强调的是学术交流的转型。随着技术的发展,科学界要处理前所未有的海量数据和研究成果。在知识爆炸的今天,科学家跨学科的学术讨论和面对面的思想碰撞显得格外重要。与文艺演出不同,朗诵会式的单向宣读论文,走马灯式没有争论只有掌声的亮相,都已经不再流行,正在被互动的学术讨论会所替代。我国一些重形式、讲排场的"学会"依然盛行,相信在今后几年的"转型"浪潮冲击下,会被新形式的交流所代替。

饶毅:重大项目的决策常被误导,这也是一个大问题。由于科研项目管理不科学,各部委之间有很多重合的研究项目,导致浪费和低效。改进重大决策过程的方式之一,是建立一个高水平的、科学的咨询委员会,由各研究领域的顶尖科学家组成,他们不仅来自学术界,也来自工业界。这个委员会可以设在国务院,独立于部委利益而存在,类似于美国的国家科学与技术委员会。

在发达国家,有很多独立的研究机构,如德国的 **Max Planck** 研究所,美国的 **Howard Hughes** 医学研究所。这些研究所允许科学家尝试一些冒险的想法,从事长期项目。他们还有非政府或者慈善基金支持科学研究,如美国的 **Sloan** 基金会。这些独立机构激励竞争,形式多样,补充政府支持的研究项目,值得我们学习。

> 深层次的创新要求有文化基础，
> "源头创新"是一种文化行为。

·记者　彭德倩·

听同济大学院士公选课
寻找科学表达的"幽默"

《解放日报》　2017 年 3 月 8 日

2017 年 3 月 8 日 17 时 34 分，同济大学逸夫楼一楼教室，本科生公选课《科学、文化与海洋》的教室里，来了第一位学生，海洋与地球科学学院硕士研究生三年级学生小李。此刻，距离 18 时 30 分的上课时间还有 56 分钟。这个瘦瘦高高的男生说："很喜欢汪教授，我怕来晚了没位子。"

这些天，同济大学官方网站上，一封 408 个字的信，格外引人关注。那是一封"邀请函"，来自同济大学海洋与地球科学学院教授、中科院院士汪品先。这个学期，这位 81 岁的老先生自荐为全校本科生开一门名为"科学，文化与海洋"的公选课。"这门课的目的，就是想要通过老师在课堂上的演讲，和学生在网上的讨论，激发起热情和火花，在科学和文化之间构筑桥梁——哪怕只是架在校园角落里的一座小木桥。"这是汪品先邀请信中的最后一句话。

昨晚，满满 300 人的大教室里，笑声掌声间，小木桥的木板正次第架起……

认识:科学的两重性

一开讲,巨大的投影幕布上,出现一个裸体的人——那是达·芬奇作品《维特鲁威人》(图1)。汪品先的课从此说起:"你看上面的腿,具有非常好的解剖理论基础,再看达·芬奇其他画作上的波涛,仔细看,还有着水动力科学的痕迹……"他说,也有人认为,现代科学之父不是牛顿,应该是达·芬奇。

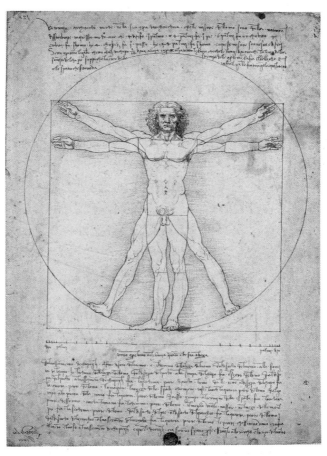

图1 达·芬奇作品《维特鲁威人》

一番打破常规认知的话,开启了首堂课的主题:"科学与文化——好奇心、幽默感和创造性"。

汪品先从现代科学的起源讲起:现代科学是在文艺复兴中产生的,科学根植于文化的土壤。许多国家设有"艺术与科学院",将科学与文化两者放在一起,科学和艺术的共同点,都是创造思维、创新冲动。

他说,"科学技术是第一生产力"的提法,极大地提高了科学的地位,同时科学又属于文化范畴,所以科学既是文化又是生产力。现在应该关注的是:我们是否过度强调物质,冷落了科学的文化层面特性? 在他看来,科学对社会的贡献既包括有形的物质产品,也包括无形的精神升华。科学家的工作不可能单纯用"产生多少价值",更不能用"拿到多少经费"来衡量。

"科学的土壤是文化,而且是先进文化。假如科学家失去文化滋养,缺乏探索驱动去做科学研究,只能做技术改良,难以有创新突破。"汪品先说,回顾科学史,许多科学家不但几十年如一日如痴如醉地潜心探索,甚至可以为追求真理而献出生命。许多重大发现,研究者本人一没发财、二没当官,生前潦倒却始终坚持,身后才被追认。"这与今天我们按论文数目发奖金、科研立项时就盘算着得几等奖的科技'文化'相比,相去何止千里。"

寻找:科学的乐趣

第三排,来自中文系的大三学生小晨手中的笔记个不停,记下的有观点,更多的是汪老师口中引自古今中外的故事——

"知道吗? 发明显微镜的科学家列文·虎克,他也是第一个发现微生物的人。有记载他当时的感受——就像一桶细小的鳗鱼在显微镜下流,一滴水里居然有上千小动物在翻滚,我的眼睛,从来没有看到过这个景象。"

"说个我认识的人,古海洋学的创始人夏克·列顿教授,他在剑桥大学教的却是音乐物理,我们到他家去,满地都是乐谱。他有个特殊习惯,一般不穿皮鞋和袜子,能让他破例的只有两种情况——一是领奖,二是演奏黑管。已经很难分清,他是艺术家还是科学家。"

一批兼具科学精神与文化素养的中外名家,在学海徜徉中与艺术相融……汪品先说,我们是不是把科学描绘得太严肃了,科学本来是好玩的——我研究这个问题,如果有用那我太高兴了;如果没有用我还是要研究,因为解决不了我睡不好。

他指出,科学创造往往伴有幽默感,他认为在我国的科学交流中,活跃气氛不足,拘谨呆板有余,严重缺乏幽默感。科学表达中的"幽默",有助于思想的表达、传播的效果。具有突破性的科学思考,和文艺思考之间在创造性上并没有区别。

他建言,科学的观点、结论,可以用鲜明醒目的漫画之类的形式表达;严肃的科学论述中,不妨穿插一点出人意外的比喻或笑话,这在长篇演讲、或多人演讲的场合尤其见效;科学家在为新发现、新概念命名时,常常从古文化中引用已有名称,便于推广。

交融:建设创新文化

"深层次的创新要求有文化基础,'源头创新'是一种文化行为。"汪品先认为,以中国之大,想通过科技创新推动生产力、改变社会发展的模式,就不可能学小国走取巧的途径,必须形成具有创新能力的群体和社会,要求建设"创新文化"。

他说,科学不是竞技,更不是赌博,科学是文化,如果过分强调科学带来的利益而忽视科学的文化本性,缺乏文化基础,科技创新的能力不仅不能发展,还可能出现造假之类的"学术不端行为"。

在他看来,科技和文化间的断层,十分不利于创新思维的发展。断层的成因除政策因素外,还在于"缺乏两者之间的桥梁,缺乏文化人的科学兴趣和科学家的文化素养,缺乏'两栖型'人才"。而这类人才在发达国家产生着巨大的社会效应,而我国至今对此仍缺乏认识。

最后,汪品先对同学们语重心长地说:"我们的责任是在当代科学和华夏文化之间架筑桥梁,还自然科学以文化本色,赋传统文化以科学精神。自然科学、社会科学、文化艺术的相互交融,是科学创新的最佳土壤。"

20 时 03 分,准时下课。20 多个学生涌上讲台,争相提问。"您觉得架这座桥,我们能做什么?""大学文理跨学科学习,是否能改变这一情况?""您的故事太多了,能给我提个阅读建议吗?"映入眼帘的是一张张年轻而认真的脸庞。

"科学,不该是皱着眉头的事"

> 八旬高龄的汪品先为本科生开新课,图个啥? 在这门名为"科学,文化与海洋"的公选课第一课开讲之前,记者对他进行了专访,虽问了一些常规问题,却得到了不一样的答案。

记者:许多人好奇,为啥您对这门课那么重视,不仅自荐开设,还写信"推广"?

汪品先:想要为本科生开这门课,我其实是前年就开始打算的。讲科学与文化,以及我比较熟悉了解的海洋,主要希望能在年轻人心里,在大学校园里激发更多科学文化交流的氛围。说实话,现在我们太缺乏这样的气息了。譬如,在德国,出版科普刊物和科普活动,都是社会生活的重要组成部分——老百姓听讲座,科学家面向市民作科普报告往往得到热烈欢迎;不仅如此,科普刊物的水平也很高,有些刊物里对最前沿研究的分析解读,对我也有很大帮助。然而反观中国,几乎很少看到这样的热闹科普活动。一些科普刊物上的陈述,往往非常陈旧,甚至是抄来抄去的,一篇写错了,其他跟着都错。另一方面,科学家的研究生活与大众离得太远,两者似乎毫无关系。

我们现在说建设创新型国家,应该在整个社会有非常活跃的创新交流气氛,无论是科学普及、科学家与大众的沟通,还是科学文化的促进,都是重要的活跃因子。这方面,学校教育是第一责任,如果科学文化在校园都无法得到催生、弘扬,那么在马路上更加做不到。

记者:您刚才强调的"科学"与"文化",也是这门课的关键字,能否谈谈您是怎么理解这两个词的?

汪品先:在社会生活和科学研究之间,现在似乎有一个断层,我希望能尽力搭建一座桥梁。

近些年,我国科学发展成绩很可观。但是,我们现在把科学描绘得太严肃了,都是板起脸来,很紧张的样子。学生一说科学就是考试,教授一谈到科学就是发论文。事实上,科学不该是皱眉头的事,科学本来是好玩的,是文化的一部分,就如同唱歌跳舞一样。我总觉得,科学有两个推动力:一个是有用,另一个是有趣。"有趣"这点我们说得太少了,而真正的原始创新往往是因为有趣。

我觉得,要推动社会科学和自然科学融通,帮助全面地理解科学;要加强科学普及工作,让最强的科学家开展科学普及,把科学的有趣讲给孩子们听,解决文化与科学的创新障碍。这些都会帮助我们从文化的角度看科学。

这门课上,我专门有一讲,从文化的角度说人类和海洋,讲东西方文化的差异、海洋文明的异同,还会讲语言的问题。要知道,语言是文化的载体也是科学的载体,把它作为切入点,相信会非常有趣。最后,这门课授课过程中,我还会邀请两位神秘客人一起来上课。

记者:马上就要上第一堂课了,您紧张吗? 能透露一下第一讲的备课时间吗?

汪品先:其实,我上了那么多年课,每次上课前都紧张的,是这辈子养成的习惯吧,给研究生上课,没多少人,我也会紧张备课。而这次的课,其实在我看来,比上地球科学的专业课还有难度,因为它面向的是各个专业的学生,怎么讲好,让学生听得进去,我准备了不少。**PPT**(演示文稿)也都是新做的,就像此前每一次课一样,我从来不会拿以前的课件反复讲。

至于你说备课时间,这恐怕是一个没有答案的问题吧,构思是随时随地的,我骑在自行车上也会想想的,哈哈哈哈……

其实一门课,不可能所有学生都能有所收获,或许有的也会打瞌睡。但我觉得,只要有一些人能听进去一些,就很值得。

图书在版编目（CIP）数据

瀛海探径：汪品先科学人文随笔 / 汪品先著. — 上海：上海教育
出版社, 2018.7
ISBN 978-7-5444-8511-1

Ⅰ.①瀛… Ⅱ.①汪… Ⅲ.①科学哲学—文集 Ⅳ.①N02—53

中国版本图书馆CIP数据核字(2018)第140076号

选题策划　方鸿辉
责任编辑　方鸿辉
封面设计　金一哲

瀛海探径
——汪品先科学人文随笔
汪品先　著
_____

出版发行　上海教育出版社有限公司
官　　网　www.seph.com.cn
地　　址　上海市永福路123号
邮　　编　200031
印　　刷　上海盛通时代印刷有限公司
开　　本　890×1240　1/32　印张 10　插页 4
字　　数　250千字
版　　次　2018年7月第1版
印　　次　2018年7月第1次印刷
印　　数　1—4,000本
书　　号　ISBN 978-7-5444-8511-1/N·0013
定　　价　45.00 元
_____

如发现质量问题，读者可向本社调换　电话：021-64377165